建筑学与现代科学危机

[加] 阿尔伯托·佩雷兹-戈麦兹　著

王昕　虞刚　译

清华大学出版社

北京

北京市版权局著作权合同登记号 图字：01-2014-6035

Alberto Pérez-Gómez. Architecture and the Cirsis of Modern Science.
First MIT Press Paperback Edition, 1985©1983 by The Massachusetts Institute of Technology
ISBN: 978-0-262-66055-6
Simplified Chinese Language Edition Copyright©2021 by Tsinghua University Press Limited.

图书在版编目（CIP）数据

建筑学与现代科学危机 /（加）阿尔伯托·佩雷兹-戈麦兹著；王昕，虞刚译. — 北京：
清华大学出版社，2021.10
书名原文：Architecture and the Crisis of Modern Science
ISBN 978-7-302-57098-1

Ⅰ.①建⋯ Ⅱ.①阿⋯ ②王⋯ ③虞⋯ Ⅲ.①建筑理论－研究－西方国家 Ⅳ.①TU-0

中国版本图书馆CIP数据核字（2020）第251283号

责任编辑：张占奎
封面设计：陈国熙
责任校对：王淑云
责任印制：宋 林

出版发行：清华大学出版社
　　　　　网　　　址：http://www.tup.com.cn, http://www.wqbook.com
　　　　　地　　　址：北京清华大学学研大厦A座　　　邮　　编：100084
　　　　　社 总 机：010-62770175　　　邮　　购：010-62786544
　　　　　投稿与读者服务：010-62776969, c-service@tup.tsinghua.edu.cn
　　　　　质量反馈：010-62772015, zhiliang@tup.tsinghua.edu.cn
印 装 者：三河市少明印务有限公司
经　　销：全国新华书店
开　　本：170mm×230mm　　　印　张：21.25　　　字　数：319千字
版　　次：2021年10月第1版　　　印　次：2021年10月第1次印刷
定　　价：78.00元

产品编号：059836-01

献给帕拉·亚里詹德拉（Para Alejandra）

致谢

本书的主题最初是作为英国埃塞克斯大学（University of Essex）博士论文提出的。我欠我老师约瑟夫·里克沃特（Joseph Rykwert）和达利博·维斯利（Dalibor Vesely）最多。里克沃特教授用他的博学，耐心地引导我厘清各种常常不是很明确的假设，而维斯利博士尖锐而深刻的批判对形成和推进主题至关重要。很显然，我欠这些伟大的现代学者非常多，他们已经研究了这个时期，成果很多，并不止我在论述和参考文献中提到的那些。

我曾与丹尼斯·李伯斯金（Daniel Libeskind）、肯尼斯·弗兰姆普顿（Kenneth Frampton）以及沃纳·奥克斯林（Werner Oechslin）讨论过本书的主题。我从安东尼·维德勒（Anthony Vidler）和艾伦·科洪（Alan Colquhoun）的评论和建议中获益良多。在为讲座和课程准备材料的过程中，我被约翰·海杜克（John Hejduk）的热情以及纽约库伯联盟和密歇根匡溪（Cranbrook）艺术学院建筑学学生的敏锐回应所激励。奥里奥尔·博依霍斯（Oriol Bohigas）、维托利奥·格里戈蒂（Vittorio Gtegotti）、安东尼·龚巴克（Antoine Grumbach）、约翰·佩里（John Perry）和罗伯特·格里芬（Robert Griffin）提供了鼓励性的评论和建议。我特别感谢我的同事布鲁斯·韦伯（Bruce Webb），他很耐心地阅读了我的手稿并提供了有价值的建议。我很庆幸我所遇到的、与之交流和教导过的那些有创造力的设计者和艺术家们，他们的作品以及他们对当代和未来建筑的视野帮助我确定了相关问题和假设。

在近八年的准备时间里，我收到了许多来自英国、加拿大、墨西哥和美国的学生们的宝贵意见。他们中许多人应得到特别鸣谢，他们是劳伦·莱瑟巴罗（Lauren Letherbarrow）、班汉姆·谢尔德（Bahram Shirdel）、斯蒂夫·普赛尔（Steve Parcell）、玛丽娜·斯坦科维奇（Marina Stankovic）以及道格拉斯·迪斯罗（Douglas Disbrow）。

各个图书馆的工作人员也提供了帮助，特别是埃塞克斯大学、瓦尔堡

（Warburg）学院、国家图书馆以及英国图书馆的工作人员，在那里我完成了我的大部分阅读。

阿瑟·克瑞斯特（Arthur Kristal）在手稿最初编辑阶段给予了非常宝贵的帮助，并给了我应得的足够多的"折磨"。

手稿在最后完成阶段能变成现实，休斯敦大学建筑学院（College of Architecture of the University of Houston）提供了关键性支持。我经常得到同事们的鼓励，他们有兴趣面对挑战，"最后的伟大的美国城市"这一似是而非的命题对他们是一个强烈的刺激。

最后，感谢我的妻子，她帮助我打字和校对，也感谢我的女儿，她只是很迷惑为何我坐在书桌前思考几何和建筑，而不是给她用木块搭一个城堡。

前言

在一个多变和有限的世界中，创造秩序是人们进行思考开展行动的最终目标。可能从来都不存在知识框架之外的人类知觉；在知觉中，理想和现实、一般和特殊都是"特定的"，知觉构成了意图的范围，也就是存在的范围。知觉是我们认识能力的主要形式，离开先验身体结构，离开身体结构与世界的联系，知觉将不复存在。正如莫里斯·梅洛-庞蒂（Maurice Merleau-Ponty）所说，这个"身体本身"是关于世界一切表述的所在地；它不仅占据空间和时间，也由空间性和时间性构成。身体具有某种维度。通过运动，身体作为外部现实的中心，成为我们获取意义的工具；因此，身体体验具有了"测-地"（geo-metrical）含义。用埃德蒙德·胡塞尔（Edmund Husserl）的话来说，"体验的几何学"超越了身体（和思想）的空间性，而这种超越不仅构成了建筑设计的推动力，也促成了某种与身体自己相回应的秩序创造。

历史上，建筑师对几何形式的认知和使用，并未产生某种普遍或统一的建筑形式。事实上，建筑学如今经受的衰落，能够追溯到建筑发展的早期现代时期。从那时起，建筑学就开始与几何学以及数学关系密切。因此，要理解建筑师至今仍面临的困境，就有必要分析 17、18 世纪的建筑意图。伽利略的科学以及牛顿的自然哲学改变了当时的世界观，也影响了那个时期的建筑意图。建筑学迷恋于数学的精确性，表现出多种多样的形式，比如：设计方法学、类型学、形式主义的语言规则，以及各种各样或明或暗的功能主义。这样的迷恋影响广泛，因此，分析变得尤为重要。当代建筑师进行设计实践时，仍然会受到那时的影响。但是，他们发现，很难协调作为艺术而不是科学的建筑与追求不变性的数学（the mathemata）两者之间的关系。

在过去的两个世纪里，通常认为建筑学的意义源于功能主义、各种形式结合的游戏以及风格的统一性或合理性，这里的风格通常被看作装饰语言，而建筑类型的使用也被认为是西方建筑学进步的标志。说到底，这种设定与建筑理论整体变得数学化或"功能化"是一个意思，也就是将建筑学简化成为一种理性理论，这种想法到 17 世纪中期发展到顶峰，并最终构成了雅克 - 尼古拉斯 - 路易·迪朗（Jacques-Nicolas-Louis Durand）和他的评论家们的理论。迪朗的功能理论一直延续到当代：现代主义建筑师充斥着对功能的迷恋，同时将之彻底专业化，而且为功能制定了各种规则。这些规则故意避免了所有与哲学或宇宙学之间的联系。这样，建筑学理论就简化成了一种自参照系统，其中所有的要素都必须借助数学逻辑组成。因此，这个系统必须假装其价值和意义都源于系统自身。然而这种理论架构却存在最根本的缺陷，因为任何与感知世界相关的联系都被认为是主观的，缺乏真正的价值。[1]

　　建筑学理论的功能化倾向意味着，建筑学变成了一套操作规则和专门的技巧工具。也就是说，建筑学主要关注如何用经济有效的方式建造房子，但避而不谈为什么要建造以及在现存语境下这个建造活动是否合适。[2] 随着实证主义在物理学和科学中的兴盛，功能主义开始出现。按照胡塞尔的说法，这些情况标志着欧洲科学危机的开始。[3]

　　当内科医生在谈论某个病人病危时，他其实是在描述这个病人不知道什么时候会活下来或死去。从某种意义上说，这就是如今西方文化的真实状况。19 世纪中叶，人类已经尽力去定义自身的处境，但讽刺的是，却无论如何都无法明晰这一点；人类无法在永恒不变的思想维度与短暂有限的日常生活之间取得平衡。[4] 进一步说，如今的人们就算注意到这个困境，也无法从紧张状态中获得存在的根本意义。[5]

　　20 世纪，大部分伟大的思想家多多少少都对"危机"进行了阐释，但可能只有胡塞尔才揭示了危机的独特本质。[6] 按照胡塞尔的说法，随着 [作为生活世界（Lebenswelt）几何学的] 古典几何学的结束，随着非 - 欧几何学的出现（大约在 1800 年），危机便开始了。数学领域的发展预示着一种可能性，即人类的外部世界能够被一个由技术引导的功能化理论有效控制和统治。[7] 这个危机导致了前所未有的先后关系反转：科学认为，由科学法则证明的真理是构成人类决定的基础，可是人类的决定总是建立在现实基础上的，而现实又是含混和复杂的，只能通过"诗意"才能理解。[8] 如今，任何学科的理论都普遍被看作方法论；理论变成了一套专门化的规范性规则。这套规则总是与技术的价值观相关。也就是说，这套规则看重过程而不是最终目标，同时这个过程总是寻求用最小努力获取最大效益。无论是生物学过程还是目的论过程，一旦生命本身被当作一个过程，理论就会忽视道德因素，之后就会只重视实用性。现代理论，依赖于 19 世纪早期物理数学科学模型和它们的乌托邦理想，一直认定人类那些最关键的问题都不合理，因为这些问题超出了对物质世界的控制和转换。[9]

根据胡塞尔所说的，每个系统都从两个维度获取它的意义：①形式上的或者句法的维度，这个维度和系统本身的结构相一致。也就是说，和它的元素间的关系相一致。②先验的或者语义学的维度，即每个元素所对应现实生活世界的参照，也包括它的历史架构。[10] 直到 1800 年左右，西方思想都尽力让这两个维度相一致，但一直困难重重。其中最难说通的部分就是如何解释残缺不全却最重要的一件事——神话。[11] 不过，仅仅在过去的两个世纪里，才开始质疑意义的先验维度。这期间，西方思想总是在过度的形式主义系统中挣扎，无法接受现实的具体现象，这在近期结构主义者对人类科学的研究中达到顶峰。克里斯蒂安·诺伯格 - 舒尔茨（C.Norberg-Schulz）的《建筑意向》（*Intentions in Architecture*）以及过去十年间其他建筑理论的语言学应用，都是典型的失败。他们一直都在表达某种对结构规则及其局限的热衷。从建筑学的角度来看，结构主义有意识地拒绝了先验维度的重要性，因而也否定了历史意义的重要性。

因此，导致危机出现的最明显原因就是科学的概念化构架和现实之间不兼容。[12] 宇宙的原子理论可能是正确的，但是它几乎不能解释人类行为的实际问题。自 1800 年以后，科学和人文学科的基本公理成为"不变量"，拒绝或至少无法处理象征性思想的丰富性和模糊性。[13] 这种态度是现代危机的通病，那些仍相信乌托邦未来的知识分子和科学家则进一步强化了这一点。不管现阶段的局限性如何，他们总是坚信乌托邦会到来，到那时，他们的特定学科将能完全理解现象，最终将对人类产生真正的意义。

上述所有这些观念都对建筑理论产生了巨大影响。作为具有真正建筑意义的首要参照框架，现实的诗意内涵，即先验世界，却一直被掩藏在厚厚的形式解释层级之下。因为实证主义思想故意排除了神话和诗学，所以人们直到现在都认为理性具有无穷的力量。他们忘记了人类的脆弱，也忘记了人类的质疑能力，因而总会假设世界中的所有现象，例如从水火到知觉到人类行为，都已被"解释"过了。对许多建筑师来说，神话和诗歌等通常被认为是梦境和疯狂的同义词，而现实则被认为等同于平庸的科学理论。换句话说，数学逻辑的思维模式代替了比喻的思维模式。艺术当然是美丽的，但很少被看作深刻的知识形式，也不被看作真正意义上对现实的主观解释。特别值得注意的是，建筑学无法像其他艺术那样做一个逃避主义者；建筑学不得不首先被看作一个经济而有效的建造范式。

17 世纪以来，科学和哲学的种种发展不断地推动了这种先后关系的颠倒，广泛传播至今，也从未获得纠正。尽管勒内·笛卡儿（Rene Descartes）的二元论不再是一个切实可行的哲学模型，但人们仍然认定数学和逻辑是唯一合理的思考方式。比如，新城镇的规划建立总是由数据决定。场地特征的现实直观感受，被看作传统都市生活的主观解释，已然被忽略。这种观点带来的缺陷异常惊人。我们的城市正在变成一个巨大的"地球村"。在城市中，人类的外在现实与人类自身并不一致，其存在的理由已经成为表达一个沉默的普遍流程，以体现科技价值，而不是为人类的有限存在去建立真正有意义的框架。现代主义规划已造成众所周知的失败，只是代表着持续不断的尴尬的开始。不过，现代专业人士仍然期待一套客观通用的标准，其中既包括形式或意识形态方面，也包括功能方面，这套标准成为他们设计的决定性基础，用来帮助他们实现自认为真正有意义的房子。

许多年来，建筑师们总是在寻找某种基于绝对理性的通用理论。戈特弗里德·森佩尔（Gottfried Semper）就是其中之一。他从迪朗最早提出的理论中获得启发，认为功能主义是建筑意图的基本前提。在森佩尔 19 世纪中期的作品中，他积极尝试让设计过程等同于解决代数等式。"变量"代表建筑需要考虑的多方面现实因素；答案就是这些变量对应的"函数"。[14] 当建筑师无论是考量结构所决定的形式，还是其他更加微妙的尝试应用心理学、社会学甚至美学变量时，这种简化策略都变成了建筑理论和实践的基本框架。到近期更是愈演愈烈，许多复杂的方法论，甚至计算机都被应用到设计中，然而，当遇到建筑更本质的问题时，这些策略却总是面临失败。[15]

对建筑学意图的回答主要是围绕形式展开。在19世纪之前，建筑师对数学的关注从不限于形式，甚至维特鲁威（Vitruvius）的传统分类：实用、坚固和美观也不是相互无关，更不是说三者的各自价值仅由自身决定。建筑学的意图过去都是先验的，因此必然是符号化的。[16] 其操作模式是比喻，而不是数学等式。形式不仅不追随功能，而且能作为主要协调工具实现自己的价值，还能最终指向人类状况的复杂本质。

对人类经验的过分简化，源于科学模型将自身投射于人类现实，这在行为主义和实证主义心理学中表现得特别明显，这种观念让我们很难理解思想和行动之间的必然连续性，也很难理解思想和身体之间的必然连续性。[17] 因为建筑学理论被认为具有绝对理性，所以被认为自成一体，能脱离与所有基本哲学问题之间的联系。[18] 由于建筑学服从于技术的价值观，所以建筑学的兴趣不在于意义，而在于控制物质或概念方面的设计和建造效率。这很自然地造成了理论和实践之间的异常紧张状态。在形式层面，理论可能运作流畅，但却无法与现实相协调。实践也相应地被转换成生产过程，既不具备存在意义，也没有明确目标，更不涉及人类价值观。不然，实践如果要恢复诗学维度，就要忽略与理论的联系。在当代最好的建筑实例中，这种情况表露无遗。例如，柯布西耶（Le Corbusier）的某些建筑，显然与当时的某些理论意图之间毫无关系。

然而，错觉依旧存在，即实践能简化成一种特定的理性系统。在18世纪末之前的建筑教育中，这种错觉表现得相当明显，阻碍我们理解理论和实践之间的相互关系。这种特定的现代关系不能想当然；它集中体现了当代建筑学的危机。因此，我们必须审视其历史来源，研究理论如何转化成一套"技术规则"（ars fabricandi），研究那些与建筑相关著作中的暗含意图。分析17、18世纪期间几何和数字对建筑意向的意义变化将有助于解释建筑理论数学化的发展过程。

神话（传说）层面

几何学和数字，作为理想原型，自古以来就是最高秩序的象征。两者的永恒不变与尘世的流动可变形成鲜明对比。数学的概念在公元前 7 世纪的前古典希腊文明中就出现了。数学指的是那些可学可教的东西：即不变、可熟知和可理解的东西；数字就是其典型。数学也是通往"理论"的第一步，是在一定距离保持对现实的理解；就其本身而言，理论是现实的第一个象征，也是完整概念系统中的基本要素，这个系统能让人类从日常例行公事的具体存在中挣脱出来，并允许人类在一个独立的话语世界内，协调外部世界与自身存在之间的相互关系。

起初，数学知识只掌握在"魔法师"手中。只有"魔法师"敢于操控数字对应的实体，从一个脱离物理现实的层面影响世界。传统的数字是物质实体，从来都不是纯粹形式。操控数字就相当于干扰真实世界的秩序，也就是一种强有力的"魔法"。

在知觉世界中设想不变量，相当于古代的天文学思考。正是在研究月球的过程中，发现了欧氏几何的绝对真理。从宇宙中，天文学家领悟到了逻辑数学系统。纵观人类历史，类似的不变法则总是首先作为先验符号被发现。天文学从未摆脱本体预设的前提；传统上，天文学一直都是具有魔力的或宗教本质含义的天体生物学。[19] 现实被理解为一个受控于天体规律的有机整体，同时，知识与宇宙的先验秩序同义。

17 世纪之前，知觉作为知识的终极证据，处于首要地位，这一点从未被质疑过。数学清楚地保持着其符号内涵，亚里士多德建立的宇宙等级结构也依然成立。当时是神学占主导地位的世界，与我们现在的精确世界有着质的不同。

古希腊对"理论"的发现也开启了建筑理论的发展，即建筑的"逻各斯"（logos）。然而，这个理论总是包含着"神话"的影子，并一直清晰地保持到文艺复兴结束，直到 17、18 世纪才变得模糊起来。阿尔伯蒂（L.B.Alberti）设定了理论与实践、设计与真实建筑之间的区别。16 世纪下半叶，维尼奥拉（Vignola）和其他人开始强调古典建筑柱式的规则而不是柱式的意义。尽管如此，文艺复兴本质上还是一个传统世界。建筑师逐渐从神学决定论中解放出来，慢慢意识到自身改变物理世界的力量。建筑师过去常常都是"魔法师",但其目的是调和;艺术是形而上学的特殊形式——也就是说,形而上学在此过程中变成了物质。建筑学不只关注大教堂或庙宇,还关注人类新世界的物理配置;同时,这个新世界必须遵守将微观世界和宏观世界相联系的"数学"规则。

文艺复兴时期,理论并不只是一套技术规范,通常还包含那些暗含在数学规则中的抽象观念。维特鲁威著作中包含的神话世界和古典世界从未消失,以及那些可见的废墟也从未被遗忘。在亚里士多德的世界中,并不存在建筑理论和实践之间的区分。前者总是扮演着阐述和判明后者的角色,而后者则保留着它原始的诗意 [不只是实践(praxis)的含义]。作为人类和世界协调的一种形式,诗被认为同时是神圣和世俗生活的两极。

几何学源自"上帝"(heavens),可是在 17 世纪的最初十年,伽利略的思考引发了认识论革命,也让几何失去了神性。[20] 过去,"空间性"指的是各种意图编织的直观网络,可以将人类具体存在与"生活世界"相联系;同时,"空间性"也让人类以一种等级秩序去理解他所处的位置,不过,如今的"空间性"被几何空间所替代。[21] 在这样的历史变化中,几何与数字逐步变成实践操作的技术控制工具,并最终成为一种控制世界的有效技术性工具。借助新的机械科学,人类开始让物质屈服于自身意志。

理性层面

本书认为现代建筑学及其面临的危机源于伽利略的革命触发的历史进程,两次巨大转变是这个历史进程中的标志,第一次转变发生在 17 世纪末,第二次转变则发生在 18 世纪末。

数学和几何学原本是一种宇宙知识,也是一种人类和神灵之间的联系,两者都源于中世纪和文艺复兴的宇宙学。在第一次转变中,两者最终都遭到了哲学和科学的质疑。与此同时,技巧和手工艺也逐步改变了其传统的"魔力属性"。在建筑领域,这几方面的改变都为新方法提供了基础。建筑师开始将建筑学看作一个技术挑战,其中的问题都可以借助数学和几何学的概念工具来解决。

不过，在 18 世纪，借助神性的神秘属性，人类思想和行动的先验特征还能继续保持，牛顿的自然哲学构成了这种神秘性的基础。18 世纪拒绝了 17 世纪哲学家们封闭几何学体系的虚构性，转而接受了牛顿经验主义方法的普世有效性。牛顿的学说为知识的系统化和数学化创造了条件，也就是一种可从观察自然现象中获得不变数学规则的知识，这种获取知识的方式最终演化为 19 世纪的实证主义。虽然对现代思想来说，牛顿经验主义似乎是彻底的经验主义，但 18 世纪的牛顿经验主义其实暗含了某种柏拉图式的宇宙观，柏拉图式的宇宙观总是会被种种形式的自然神论所补充，其中的几何学和数学本身也总是具有先验价值和力量。这时，建筑理论吸收了牛顿科学的基本意图，并逐步偏离了早先的发展方向。

1800 年左右，第二次巨变发生了。信仰和理性从此真正分裂。对现实而言，科学思想被看作唯一严肃而合理的解释，任何形而上学方面的需求都被否认。欧氏几何从此只具备实用功能。微积分学中剩余的象征内容也被清除干净。几何和数学现在变成了纯粹的形式学科，只是作为技术手段和工具，缺乏任何意义、价值或者力量。[22]

正是在这段时间内，一直在深刻困扰建筑学的问题第一次呈现出清晰面目。从此，实践就被假定为应当追随理论，因为理论认为，借助数学理性的丰富成果，理论在未来的某一天将完全控制设计和建造。最终，思考和行动之间的分歧成为关键要解决的问题。随后，建筑学不再相信外部世界符号的丰富性，也不再相信借助观察获取意义的神性，这些都被概念所取代，被现在大家熟悉的物理世界所取代，这个世界仅仅是无生命物体的集合。在这样一个框架下，建筑学不再是某种模仿的艺术。一旦建筑学采用了实证科学的理想标准，也就被迫拒绝了建筑学传统上作为美术的角色。由于被剥夺了正当的诗意，建筑学因而被简化成某种平庸的技术过程，或者仅仅是装饰。

恰恰是现在，风格，作为对建筑"语言"的描述和统称，变成了一个理论问题。迷恋于寻求不变法则的做法也开始侵蚀美学领域。不过，一旦建筑学被简化到物质结构的地位，面对这些难以克服的矛盾，即便是那些特别关注意义的优秀建筑师也束手无策。19 世纪，建筑师开始关注理性结构和风格演化，或者开始两者兼顾，同时从纯理性的角度加以判断。"我们应该建成什么风格？"这个问题在过去和现在已经大不一样。在过去，某个看不见的数学因素同样能保证建筑作品的价值，而某个符号化意图也能创造结构和装饰。直到 1800 年后，我们才发现"必要"结构与"附加"装饰之间的区别，这种所谓的"必要"结构常常被看作平淡无奇的建造；要知道，布扎体系（Ecole des Beaux Arts）并不仅仅是延续了法国传统"学院派"实践。迪朗之后的转变是深刻的，在我们理解现代建筑的过程中，18、19 世纪延续下来的风格化错觉也给我们带来了许多困惑。

直至今日，意识到建筑和艺术之间相似性的建筑师经常在玩形式游戏，可他们却无法理解建筑意义的先验特征。那些如何在设计中应用类型学或形态学策略的讨论，至今仍然广受欢迎，但也暴露出同样的问题。1800 年之前，建筑师从不以类型或形式语言作为意义产生的根源。形式在过去一直都是生活方式的具体表达，也是文化的直接表现，也许更像是一个示意系统而不是描述性语言。当今建筑师经常会做一些荒谬的假设：他们认为意义和符号只是心灵的产物，认为两者能借助逻辑演绎而产生，甚至认为两者能在某种程度上被定量。

历史方法

最后要讨论的是历史方法。我讨论建筑意图，不会仅仅讨论理论或具体的建筑和项目，也不会把这些建筑和项目看作艺术品或唯物主义决定论的产品。如果历史讨论的角度仅仅限于过于简化的形式或风格比较，那将得不到任何结论。将建筑理论假定为某种自说自话的特殊学科，同样不合适。意图的范围位于人类存在的真正操作层面。意图尽管具有模糊性，但也不得不借助历史研究来获取。[23]我们总有种错觉，认为历史能将各种建筑或观念处理为独立科学数据，这个错觉本身就是我提到的当代建筑危机的一部分。

特别值得注意的是，数字既是技术工具也是比例系统的符号，或者兼而有之。研究发现，几何学既被应用在静力学、测量和石材切割中，也被应用在巴洛克建筑和 18 世纪晚期法国建筑中以表明意义。我将对法国源头展开详细分析，同时也将粗浅分析英国和意大利的相关源头。众所周知，这个时期的法国文化是欧洲的典范，但是，我的讨论仍会涉及西方建筑史中最重要的思想及其本质上是欧洲的世界观。建筑学运用几何学和数学与它们的科学和哲学背景之间的关联性非常关键。我希望，深入理解这些联系，将有利于理解那些界定当时建筑理论和实践的基本意图，进而全面阐明现代建筑的起源。

"意图"应当在其认识论语境中去理解。[24] 因此，建筑史研究应当去除如下评价模式的渗透，即判断成败的标准仅仅看是否符合后来的意识形态。例如，理所当然地认定某座哥特教堂就是上帝之城（City of God），要么只是关心功能和风格方面是否统一，要么只是关心毫无价值的形式描述，而不管当时的宗教信仰以及结构方面的特定关注点。根据形式风格，建筑史分类整理了大量纪念碑式建筑物，并不断累积了各种概念。这样的建筑史研究对我们厘清当代问题，已经造成了巨大的阻碍。

要做历史解释，如果不引用狄尔泰（Dilthey）和汉斯·格奥尔格·伽达默尔（Hans Geory Gadamer）这类哲学家的文字，那将是荒谬的。[25] 同样，寻找客观中立的科学事实无疑也会远离（历史）解释。类别（范畴）源于历史，但却属于现在；类别（范畴）并不有助于解释，但却能对解释定性。这种循环并不是一种消极限制。它不会让历史陷入主观，实际上，这种循环反而是人类知识的一部分。只要知觉自身会影响被研究的对象，那么，甚至科学最终也要基于解释。问题是如何关闭这个循环，以及如何协调解释的范畴。带着这个想法，我总是让我研究的那些文字尽可能自己说出自己的东西。尽管我认识到在历史中寻找秩序是危险的，但是，我仍然一直都在这么做，我相信这是历史研究的基本特征。

目录

第 I 篇 17、18 世纪的
数字与建筑比例

第 1 章　克劳德·佩罗和比例工具化

　　直至最近，克劳德·佩罗（Claude Perrault）的作品在现代建筑起源中的重要性才被正确认识。[1] 我关注的是他对建筑理论数学化过程的影响，他在当时备受瞩目的古代和现代之争中所起积极影响的意义（Querelle des Anciens et Modernes），以及 18 世纪建筑师对其作品的全盘排斥或误解。

　　值得强调的是，17、18 世纪的建筑理论并非单独建立，而是存在于当时的认识论框架内。不过在这个框架内，即便是科学与人文学科之间的区别也并不清晰。建筑理论从文艺复兴以来就享有一个自治的言论环境，但它的最终参照系仍在其自身之外。从这个层面来说，克劳德·佩罗感兴趣的还是那些最优良的传统。他不仅写了一篇重要的建筑论文，还是新版维特鲁威《建筑十书》（Ten Books）的编辑及评论家，也是著名建筑师，他设计了卢浮宫（Louvre）东立面，是一位杰出而涉猎广泛的知识分子。起初他接受的是医生教育，后来他又将人生的大部分时间投入科学研究之中。他对 17 世纪科学和哲学理解得十分透彻。他写了许多科学方面的文章，并且参与了皇家科学院的活动。不能单个考量克劳德·佩罗的成就，在他的科学和建筑研究背后，隐含着一个清晰而连贯的意图。

　　克劳德·佩罗的著作可以追溯到 17 世纪的后三十几年。那时，西方文化正处于伽利略科学革命的意义几乎被普遍接受的历史时期。思想不再被看作一个封闭过程，一个由神启指定且必然走向普遍真理的过程。作为古典和中世纪科学的对立面，现代科学已不再是一个解释学的学科，超越性的结论也不再事先存在。[2] 在《新工具》（Novum Organum）一书中，弗朗索瓦·培根（Francis Bacon）否认了古典作者的权威。他将传统哲学系统定性为"喜剧"，各种唤起想象世界的"喜剧"。培根提出了一个源于观察自然现象的新知识类型，不再依赖形而上学，这意味着哲学在不断发展各种可能性，并最终走向绝对理性的乌托邦式完美。[3] 培根将科学的历史看作过程，一种不断从过去积累有价值经验的过程，可以被展望未来的知识分子群体所使用。因此，知识成为人类的共同任务，能够被分享和传播，并且持续地增加和壮大。最终可能会形成单一的科学传统，这是必然产物，也就是唯一真正的知识，而不是种种哲学体系间长期存在的冲突。[4]

　　伽利略的"新科学"并不只是另一种关于宇宙的假说；它意味着对传统天体

生物学世界观的根本性颠覆。新科学装作取代了真实世界，那个无限多样，总是处于运动之中，由本质定义，能够很好理解的世界，被完全由几何与量化特性决定。一个理想化的几何自然代替了人类可感知、可变且神秘的自然。在伽利略的思想中，可见的真实为了与一个抽象、由关系和方程式组成的世界达成一致而变得不重要。在这个世界，真相变得显而易见，只是在一定程度上，它回避了生活经验的不规则性。伽利略有意用数学语言描述自然现象中不同要素之间的关系。

根据伽利略的著作，科学现象不仅被看作能够被感知的东西，而且主要是能用数学明确构想的东西。事物变成了数字，不再被看作具有柏拉图式或毕达哥拉斯式的超越本质，而是具有了客观而明白易懂的形式。自然之书用数学术语写就，人类也开始认为其能够有效操控外在的客观真实。这样，伽利略科学就形成了生活空间几何化进程的第一步；这也是传统宇宙观解体的第一步。

克劳德·佩罗，艾德林（G.Edelink）（1690 年）雕刻。铭文赞赏他的谦逊，称在他成就之下，自然或艺术中没有秘密。

但是，17 世纪并不是实证主义的，而是一个认识论分裂的时期。大部分哲学家的柏拉图式系统都深深根植于亚里士多德式的世界。只有少数科学家是例外，比如伽利略和伽森狄（Gassendi），他们能够意识到假说的局限性。和旧的超自然科学相反，新科学知道哪些知识在可知范围内，哪些知识无法触及。不过，在 17 世纪，这种意识并不普遍。大部分科学家和哲学家都既传统又激进。[5] 当然，他们更相信数学理性提供的证据，而不是古代作者的权威性。这证明了科学理念的进步。[6] 然而，大部分哲学家仍然相信，数学思想被视为人类和神圣心灵之间交流的特有渠道。

笛卡儿哲学以及伽利略的新科学假

定了最初的感性知识与概念知识之间的分离。之后，西方科学和哲学就开始关注真理而不是真实。一个系统有没有价值要看它是不是清晰明确，要看它有没有明确的证据证明自己的想法和关系。不过，在 17 世纪，由仁慈的上帝来保证主体思想和客体真实之间的必要匹配，而上帝是根据几何规则创造了宇宙。科学家和哲学家以机械论的因果逻辑来解释自然想象，并据此建立了大量的概念系统。但是，这些系统一直是封闭的，并最终会回到那些终极起因。

在 17 世纪后期的知识讨论中，更加明确了（对未来开放的）进步知识的观念是经验性的而不是假设性的。各专科学校创立以及古典与现代的争论，这两个非常重要的事件让这种转换得以具体实现。在所有这些事件中，克劳德·佩罗都扮演着主要角色。

克劳德·佩罗是法国皇家科学院（1666 年）的创始成员，同时也是解剖学和植物学研究项目的创始人。[7]科学院及其他在英国的类似组织（伦敦皇家学会），是培根乌托邦理论在现实中的体现：每个成员都在其擅长的知识领域为人类福祉工作。这些新兴机构的重要性怎么强调都不过分。与基督教学校在 17、18 世纪时拒绝笛卡儿主义恰恰相反，学院由政府支持成立，为新科学的发展提供了理想框架。

"古代与现代"的争论造成法国知识分子在古代权威问题上的分裂。克劳德·佩罗和他著名的作家弟弟，夏尔·佩罗（Charles Perrault），站在"现代"这一边。他们表明立场的意义明显很复杂。有些学者已经强调了"争论"的文学起源和它所包含的个性冲突问题。[8]支持"现代"的大部分是法国人，而佩罗兄弟起到了类似法庭的作用。然而，他们对于现代科学的热烈拥护有着更为深远的影响。

夏尔·佩罗在四卷本《古代建筑与现代建筑并行》（*Parallele des Anciens et Modernes*，下文简称《并行》）中描述了这场冲突。[9]他在序言中承认了确实存在非常优秀的古代作者之后，便转而支持现代的优越性。夏尔·佩罗深知自然哲学的古老秩序已成为这场思想实验的障碍，也就是说，只是从各种文字描述中提取真理，只是向亚里士多德及其众多解释者学习，已经不够了。克劳德·佩罗认为

等级和万物有灵的亚里士多德式宇宙。由塞萨雷·迪·洛伦佐·塞萨里亚诺（Cesare di Lorenzo Cesariano）在他自己版本的维特鲁威《建筑十书》（1521 年）中提供的世界景象图。

这种学习方式很不充分，转而支持向大自然学习并直接获取知识的现代。

佩罗兄弟与笛卡儿相关的立场是富有启发性的。夏尔·佩罗赞扬了这个非凡的男人以反驳亚里士多德的哲学，而克劳德·佩罗则用了笛卡儿的模型在其物理学作品中的意义。但是，夏尔·佩罗同时批评了那些字面理解笛卡儿系统的人，他们认为它揭示了自然的终极原因。[10] 夏尔·佩罗提到了笛卡儿在《哲学原理》（ *Principles of Philosophy* ）中所假设的世界系统。[11] 作为这篇文章的绪论，笛卡儿写了一篇关于人类知识原则的专题论文，并强调特定概念的存在，"在他们自身体现得非常清晰……他们不能被学习……必须是天生的。"我们也许会质疑感性世界的真相，却可以肯定的是，上帝从不有意愚弄人类。由于知识是上帝赐予的，我们明确而清晰地感知到的一切，"用数学所证明的"，必定是正确的。这篇被 18 世纪启蒙运动者认为其纯粹的想象而反对的文章，是一组神奇并且通常也是出色的机械梦想的集合，它尝试解释所有可能的现象：从宇宙构造到火、磁和人类知觉的本质。笛卡儿相信他的机械论系统，一个通过因果关系以清晰而明确的方式解释自然现象的系统，一定是正确的并且优先于任何感知得出的证据。

笛卡儿和佩罗兄弟之间的知识立场差别主要在于神学。虽然笛卡儿提出："我们应当更倾向于神学权威而不是我们的推理"[12]，他的著作却被教会谴责。这种谴责，就像著名的对伽利略的审判，不仅和他特定的哲学或天文学系统有关，而且与他对传统秩序的完全颠覆有关。笛卡儿仍然尝试用近乎中世纪的方式调和哲学与神学，而佩罗兄弟明显更现代，他们尝试区分信仰和理性，因此避免了不能解决的冲突。

他们方法的不同反映了他们对一个先验概念系统其最终有效性的不同立场。笛卡儿批评伽利略著作开放且杂乱无章，[13] 而佩罗兄弟明确认识到了封闭的假设系统的局限性。在现代世界的认识论中，形而上学的缘由越来越成为异类。上帝处于理性范围之外。思想的兴趣点在于事物如何发生，但并不关注为什么发生。法则研究、必要而明确的数学关系研究比寻求终极原因更具吸引力。克劳德·佩罗将现象定义为"在自然中显现而其原因不如事物本身那样明确"。[14]

这种差别表明了某种真正的原始实证主义特征，而且在 17 世纪后期到 18 世纪 30 年代的法国知识分子圈中，那时牛顿的自然科学已经被欧洲普遍接受，这种差别表现得非常明显。克劳德·佩罗和夏尔·佩罗能够从假象中区分真相，从神话观念中区分科学知识。夏尔·佩罗在《并行》中探讨了天文学、望远镜和显微镜之后，有意摈弃了占星术和炼金术，因为它们"纯粹是离奇古怪的科学，缺乏任何真正的准则"。他写道："人类和天体没有任何比例及关系……离我们无限遥远。"[15] 夏尔·佩罗在这里区分了新科学与传统的封闭知识和科学，而在 17 世纪早期，它们通常被人弄混。我们依然记得在 1570—1630 年，有约 50 000 名妇女因女巫罪在火刑柱上被烧死。除了社会学的原因外，这种残暴的行为也是因为混淆了魔术和科学，这和文艺复兴时期发现人类能转换自身内部和外部现实的力量有关。直至 1672 年，科尔伯特（Colbert）部长才通过了一部法令，明令禁止这样的指控。[16]

夏尔·佩罗认为某些现代作者不接受无可辩驳的血液循环或者哥白尼（Copernicus）和伽利略的天文系统是难以置信的。在讨论了现代与古代艺术和科学（包括战争、建筑、音乐和哲学）的价值之后，他总结道，除了诗歌和修辞，现代总是更占优势。[17] 因此，现代与古代之争不只是书面争论或为法国 17 世纪作者所做的辩解。这场争辩肯定了对进步和激进理性的信念，它拒绝笛卡儿仍然支持的知识类型，即基于对超越性思想力量的信任和对神圣真相不假思索的接受。

克劳德·佩罗（1680 年）在他的《形态文集》（*Essais de Physique*）中区分了理论物理学和实验物理学，并强调了概念系统或先验假说的次要价值。[18] 按照他提出的解释系统，他承认它们的价值不在于它们比其他同类更优越；他认为，它们的价值更多的是因为它们的新颖性。从这个角度上说，克劳德·佩罗认为可以任意建立各种假设系统，甚至判定"某些著名哲学家过分富于想象力的论述"是合理的。他相信，最终"真理不过是引导我们获知自然界隐藏的知识现象集合……这是一个我们能给出多样解释的谜，而不再期望找到一个独一无二的正确解释。"[19]

克劳德·佩罗认为归纳过程的精确性比演绎构建更加重要。他定义的系统不再是与宇宙体系相关联的系统；他否认系统具有超越力量，即所谓"万能钥匙"

　　（上图）克劳德·佩罗，《自然动物史》（*Memoires pour Servir a l'Histoire Naturelle des Animaux*）（1671 年）一书中的首页。由塞巴斯蒂安·勒·克莱克（Sebastien Le Clerc）雕刻，展示了国王参观科学院。克劳德·佩罗提供的观景台设计，就是背景中正在建设的内容。

　　（下图）笛卡儿的《哲学原理》中的插图，说明了物质不同密度及其对作者的涡旋理论的影响。

（clavis universalis），或者说通向普遍现实的一把钥匙。[20] 现在，系统仅能指定某种构造准则，某种结构法则 [21]。他强调区分显而易见的真理和虚幻动机，并指出尽管许多读者可能不同意他的哲学研究，但是他的文集中仍然包含了大量站得住脚的各种实证性发现。[22] 克劳德·佩罗相信，与其假定一个单一的排他性解释，不如接受各种假说，以解释自然界的各个方面。[23] 在他的著作中，系统的这种相对性总是表现得很明显。他认为，真实的原因总是超自然的，而可能性才是理性唯一能推断的东西。

尽管如此，克劳德·佩罗在不同语境中都强调："不提出具有一般特性的主张而开展哲学讨论"是不可能的。[24] 他似乎意识到现代科学的尴尬处境："哲学上的物理学在现有知识仍不充分的时候，显露出综合和推理的雄心"，然而"历史上的物理学"则通过归纳法收集了精确信息，并且变得过于谦逊和审慎。[25] 尽管克劳德·佩罗认识到先验性人造系统的局限性，但他总是以这种方式精确地展示他的发现———一种既实证主义又传统的态度，这一点颇具意义。

众所周知，克劳德·佩罗设计的建筑很少；甚至他作为卢浮宫柱廊（东立面）的设计者身份也曾被质疑。然而，他对于之后几代建筑师的深远影响是不能否认的。[26] 除了形式上的贡献（提供了法国新古典主义建筑的基本模型）之外，他还贡献了某种基本的建筑意图，不过，只有放在他的认识论预设框架内才能理解这个意图。克劳德·佩罗的建筑学理论著作、他为自己新编出版的维特鲁威撰写的序言和注解，以及他的专著《古典建筑的柱式规制》（*Ordonnance des Cinque Especes de Colonnes*，后文简称《柱式规制》），共同构成了现代建筑的基本出发点。[27] 克劳德·佩罗质疑大部分传统理论的神圣前提，尤其是作为某种事先给定的观念。在新编出版的维特鲁威注释中，他解释了在卢浮宫立面设计里为什么使用双柱。他驳斥了弗朗索瓦·布隆代尔（Francois Blondel）的批评（下文称"老布隆代尔"，是后文出现的雅克·弗朗索瓦·布隆代尔（小布隆代尔）的爷爷）："他主要的反对意见……是基于一种偏见和错误的假设，即不可能放弃古代建筑的习惯"。[28] 克劳德·佩罗承认，开辟发明美丽的道路可能是危险的，并且会鼓励过分的自由，甚至会引发过分突发奇想的建筑物的出现。但是，他同时认为荒谬的创造会摧毁自己。他写道，如果必须模仿古代的法则真的存在，"我们不需要寻求新的方式来获取我们缺乏的知识，以及那些充实农业、航海、医学和所有其他学科的日常知识"。[29]

在 17 世纪的认识论革命中，人们并未能把知识作为一个整体。在克劳德·佩罗看来，他参与争论且明确下来的那些科学观念也同样适用于建筑学。在《柱式规制》的序言中，他总结道："和其他艺术一样，建筑的首要准则之一就是还未到达最终的完美。"[30] 尽管克劳德·佩罗对自己理论的完美性充满绝对自豪和自信，他仍然渴望他关于古典柱式的结论有朝一日能够变得更加精确和简单易记。这种立场明显与他在"古代与现代"争论中站在"现代"一边相关，无论怎么强调都不为过。关于艺术完美性的观念之前已有讨论，尤其是在 16 世纪下半叶，不过这些讨论大部分都是对古代教义的附和。相比之下，克劳德·佩罗转而关注未来，构想他的建筑理论处于不断发展的阶段，且总是处于持续理性化的过程；因为现代建筑拥有过去所积累的经验，它必然具有优越性。

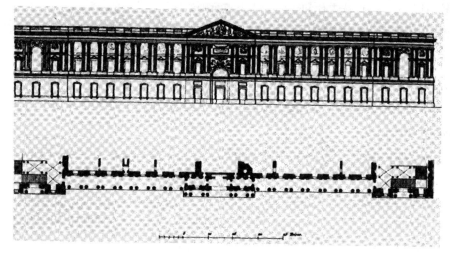

佩罗的卢浮宫东立面设计，使用了受到争议的双柱，引自夸特梅尔·迪·昆西（Quatremère de Quincy）的《著名建筑师生平与作品》（*Histoire de la Vie et des Ouvrages des Plus Célèbres Architectes*）（1830 年）。

这种追求建筑不断进步的真正现代理想，才是1671年皇家建筑学院成立的最根本原因之一。克劳德·佩罗在其中的直接角色到现在也不甚清晰，[31] 但是学院是第一个理性讨论建筑学基本问题的机构，也是第一个为未来建筑师提供成体系教育的机构。由中世纪工匠行会提供的传统学徒式技艺教育或训练已经明显不足。[32] 在现代世界的建筑学中，理性理论得到空前强调；现代建筑（相对于古代建筑）的优越性成为基本前提，这种信念（通常是含蓄的）至今仍然普遍存在。接下来的几个章节，将会探讨这种信念所隐含的方式在18世纪时如何成为威胁和冲突，以及如何与传统价值观相协调。

在克劳德·佩罗表明了自己对于进步建筑的信仰之后，他在《柱式规制》中建立了他认为是完美而明确的传统柱式比例系统。他的尺寸系统具有真正的创新意义。他并未采纳同时代所有其他普遍被接受的系统，他还批评了这些系统复杂的模块分割方式。他采用了另一种方法，即按照整体数字划分建筑主要部分。《柱式规制》中相当多的论述，是克劳德·佩罗对古典柱式各个组件最合适尺寸的计算。他的方法是挑选古代和现代最优秀建筑师的建筑、设计或论文，然后从中寻找两个极端尺寸之间的平均尺寸。[33] 算术平均值是对中间领域（juste milieu）最合适的概念表达，对克劳德·佩罗来说，也是一种对完美的理性保证。鉴于他认为建筑不取决于"自身的真实比例，我们必须检验建立尺寸的各种可能性，必须构建在稳固的实证理性基础上，但是，也不能过分远离我们已经接受且正常使用的那些比例"。[34]

克劳德·佩罗文章中对平均比例的强调，一经检验便暴露出大量错误和矛盾。最终他的数学计算并不要紧，因为他的结论几乎不被它们影响。事实上，克劳德·佩罗提出的尺寸系统是一个先验发明，仅仅由大部分普遍存在的传统古典柱式决定。中间领域理论和引入著名建筑师只是一种促进自身主张合理化的方式。但是，克劳德·佩罗完全清楚他的系统的颠覆性意义，这个系统就是一个随意的概念建构，本质上背离了过去大师们制定的规则。

在复杂而耗时的工作背后，克劳德·佩罗的真正动机是什么？在《柱式规制》中，他总结描述了当时人们对于五个古典柱式的"困惑"。他抱怨说并没有特定的比例规则，评论说著名的维特鲁威体系和文艺复兴著作描述的系统之间存在矛盾之处。尽管两者都取决于同样的超越性理由，但克劳德·佩罗敏锐地指出，古典柱式各个部分的尺寸关系总在变化，从未与真实建筑测量的尺寸相对应。

尽管 17 世纪少数学者，比如罗兰·弗里特（Roland Freart），已经注意到这个问题，但在克劳德·佩罗之前，这个差异从未被看作根本性问题。在《并行》中，弗里特试图证明古典柱式如何被不同作者给出不同的使用方式。[35] 但是，他重点批评的是那些 "以各种稀奇古怪的理由装作修正古典柱式" 的作者。事实上，克劳德·佩罗批评的是 "所有文章都是在与过去的比例系统相比较，而不是提出一个新的结论性系统"。[36] 他相信，只推荐一个系统的文章才是好文章。问题是从来没有一个建筑师 "有足够的权威来建立一套能被一贯遵循的法则"。[37]

对克劳德·佩罗挑剔的理性主义来说，这种可观察到的误差是难以接受的。在《柱式规制》的序言中，他表达了创造简单通用的建筑比例系统的愿望，可以一次性彻底解决问题。这套系统是任何建筑师（不管天赋如何）都能轻松学习、记忆和使用的系统，可以通过理性来控制实践的不规律特征。[38] 毫无疑问，克劳德·佩罗建立的比例规则实现了他的基本意图。他的小模块（petit module），即柱子直径的 1/3 而不是传统的半径，是每个柱式中最重要元素的尺寸调整参照。在这个系统中，底座、柱身、柱头、柱上楣构呈现出一套序列关系。所有尺寸都以完全的自然数呈现，形成了规范的指导系统，非常易于记忆和应用。

然而，为了达到目标，克劳德·佩罗必须拒绝建筑比例的传统象征含义。在序言中，他批评了 "顺从精神和对古代的盲从" 在艺术和科学中仍普遍存在。然后，他主张，除了宗教事实（不应被讨论）外，其余的人类知识都应服从于 "有条理的质疑"。[39] 在克劳德·佩罗的系统中，建筑比例失去了它的绝对真理性质。数字不再具有它们的传统魔力，即数字作为神启基本形式的内涵。因此，克劳德·佩罗能够将问题简化成内在的理性论述，同时质疑比例的古老角色，即比例是否能作为实践的最终判断工具。

克劳德·佩罗也拒绝承认传统的建筑比例与音乐和声之间的关系。在《柱式规制》中，他断言 "实证" 美（ "positive" beauty）并不直接取决于比例，而是由视觉对象本身产生。他引述了三个基本分类：①建筑材料的丰富性；②执行的精确性和规范性；③大致的对称或布置。数字比例不能作为美的保证。根据克劳德·佩罗所说，这些都"像时尚一样"不断变化，而且仅仅取决于习惯。[40] 对于第一个发明比例的人来说，想象是唯一准则，当"想象（fantasie）改变，新的比例同样令人愉快"。[41]

在《并行》中，夏尔·佩罗也指出比例在历史中已经被改变了。他断然拒绝人体比例和柱子尺寸之间存在任何联系，把这种现代信念归因于对维特鲁威《建筑十书》的错误解释。[42] 维特鲁威提到人体比例的完美性，它由自然支配且能作为建筑的原型。然而，夏尔·佩罗认为这不意味着建筑要向人类身体学习比例。在一篇关于古代音乐的短文中，克劳德·佩罗也否认了音乐艺术神话般的完美性，音乐在传统的亚里士多德的宇宙观中是先天和谐的象征。[43] 在克劳德·佩罗的理论中，建筑比例第一次明确地失去了其原有地位，即作为微观宇宙和宏观宇宙之间的超越性联系。

维特鲁威曾建议使用视觉矫正方法来修正从某些角度观看建筑带来的尺度失真问题。克劳德·佩罗之前的大部分建筑师已对理论规定的比例和真实建筑尺寸之间的差异提出过争论。解决理想和真实世界之间的这种差异对建筑师来说从来不是问题。它们被看作面对每个建筑任务具体情况时建筑师的能力证明。但是，克劳德·佩罗系统地驳斥了这种解释。在《柱式规制》中，他展示了大多数情况下这些理论和实践之间的差异并不是有意的，而且他还质疑视觉矫正的正确性。根据克劳德·佩罗的认识论立场，在一个透视已"给定的"世界里，他确信人类能够直接感知这个世界中不失真的数学和几何关系。

传统的视觉矫正涉及一种世界观，即感知中的视觉部分在这个世界中并不占据绝对优势。[44] 视觉维度必须和世界原始的（先于概念的）具体感知相吻合，和其主要推动力和触觉维度相配。在克劳德·佩罗的理论中，理想绝对优先于物质现实。理论因此成为一套技术指令，它的基本目标就是简单、直接、好用。

克劳德·佩罗十分着迷于将理论转换为技术规则。他的比例系统明显显露出这个意图。因为他在一种形而上学真空中的特殊地位，他比他的后来者更加彻底地拥抱现代。尽管如此，他的原始实证主义态度总是充满矛盾，必须仔细界定。由于生活在路易十四时代，他相信从经典古代发展而来的结构和装饰。他从来没有质疑过古典柱式本身的正确性，而且似乎接受柱式在建筑实践中的必要角色。他甚至声称这套比例系统只最小限度地改变了一些细节而已，"并不影响建筑的整体美感"，以此来证明这套比例系统的合理性。[45] 因此，克劳德·佩罗的建筑意图在许多层面上显现出不一致。然而，在最深远的意义上，现代建筑的矛盾在克劳德·佩罗所处的传统世界中已经表现得极其明显。

克劳德·佩罗经常诉诸于古典权威的神话来证明自己的理论。他甚至断言他的比例系统是最理性的，也是维特鲁威最早提出的一种类型。[46] 古老的比例基于整数且便于记忆，仅仅因为它和古迹遗存不相符而被现代建筑师抛弃。重要的是，克劳德·佩罗把两者之间缺乏相似性归罪于工匠粗心，再次反映出他设想了理性理论和建筑实践之间的一对一关系。

克劳德·佩罗根据建筑的视觉部分定义了建筑的美。对他来说，可见部分或者说现象，与不可见部分或者缘由推理明显不同，前者相较后者总具有优越性。克劳德·佩罗的建筑理论是第一个将可见形式和不可见内容之间的差距当作问题的理论。这样悬殊的差距仅仅在笛卡儿主义出现之后才存在。克劳德·佩罗著作中的许多明显矛盾，恰恰源自他对感知维度和概念维度的不同态度。在视觉方面，克劳德·佩罗接受了传统建筑的常规形式，却拒绝了数字系统作为美的不可见诱因的奇妙含义。

设计中需要使用视觉纠正的典型图示说明，引自马丁和高戎（Martin and Goujon）的第一版法语版维特鲁威的《建筑十书》（1547 年）。

　　尽管克劳德·佩罗指出了建筑比例的相对性，但他从未质疑过古典柱式的传统象征含义。不过值得注意的是，建筑意义从来没有从风格的形式一致性角度来看待。克劳德·佩罗使用"哥特柱式"来描述波尔多教堂，并承认法国的品味有点哥特风，和古人的品味不同："我们喜欢独立支撑结构的通风、采光及品质。"[47]他的"第六柱式"双柱就反映了这种品味，明显是新古典主义的先例。许多克劳德·佩罗同时代的人，不论他在法国和英国的前辈还是后辈，都承认并欣赏不同类型装饰系统的价值，比如哥特风和中国风。最重要的条件是不可见的数学的出现，这促使建筑学成为一门真正的模仿艺术。这是克劳德·佩罗在这个相关问题上的立场。关于现代建筑起源的问题并不能简单地取决于一种判断标准，即评判在何种程度上使用或拒斥古典柱式。

　　夏尔·佩罗在《并行》中表现得更加极端，他在书中承认古典建筑形式和装饰的历史相对主义。他认为建筑装饰和语言中的修辞有同样的特性，[48]这就是所有的建筑都必须使用装饰的原因。然而建筑师的能力价值不是体现在他如何使用柱子、壁柱、楣，而是体现在其"如何根据良好的判断力布置这些元素且构成美丽房子"的能力。[49]这种装饰的实际形式"可以完全不同……却仍然令人愉悦，只要我们的眼睛能够适应它。"[50]夏尔·佩罗似乎已准备表明，仅从一个给定装饰系统的形式或句法关系中就可以获取美。尽管他从来没有这样做，但他已经为其他人质疑建筑整体的传统象征角色开辟了道路。

　　很明显，佩罗兄弟相信他们自己时代的完美性。[51]克劳德·佩罗在新编维特鲁威《建筑十书》的序言中，表明路易十四时代是黄金时代，它有着罗马帝国神话般的优秀。建筑必须以罗马原型来构思。[52]克劳德·佩罗特别认同罗马帝国的富饶和辉煌。他相信伟大的现代建筑必须恢复古代建筑这些特质。这个理想以及他对理论绝对必要性的确信，驱使他翻译和评论了维特鲁威的著作。那个时代缺乏足够多的法语版拉丁文著作，克劳德·佩罗认为这种对建筑"原始准则"的忽视是这门艺术复兴的巨大障碍。[53]

　　克劳德·佩罗深知维特鲁威的规则只是众多可能性之一。通过强调理论准则的必需性，克劳德·佩罗为自己对罗马的偏爱做出辩护："美只是以想象为根基……（因此）建立形成和修改想法的（我们每个人都有的完美的）[54] 准则是必要的"。克劳德·佩罗确信准则是如此重要，以至于如果自然没有提供特定的原则，那么人类有责任去提供这些准则，因此"必须认同某个特定权威具有实证理性的特征"。[55] 但是克劳德·佩罗也接受批判性态度，他指出维特鲁威的权威性并不来自对古代的盲目崇敬，也不是因为维特鲁威处于那个完美的历史时期。不过，虽然他的论调是科学客观的，但如果他不相信维特鲁威的著作构成了"建筑规则的原始起源"[56]，不相信"这位杰出作家的准则……绝对是所有想要达到建筑完美性的人的必需指南"[57]，克劳德·佩罗无疑不会揽下翻译和评论维特鲁威著作这个巨大工程。

克劳德·佩罗真诚地相信维特鲁威理论的重要性，它具有伟大的象征意义，也是（他所欣赏的）古罗马帝国建筑财富的根源（fons et origo）。然而，关于比例问题，克劳德·佩罗在《柱式规制》中表明，他之前的学者没人拥有足够的权威。比例的规则从习惯中获取，但又是基本的。这里最能显现克劳德·佩罗意图的矛盾之处。

根据佩罗所说，全面的比例规则知识极其重要，因为他们形成了"任何真正建筑师必须具有的品味"。[58] 在克劳德·佩罗的定义里，"实证美"是可见的；但恰恰由于这个缘故，任何具备最基本常识的人

克劳德·佩罗的凯旋门和卢浮宫设计，出现在他自己版的维特鲁威《建筑十书》首页的背景中。

都能觉察到这一点。这和分辨丰富的建筑与单调的建筑、分辨由杰出工艺建成的建筑与粗制滥造的建筑一样简单。[59] 建筑师为了设计成功必须知道支配"随意美"更微妙的规则。尽管根据习惯和使用建立的比例可能是随意的，尽管比例可能不一定带来"实证美"，但它对实践建筑师来说仍然非常重要。从习惯或共识获取的协调仍然被认为是一种积极的参照系。模糊性，从来没有被 18 世纪大部分建筑师和理论家完全理解。然而，这一点在克劳德·佩罗新编维特鲁威[60]的注释中变得明确，他声称习惯有着足够力量来确保某些建筑比例是"自然地被接受和喜欢"。与音乐和声一样，这些比例被假定拥有真正的美丽。[61]

在克劳德·佩罗的理论中，比例的重要性借助和"实证美"之间的联系来确立。他是第一位质疑如下传统观念的建筑师，即意义可以通过感知立即呈现。相反，他提供了对建筑学价值的复合性概念解释。他对感知的理解已经和现代心理学相类似：即各部分彼此独立，这表明了视觉、触觉和听觉的分裂，只在头脑中综合在一起。

克劳德·佩罗为了避免自己理论无法调和的矛盾，不得不借助于维特鲁威的权威性。这位古罗马建筑师的著作被认为是古典建筑视觉部分的具体呈现。但是比例，作为基本的无形原因，与克劳德·佩罗思想中的其他概念解释系统一样，也变得具有相对性。仅仅在 19、20 世纪的建筑实践中，这种建筑"现象"的分裂才被认为是理所当然的。

克劳德·佩罗从不否认建筑中数学的重要性。但是他清楚科学革命和它的意义，他为数字提供了一个完全不同的角色，也就是作为操作手段，作为简化设计过程或避免实践不规则性的实证工具。他的比例理论需要对柱式的尺寸有绝对而直接的控制。这种使用数字的基本意图是完全现代的。他的理论自称是一套完美而理性的规则，目标简单且应用直接。不过，克劳德·佩罗从未更进一步。他并未尝试将人类行为或建筑结构的稳定性转化为数学公式，但他却引导了一条通往建筑的进步道路。自那时起，进步就等同于将建筑学深入还原为数学理性。

众所周知，只有在工业革命之后，采用数字与几何有效掌控物质这种技术梦想才变成了现实。在 17 世纪末，数字失去了它的哲学象征含义之后，克劳德·佩罗也以同样的意图在他的比例系统中使用数字。同时，传统的比例系统只能借助建筑师的个人经验来"应用"，本质上也被假定为一种建筑特性和建筑意义之间的协调说明。克劳德·佩罗的比例系统与之形成强烈对比，自称是像理性那样完美和通用。和他的物理系统类似，他那套先验比例规则没有任何先验含义。这套系统的目标是"用可能最不坏的方式"指导建筑设计，拒绝了比例作为绝对确定性来源的传统角色。

弗朗索瓦·布隆代尔的反应

17、18 世纪的大部分建筑师对于建筑的物理维度更感兴趣，而不是理想的解决方案。因此，他们拒绝或者误解了克劳德·佩罗的著作。他用实践领域代替了概念的、先验的系统，这一点没那么容易得到承认。某些建筑师轻易忽略了他理论的更深层含义，认为《柱式规制》只是众多关于柱式的文章之一。[62] 还有不少人在质疑他所讨论问题背后的信念。不难发现，他的理论和他数量极少却异常出名的建筑作品之间存在差距。要知道，17、18 世纪间的建筑实践通常保持了传统的特定实施方式（modus operandi）。

尽管如此，克劳德·佩罗的著作创造了一个重要的理论讨论，这场讨论在建筑师中延续了一百多年。他的理论最初受到了老布隆代尔的批评。老布隆代尔是工程师和建筑师，曾负责建造了几个防卫工程。他还曾教授数学课程，撰写了关于炸弹、关于钟表机制和罗马历法历史的著作。像克劳德·佩罗一样，他也写了一篇卓有影响的关于建筑的文章，也是皇家科学院的一员。他不仅是建筑学院的创始成员，也是这个机构的首位正式教授。

尽管经历相似，但老布隆代尔的建筑意图却仍深深根植于 17 世纪的巴洛克世界。他对科学、哲学和数学的理解和克劳德·佩罗有着根本的不同，感知和概念两方面的知识综合构成了他的理解基础。

老布隆代尔的认识论竟与伽利略非常类似。但是，必须明白的是，即便是这位意大利科学家也不能清楚区分某个观察"结果"产生的"真实原因"和"错觉"之间的区别。虽然伽利略可以假设一些孤立的发现而不关注最终原因，虽然他拒绝承认亚里士多德的等级秩序和万物有灵论的宇宙观，但他仍然相信是几何结构（或者说预先存在的和谐结果）将人类思想和世界联系在一起。现在人们相信，伽利略的大部分发现只是他想象中发生的"实验"的结果。[63]在《两门新科学的对话》(*Dialogue of the Two Sciences*)中，伽利略指出，不仅从美学或数学角度，而且从和它相关的物理科学角度来看，圆形都是完美的。[64]17世纪的艺术家和建筑师普遍接受伽利略对几何中所体现价值的综合理解。[65]伽利略将几何学与自然联系起来。他相信一个球体或圆形的概念在每个具体的球或圆中都得到完美实现。现实世界被他理解为几何学的不断物质化。在17世纪，数学科学变成了一种模仿大自然的手段，这种模仿也是一种最抽象因而最珍贵的手段。

传统的亚里士多德学派哲学家将人类中心，永久固定的世界与恒星和行星的几何空间区分开来，后者被认为是真正理想的实体。只有在人类变成主体之后，变成从世界的客观真实中脱离出来的理性心灵之后，人类世界的等级秩序才能等同于几何空间。只有在那时，也许人类才能假装自己在理想空间的框架中理解了真正的现象。这意味着用一个由几何空间特性控制的独立实体代替了原始的未分化的构成现实的意识领域。在现代宇宙观中，身体成为物质点的集合，在一个无限且同质的范围内按照数学的方式行事。

17世纪的哲学家、科学家和艺术家接受了自然之书是用数学符号写就的观念。由于欧氏几何图形和真实世界的感知有关，所以，最终还是直觉的产物，[66]因此几何学能成为一个自成体系的通用科学，一个公认最佳的符号科学。那些上帝造就的观念被认为是源自种种几何原型，就像神的字母表一样，这些原型被造物主铭刻在可见世界的物品上。17世纪的几何学提供了一座桥梁，与赋予人类存在终极意义的更高现实联系在一起。在艺术、音乐和文学中，作为构成符号的工具，几何学变得规范起来。此外，几何也被当作感知的唯一正确方式，这开创了某种条件，可以在未来某天，能为亵渎神圣以及利用技术探索世界提供语境。

除了某些特定的文化特征，如克里斯托弗·雷恩（Christopher Wren）、瓜里诺·瓜里尼（Guarino Guarini）和老布隆代尔的各种作品中体现出的那些特征外，巴洛克建筑的各种设计意图，都可以在这个认识论语境中找到。或深或浅，他们都对几何和数学有所涉猎，但也必然抱着好恶参半的态度。

　　《建筑学教程》（ *Cours d'Architecture*，以下简称《教程》）是第一本为皇家建筑学院学生撰写的教材。在这本教材中，老布隆代尔对克劳德·佩罗的理论假设从许多颇具启发的角度提出了批评。老布隆代尔重申了文艺复兴以来普遍被接受的信念，即理论极具重要性。[67] 然而，他注意到维特鲁威的著作只反映了他之前古希腊建筑师的学说，并未反映"古代最美丽的遗存"。老布隆代尔也提供了其他杰出建筑师给出的规则，比如维尼奥拉、帕拉第奥（Palladio）、斯卡莫齐（Scamozzi）。[68] 他的意图是检验和比较这些规则，表明他们之间有何相同或不同，以便建立能被更普遍接受的准则。在他看来，这是唯一能培养当代建筑师品味的方式。很明显，老布隆代尔的态度和克劳德·佩罗相反，他不愿建立一个唯一的、简单的和理性的建筑比例系统。过去那些伟大建筑师之间观点的不同，对老布隆代尔来说，不是一个真正的问题。他认为，他们的著作无疑非常珍贵，在他们所涉及的理论范围内大体上也是正确的。而问题主要存在于个人的解读之中。建筑师必须选择最合适的规则，并借助自己的个人经验将它们应用在每个方案中。

　　老布隆代尔充分讨论了视觉矫正的问题，他认为这个问题非常重要。在这个问题上，他不加掩饰地批评了克劳德·佩罗。他用了许多著名建筑作为案例，强调调整建筑尺寸的必要性，以使建筑的比例能在透视中正确显示。[69] 他用斜体标记文字强调，一旦考虑了增加和减少原始比例，成功地确定建筑的实际尺寸，就能显示出建筑师的智慧力量，"结果更依赖于建筑师的活力和天才，而不是任何也许已建立的规则。"[70]

　　克劳德·佩罗拒绝承认视觉矫正，认为人类大脑会即时地改正这些失真；他的这种态度源自他沉迷于简化他的理性理论与传统实践之间的差距。但是另一方面，老布隆代尔仍然认为理论主要是实践的超越性解释，而且认为这两者之间有着深远而不矛盾的连续性。他强调建筑中个人表达和决定的重要性，而克劳德·佩罗的所谓技术规则本来也乐于以理性借口排除这个重要性。不同的比例系统和建成建筑的真实尺寸之间的差异，对克劳德·佩罗来说是无法容忍的事情，却在老布隆代尔的理论中得到了完美的合理化证明。

鉴于以上种种，关注老布隆代尔对数学的兴趣就显得非常重要。他对几何的热爱远比克劳德·佩罗更深。在一本名为《四大建筑问题的解决方案》(*Resolution des Quatre Principaux Problemes de l'Architecture*) 的小书中，他指出建筑实际上是数学的一部分。[71] 这是 17 世纪建筑师和哲学家通常持有的态度，作为其中一分子的老布隆代尔坚持认为所有建筑中的"美好和壮观"都源于数学。"最重要的"和最困难的问题确实是关于静力学和几何的主题。[72] 他确信，如果建筑师研究了数学，数学家研究了建筑，问题就会解决大半。老布隆代尔在学院教授的建筑课程，除了古典柱式原则，还包括几何、代数、机械、水力学、日晷测时学（太阳时钟）、防御工事、透视和切石技术（石材切割）。[73] 在他关于防御工事的短篇论文中，根据选定的正多边形用作建筑平面，用几何追踪法确定布局、角度和每个元素的位置。[74]

尽管老布隆代尔注意到数学作为技术工具的优点，但是仔细分析他的著作之后就会发现，他无法区分数字和几何的符号和技术用途。在关于建筑主要问题的书中，他发现伽利略力学和和谐比例的属性中都有些"错误"，他认为这两者都很重要。类似地，他在《教程》中指出，遵循古典柱式的传统比例规则，是确定支柱、支撑拱、穹隆顶尺寸或者其他垂直几何结构要素尺寸的一种方法。[75] 老布隆代尔先是在几页令人印象深刻的版面中详细描述了确定椭圆和抛物线拱券的几何方法，然后复述了维特鲁威为设计门而推荐的比例，并比较了维特鲁威的比例规则和文艺复兴的规则。

在《教程》中，老布隆代尔阐述了关于古代与现代之争的观点。他认为两方都有好的论断。古代，是现代的卓越源头，理应被尊重，甚至被崇敬。但是这种崇敬从来都不是被奴役。他的立场非常中立，他总结道："所有美丽事物都应当被欣赏，不管它们在何时何地产生，不管它们的作者是谁。"[76] 因此，老布隆代尔同时支持他自己的时代和罗马帝国的完美性。[77] 与克劳德·佩罗类似，他也承认建筑进步的可能。[78] 但是，老布隆代尔从来不认为进步必然要接受相关的价值观。

在他看来，根本问题不是比较古代和现代作者之间优点多寡，而是建筑价值的绝对或相对性。老布隆代尔认可品味和审美存在多样性，但他拒绝美最终是习惯之产物这个观念。他认为，他和"大部分作者"都坚信自然美的存在，这是一种能产生永恒愉悦的自然美，也是源自数学或几何比例的自然美。这不仅适用于建筑师也适用于诗歌、修辞、音乐甚至舞蹈。要素之间的比例和布局，以及要素和整体之间的比例和布局，形成了"和谐的统一体"，它允许不同部分毫无困难地被同时感知。因此，和谐就是真正的愉悦之源。[79]

老布隆代尔在《教程》中，用了一整章来讨论和证明建筑中比例的重要性。[80]他收集了大部分文艺复兴时期著名人物的观点，也对他们的大部分传统观念表示支持。他肯定了人体比例和传统柱式尺寸之间的深刻类比。因此，建筑的比例不能随意改变。老布隆代尔在评论阿尔伯蒂的理论时，强调了和谐与人类灵魂及理性之间都保持着根深蒂固的关系。建筑总是尝试遵循自然法则，而"自然在它所有的方面都是不变的"。因此，"能使声音对耳朵产生愉悦的数字（比例）和能使物体对双眼产生愉悦的数字（比例）是一样的。"[81]

老布隆代尔在《教程》中用了很大一部分内容，生动地证明几何比例在大部分古代和文艺复兴著名建筑中都占有一席之地。之后，他终于开始面对佩罗的理论。他总结了克劳德·佩罗对于美的想法，并坚决拒绝了克劳德·佩罗的根本假设："建筑之美是从自然还是从习惯上获取对建筑师而言无关紧要。"[82]老

几何学作为一种超验的启示，由哲学家阿里斯蒂帕斯（Aristippus）在一次愉快地着陆后发现。来自雅克·奥赞南（J. Ozanam）《数学与物理娱乐》（*Recreations Mathematiques et Physiques*）（1696 年）关于数学意义的寓言。

布隆代尔陈述道，这一点无比重要，而且应当弄清楚。然后，他支持了相反的观点，同意那些"就算不是所有也是绝大部分作者提过的关于建筑学"的观念。[83]

老布隆代尔和克劳德·佩罗都相信古典建筑具有不可否认的价值。老布隆代尔也承认一些建筑元素的短暂性和可变性，比如在他看来，柱头就不是源自自然。这些元素提供的愉悦确实是依靠习惯。但是，老布隆代尔一直相信数字和几何，控制着自然准则，象征着人类，连接着造物的两极，因而成为实证美产生的原因："外部装饰本身不会形成美。如果比例缺失，美便不复存在。"[84] 按照他的理解，甚至如果哥特建筑是由几何和比例决定，那它们也是美丽的。他认同传统观念，即我们感知的世界是人类身体的投射。据此，老布隆代尔坚持认为，除非是特别的装饰或风格，只要含有作为超越性存在的几何和比例，就能确保最高级别的建筑意义。比如，任何建筑中的两相对称都提供了一种绝对的愉悦，恰恰因为这是对美丽脸庞或人类身体布局的模仿。[85] 而克劳德·佩罗则认为建筑的比例系统不是"真实的"而仅仅是"可能的"，老布隆代尔的理论认为几何和数学是不变的，在各个层面保证了建筑的美和真实；几何与数学将人类对世界的直接感知和绝对价值相连接，因此成为实现建筑基本象征角色的工具。

同样，尽管数字不可见，老布隆代尔仍坚持它是美的最初起源："尽管的确没有任何支持比例的可信证明，但很明显也没有结论性的证据反对它们。"[86] 他不满于简单的论述，用了《教程》中的一整章试图科学地证明他的观点。此章的题目也表明了它的重要性："关于比例是建筑美的起因以及建筑美以自然为基础的证据，正如音乐和谐产生美。"[87] 老布隆代尔用了几个著名的物理现象作为例子，展示了数学界的不可见因素（比如力和杠杆尺寸的关系，或者光学中反射角和折射角的关系）是如何证明和解释了真实世界产生的现象。他也将这些观察应用在建筑中，他写道："经验已经显示，美丽建筑中存在着我们在不美的建筑中无法找到的比例……我十分肯定比例是建筑中美和优雅的原因……建筑，是数学的一部分，应当拥有稳定而永恒的准则，因此，通过研究和沉思，建筑就有可能得到无数的因果关系和有用规则，用于房屋建造。"[88]

然而，老布隆代尔无法区分光学或机械的数学规则与建筑比例之间的差异。

在光学或机械领域，恒定的几何准则都源自"归纳和经验"。他也无法区分由技术问题引起的建筑比例与美学问题引起的建筑比例之间的差异。他的这些混淆与克劳德·佩罗明白易懂的原始实证主义产生了明显对比，因为克劳德·佩罗尝试让《柱式规制》的读者们明白，柱式的比例应当是固定和理性的。克劳德·佩罗认为这样的成就不应如此难懂，因为"建筑比例和那些在军事建筑或机器生产中获取的比例在本质上不同"。[89] 克劳德·佩罗强调了建筑中使用的随意比例和其他学科中必须严苛明确的比例之间的不同。在不损害建筑整体外观的条件下，这些柱式的细节尺寸可以适当改变，然而防御工事中的防御线或杠杆的尺寸必须是绝对固定的。克劳德·佩罗区分了原因推测与现象观察之间的差别。相比之下，老布隆代尔用更传统的方式反映了巴洛克认识论的世界观，因而没有认识到真正物理原因和假象之间的区别，以及魔术和有效技巧之间的区别。

米兰大教堂的剖面比例，引自老布隆代尔的《教程》。

　　老布隆代尔注意到，克劳德·佩罗的理论质疑了建筑形而上学的根本合理性。老布隆代尔本人拒绝接受一个缺乏绝对准则的建筑学，几乎到了痴迷的程度。他三次使用斜体字写道，如果找不到稳定而不变的准则，人类智力会受到极度严重的影响。如果没有这样的准则，人类就可能无法拥有统一而令人满意的想法，也会变得焦躁而极度痛苦。因此，老布隆代尔不得不支持传统的提供"稳定而不变准则"的比例理论，这套理论实际上让建筑学的存在理由（raison d'etre）变得合理化。他明确地拒绝相对主义，认为相对主义提供了某种危险而无意义的可能性。

第 2 章　比例系统和自然科学

克劳德·佩罗和老布隆代尔的著名争论触及了一个根本问题，即关于建筑本身意义的问题。新理论根本上是建立在现代机械论的世界观基础之上，由于受到早期主观主义影响，这使它质疑对自己是否有能力提供绝对和合理的实践理由。我已指出，在 1680—1735 年，新的认识论已经被伽利略强势引入。在 18 世纪上半叶，建筑师常常对技术问题及其数学解答非常感兴趣。[1] 这种对原始实证主义的兴趣和对传统理论的批评大体上同时发生。

1720 年，米歇尔·德·弗莱明（Michel de Fremin）出版了名为《建筑评论回忆》（*Memoires Critiques d'Architecture*）的奇特小书，在书中他定义建筑为"根据客体、主体和场所的建造艺术"。[2] 弗莱明支持克劳德·佩罗和夏尔·佩罗想法中的一些合理结论，他第一次质疑了西方建筑的历史，即传统古典柱式的优先地位。他指出柱式及其比例的知识仅仅构成了真正意义上的建筑学的极小部分。

弗莱明的书本质上回应了建造问题，但也强调建筑师不是一个石匠；建筑师的角色是去理性协调房子的所有运转。[3] 弗莱明相信建筑师必须在思想上控制设计和建造的整体过程，确保他的所有想象都拥有绝对的整体性和连贯性。他认为好的建筑必须是理性的，并利用哥特建筑作为例子来说明他的观点。弗莱明更喜欢巴黎圣母院和巴黎圣礼拜堂，而不是他那个时代近期的巴洛克建筑，他十分讨厌它们并做出批评，其中包括老布隆代尔的作品。

弗莱明也质疑那些诱人的建筑图，它们只是渲染画得好但缺少"建筑统一性"[4]。这暗示了将制图视作一种简化技术工具的理解，在 19 世纪这种理解相当流行。[5] 当制图总能表达出某种建筑意图时，制图所具有的特定话语体系和"真实建筑"之间的距离从来都不是问题。

弗莱明对理论的理解，对"真正构成建筑的东西"的感知，对制图的态度，对那些只谈论古典柱式的"无关紧要"建筑师的贬低，背离了真正的原始实证主义态度。他完全没有察觉到理论的形而上学层面。

克劳德·佩罗的影响在阿贝·科迪默（Abbé Cordemoy）的《建筑新条约》（*Nouveau Traite de Toute l'Architecture*）（1706 年）中体现得最为明确，[6] 在这本书中，大部分建筑的瑕疵和差品味都被归于缺少对建筑准则的了解。[7] 科迪默认为传统文献是无用的，因为不可能从中提取柱式的比例和尺寸。他赞扬了克劳德·佩罗的《柱式规制》："这本书是唯一一本工匠能从中受益的书。克劳德·佩罗为每个柱式的尺寸和比例都提供了一个明确而舒服的规则。他甚至激发了美的想法。"[8]

科迪默始终避免讨论任何关于比例和美之间关系的批判性问题。在这方面，他发现克劳德·佩罗是"过于冗长的、令人困惑的，甚至是令人费解的"。[9]他从来没有在文章中检验比例的含义，除了在《词典》（*Dictionary*）的第二版中添加了这个术语的定义。[10]在转述了一些维特鲁威的观点之后，科迪默强调了建立某种范本的重要性，可用来让观众判断建筑物的尺度。这种尺度上的比较将使建筑物的美、雄伟和冲击力在思想层面产生影响。然而，科迪默忽略了比例的超验含义。对范本实际数值的建立，他从未显示出兴趣。比例和美似乎变成如何在思想层面进行判断的问题，变成相对尺度的问题，而不是绝对数值的问题。

科迪默对比例问题缺乏重视，这本身就很重要。他在《新条约》中再现了克劳德·佩罗基于小模块的简化系统，重复了它最原始的形态，并且因手工艺被历史抛弃而怪罪有缺陷的工艺。科迪默也相信数学的精确性在理论中不可或缺。但是比例的意义甚至不值得讨论。他似乎只对克劳德·佩罗系统作为一种工匠的技术规则的优点时感兴趣。

克劳德·佩罗的直接影响也能在塞巴斯蒂安·勒·克莱克的著作中看到。克莱克兴趣广泛，从宇宙系统的建构（他试图协调圣经与笛卡儿物理学）到奇怪的知觉理论发现（他认为只有右眼有清晰的视觉能力），均有所涉猎。[11]在他的《建筑条约》（*Traite d'Architecture*）（1714 年）中，克莱克重申了老布隆代尔关于建筑师须学习数学及其相关学科（包括力学、水平测量、水力学、透视法和石材切割）的要求。[12]

在比较了维尼奥拉和帕拉第奥推崇的古典柱式比例之后，克莱克总结道，他们的规则是随意的，这是他们自己品味和天分的产物。[13]他也认识到，也许可以改变更小构件（比如三陇板和排档间饰）的比例，而无需冒犯那些建筑上最有见识的人。克莱克坚持建筑中"几何的绝对必须性"，并且描述这个科学是指导建

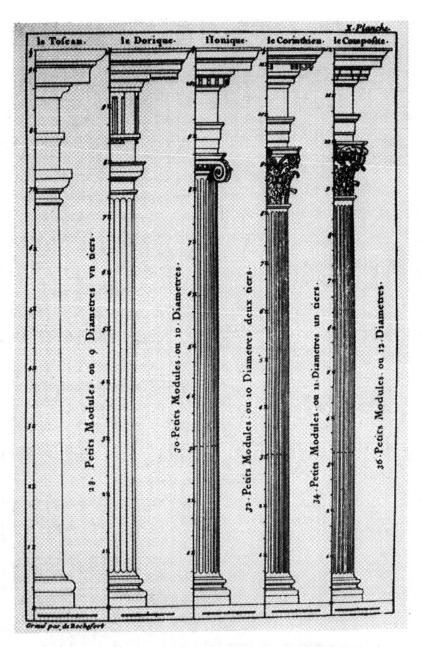

克劳德·佩罗的比例系统，由科迪默在他的《新条约》中复制。

筑实践的根本学科。[14] 像克劳德·佩罗一样，克莱克对必需的"理性"几何学和古典柱式因人而异的比例之间进行了区分。[15]

在上述结论基础上，克莱克决定提出他自己的系统。不过，在某种意义上，这就是他和克劳德·佩罗最终的相似之处。克莱克通过讨论和观察建立了他自己的比例系统。尽管对同一种柱式总有不同的推荐比例，但是，"毋庸置疑的是，它们之中的某些是更加愉悦且被更普遍接受的。"[16] 他认为，他自己的品味能够分辨出更好的规则。因此，他不是假设了一个先验的数学系统，而是认为他的规则构成了后验。他更为简单的态度表明他对通过理性理论来控制实践毫无兴趣，而且，从表面上看，他对比例的讨论只是一种传统。然而，事实上，他的思考开始显露出另一种不同的认识论预设。在他的理论中，品味总是能遏制相对主义的威胁同时保持理性的可能性——这是一种新古典主义出现的早期信号。

阿梅迪 - 弗朗索瓦·弗雷齐耶（Amédée-François Frézier），是一篇关于石材切割著名文章的作者，也是一位长寿的建筑师和军事工程师。[17] 他对科学和建造很感兴趣，而且意识到几何和数学是实施技术操作的基本学科。对弗雷齐耶来说，建筑主要是理性建造问题，他在与最著名的新古典主义理论家的几场文学辩论中说，相较于建筑师和启蒙运动推崇者偏爱的柱子和过梁系统，拱券和桥墩更适合石材建造。[18] 因此，考察他在《论建筑柱式》(*Dissertation sur les Ordres d'Architecture*)（1738 年）中解释克劳德·佩罗的观点的方式尤为有趣。

和克劳德·佩罗一样，弗雷齐耶也注意到建筑中没有固定规则。装饰不断在改变，因此"没有真正的美"[19]。他承认，"时尚统治古典柱式"，并且它总是决定我们关于美的观念。但与克劳德·佩罗不同的是，他从不认为习惯是积极的力量："时尚并不总是一个评判美丽或丑陋的确定规则。"[20] 习惯不再决定比例的选择，而那时候的"比例"总是和"实证美"相关联。相反，习惯变成了一种阻碍欣赏真正自然美的负面因素。

弗雷齐耶确信古典柱式应当严格遵从理性法则，它会引导建筑走向"纯粹自然的美"。[21] 而且他认为，建立独立于多样化个人品味和想法的理性准则是可能的："每个人都能接受，对自然事物的模仿是产生愉悦的原因……自然是完美的，从

美丽自然中获取的复制品会比原有对象产生更大的愉悦……如果柱式的普遍规则
存在，它应当建立在对'自然'的建筑的模仿之上。"[22] 在弗雷齐耶看来，关键
就是建立这种"伟大的艺术……通常甚至被称作科学"的准则，并且从最简单的
事物中获取它们。相应地，这会引导建筑回归它的本源。"自然界"的建筑是简
单的，正如 18 世纪科学中的自然本身。

在论述了从维特鲁威那提取的原始建筑后，弗雷齐耶讨论了建筑柱式中的合
适数字。[23] 受到自然科学方法的启发，他宣称他的意图是将原则的数量简化到最
小值。他认为仅有三种建造方式：重的、轻的或者中间方式。他还总结了应该只
有三种柱式：多立克、爱奥尼和科林新式。自文艺复兴时期后被普遍接受的塔司
干式和组合柱式，不在此列。

弗雷齐耶认为，对于柱子尺寸与其承重之间的比例，人类有着相当自然的想
法。很明显，比多立克更矮胖或比科林新更高的柱子也能被建造。但是前者这样
的柱子缺少"优雅"，而后者，可能物理上是稳定的，却看起来很危险，因此难
以被人类理智所接受。建造不仅应当拥有真实的稳定性，也要有"视觉的稳固性"。[24]

秉承这样的想法，弗雷齐耶将他的自然常识和经验应用于确定可接受比例的
最小值和最大值，也就是多立克和科林新柱式的比例。爱奥尼柱式的比例明显是
两个极端之间的中庸（juste milieu），并且是由两个尺寸的算术平均数得出。弗雷
齐耶指出，应用了这个系统，就有可能决定每种柱式关键部分的比例：柱身和柱
上楣构。更大的重量应当由更宽的柱子来承担。但是他补充道，尺寸的调整应当
留待建筑师的良好品味来解决。[25]

在讨论比例问题时，弗雷齐耶注意到传统系统间的巨大差异。建筑师选择了
不同的模板，用特别复杂的方式来划分它们的尺寸。然而，弗雷齐耶质疑前人是
否完全"系统地"贯彻了这些模板，认为他们的不合理性可能是有意的，"好像
他们试图让这个无足轻重的问题复杂化，给这种艺术神秘的氛围，在涉及小的局
部时几乎完全是任性的"。[26] 弗雷齐耶因此拒绝了建筑比例根深蒂固的象征含义，
坚持认为过去建筑师和写作者推崇的尺寸仅仅是基于他们特定的品味。数字关系
因而不再是建筑美的神秘保证。

　　和克劳德·佩罗一样，弗雷齐耶相信，美产生的"原因"应当是可见的，而不仅仅只是推测。但是，克劳德·佩罗假定了一种先验的，数学上完美的比例系统，强调它的形式而不是其抽象维度。当然，在 17 世纪末的认识论语境中，这是仅有的可能的科学解决问题的方式。然而，在启蒙运动时期，正如新的经验主义科学显露的那样，生活本身的意义会在处理自然的过程中显现。因此，弗雷齐耶断言建筑准则应当建立在自然法则基础上，应当始终如一地基于观察，而不是单纯的概念操作。

　　弗雷齐耶建立了他自己三个柱式的基本比例，定义了柱子高度、直径和柱上楣构尺寸间的关系。[27] 他的比例系统较为简单，但它们从未试图仅仅是成为一种设计工具。它们不是任性的，而是自然的，因此被认为是最完美的，构成了真正的愉悦之源。甚至在最小的细节处，弗雷齐耶也承认了比例的存在，"不可能大幅改变它"。[28] 例如，门和窗的尺寸不能被改变，因为门窗的美是"从自然的感受中获取，即一切都和我们的身体和需要的空间维度相关，这甚至发生在理性判断其使用的便捷性之前"。[29] 为了证明他的观点，弗雷齐耶陈述道，如果人类有绵羊或鸟的比例，他们会更喜欢方形或圆形的开口。但是因为人类大约是"三倍高度……还有宽度"，这些比例就是看上去美的比例。这种对现实的现象学回归，强调了概念前的直觉是意义的根本源头，并变成了启蒙运动中自然哲学的规范。

　　弗雷齐耶对他自己的态度进行了相当优秀的总结，他声称自己"只部分（de moitie）同意克劳德·佩罗关于比例作为真正美的根源的不充分性"。[30] 他的建筑理论以 18 世纪经验主义认识论框架为基础，在顺畅地接受不断增长的理性力量的同时，寻求恢复一种明确的、传统的对绝对价值（即等同于数学）的兴趣。

　　佩里·安德鲁（Pere Andre）在他广受欢迎且颇具影响力的著作《论美》（*Essai sur le Beau*）中，也持相似的态度。安德鲁相信建筑中存在两类规则：①必定是模棱两可的、不确定的规则，是由观察不同时期各个大师得来的；②可见且能导向绝对美的规则。安德鲁认为，古典柱式的比例属于第一种，但他也强调第二类规则的几何特征，"就像建筑学科本身那样不变"。[31] 基本的几何准则总是能被观察到，比如柱子的正交特征，楼板的平行特征，对称以及知觉统一等。

事实上，安德鲁认为所有规则、秩序和比例都是美的本质属性。

随着时间的推进，克劳德·佩罗关于区别技术必然性和美学偶然性的思考的论断，由于过早出现似乎很快就从当时的建筑理论中消失了。作为技术工具或象征维度的数字和几何，开始被看作建筑价值的补充。在 1750 年左右那场著名的争论中，人们几乎都偏向老布隆代尔的观点，而克劳德·佩罗的观点常常引起批评。对于克劳德·佩罗理论最明确的驳斥出现在夏尔 - 艾蒂安·布里瑟于格（Charles-Etienne Briseux）的《论艺术美的本质》（*Traite du Beau Essentiel*）（1752年）中，他想借助权威作者的观点，借助"物理解释和经验"中获取的证据，来展示克劳德·佩罗想法的错误。

布里瑟于格承认，健康表达多样性观点会促进艺术和科学的进步，但是，他相信极端的主观主义也是危险的。顽固遵守某个观点，"常常是由维护单一系统的虚假荣耀感引发"，经常使人们忽视自己的内在信念。[32] 布里瑟于格猜测，克劳德·佩罗维护"明显和建筑美无关"的比例系统，可能就是由这种人类弱点造成的。在他看来，也许是因为被老布隆代尔攻击，克劳德·佩罗开始漠视自己的知识、其他作者的观点和那些毋庸置疑的经验证据。布里瑟于格最关心的是《柱式规制》对其他建筑师的巨大影响力。重要的是，他注意到克劳德·佩罗的比例系统在 18 世纪的实践建筑师中并不流行。这不单是一个直接应用的问题。布里瑟于格明白，克劳德·佩罗理论暗示了脱离传统准则的潜在自由，这将使这套理论在 18 世纪上半叶占有一席之地。流行于 1715 年后的洛可可风格，其对装饰的夸大明显就是这种影响的表现。[33] 和巴洛克建筑不同（虽然某些形式仍然相似），洛可可避开了理论。仅仅是图案书籍就能充当图像资源。一些建筑师从克劳德·佩罗理论中获得了信号，认为他们可以从古代权威中解放出来，以对自然纯粹视觉表面化的理解来充当形式来源。18 世纪中期，洛可可非形而上学的自然已被牛顿主义的自然代替（后文会对此进行更加详细的说明）。由此可见，洛可可被普遍谴责，认为是新古典主义建筑理论家的堕落。

克劳德·佩罗早期的技术规则理论也影响了皇家建筑学院，而学院在 18 世纪上半叶的讨论主要涉及技术问题。这明显反映了当时建筑师的兴趣点，也引发了布里瑟于格的抗议，他认为真正的"建筑准则"已经不再由追随克劳德·佩罗旗帜的教授们传授了。[34] 布里瑟于格认为《柱式规制》非常晦涩难懂，而且充满矛盾。他的驳斥看似相当传统。他断言，建筑和音乐中美产生的因果具有类似性，对此还进行了仔细论证。在音乐中，和声关系虽然不被大众普遍理解，但同样是愉悦之源。同样地，在建筑中，观察者并不需要用他的眼睛"几何地"测量建筑物之后才接受美的"感觉"。但是，在"拥有自然品味的观察者"的判断中，"一种自然三角学"起着重要作用。[35] "美感"总是依赖于遵守比例，这也是建筑师的责任。

布里瑟于格坚定地认为，理性强调所有"艺术和自然"的产物都是美丽的。这表达了布里瑟于格的基本信念，相信超验自然，相信其法则的绝对特征。他的著作《论艺术美的本质》试图证明建筑中和谐比例的可见性，并展示了比例源于那些统治自然本身的数学法则。那么，这样的比例可"类似于"人类智力，人们会心怀愉悦地感知它们，因此也是比例被假定为本质美产生的必然原因。

布里瑟于格的文章以自然赞美诗开头，"我们多产的母亲绝不听天由命"[36]。自然被描绘成人类身体的投射，以及合适比例的最终模型，也为和谐和对称提供了真正的观念。此外，和谐的比例源于自然。著名的毕达哥拉斯（Pythagoras）琴弦实验（即将琴弦分割成分数以产生和谐的辅音）证明了这一点。因此，布里瑟于格联想到古代人如何从观察中"推断"出一个美的普遍准则，这个准则从和谐比例的法则中获取，且其本身就是自然的一部分，不依赖于我们感觉中视觉或听觉特征。人类智力能够判断所有"感觉"，因此，会从每个感官中统一接受愉悦或不愉悦的"印象"。

但很明显，对布里瑟于格来说，所谓"造物主在特定声音和我们情绪之间建立了自然而然的移情"，这种看法对于可见世界中的无生命物体，体现得并不明显。对古代性的传统辩证似乎显得不够充分。因此，布里瑟于格被迫要以更为严密和科学的方式重构这种关系问题。他的结论显示出他的思想根源："彩虹就是一个很好的例子；它的颜色明确可辨，但所有都简化为一个整体。根据牛顿著名的实验，这令人惊叹的现象源于七色所占据空间的比例，这和控制七个音阶的音程有着相似之处：这是造物主为我们的眼睛提供的一个自然'奇观'，以便让我们了解艺术的系统。"[37]

布里瑟于格引用牛顿的名字来赋予他"直觉"的合理性。很明显，自然总是以同样的智慧和方式运转。因此，没人能质疑听觉和视觉的愉悦存在于"和谐关系感知中，而这种和谐关系可与人类构造相类比"，同时，没人能质疑这个规则在音乐甚至所有艺术上的正确性，因为"一个相同原因不会引起两个不同结果"。[38]

布里瑟于格也强调，他反对克劳德·佩罗从主体的角度区分视觉与听觉感受："所有可测量的物体都以同样的方式与大脑相联系"。[39] 布里瑟于格和克劳德·佩罗都明确同意所谓"各部分彼此独立"的知觉概念，即智力的关联感是由那些独立而特定的感觉来传递的。但是，布里瑟于格相信存在一个数学结构可将外部世界和人类智力相连接，这样就能够"恢复"原始的，包含未分化知觉的前概念感觉："大脑用一种相似而统一的方式来判断所有类型的印象，这就是不可或缺的必需性，一种自然强加的法则。"[40]

布里瑟于格不完全赞同克劳德·佩罗系统中关于比例和率性美的重要性[41]。不过，在他自己认识论的语境下，他大部分批评都完全正确。克劳德·佩罗的比例不是从对自然的观察中得到的，因此，他的系统被大部分建筑师鄙视恰恰是因为他的系统整体上既主观又先验。在布里瑟于格看来，这解释了为什么克劳德·佩罗相对小地"在视觉上改变了古典柱式的美"。

布里瑟于格接受品味多样性的存在，但是，他总是让任何分歧都和他自己的绝对美信念相协调，他认为绝对美取决于"几何准则"，且从自然中获取。他认为比例的规则是基于"计算"和"经验"而形成的不变准则，这些准则允许建筑师"公正地操作"，而且对完善建筑师的天赋不可或缺："佩罗的追随者假装除了品味的规则之外没有其他规则，这只是徒劳。"[42] 另外，布里瑟于格强调，教条地遵循某个理论比例来设计一个有意义的建筑是不足够的。建筑师的品味会随着经历的增长而完善，并最终对选择适合的尺寸负责。品味此处不等同于纯粹的率性主观性。布里瑟于格认为，品味能够修正任何概念系统，包括克劳德·佩罗的系统。依靠经验并观察自然，品味就具有超验性和主体交互性，也就无法改变真正自然的比例系统。

　　和克劳德·佩罗技术规则的意图完全相反，布里瑟于格从来没有试图将实践简化为理论。这在《论艺术美的本质》第二册中表现得十分明显，布里瑟于格说明了如何在古典柱式上应用和谐的比例而不使用数字尺寸。布里瑟于格只画建筑和柱式要素中的图形比例，以证明尺寸关系的存在。他没有提供具体的尺寸或模数，因此允许任何图解转译成建筑物。很明显，他的理论故意和实践保持距离。毋庸置疑，布里瑟于格理解实践的价值，这也造成他关于品味的陈述中存在明显矛盾。真正的品味是建筑意义付诸于实践的保证，布里瑟于格的理论是一个不可或缺的补充和指导，而不是替代品。在这里，理论作为为实践而辩护的角色压倒了它作为技术工具的功能。

　　18 世纪后半叶的其他建筑师和理论家采取了相似的态度。比如，热尔曼·博夫朗（Germain Boffrand）认为尽管可以接受不使用柱式建造的建筑，但是比例绝对不可或缺[43]。

　　博夫朗是皇家建筑学院的成员，也是雅克·加百利（Jacques Gabriel）在路桥组织（Corps des Ponts et Chaussees）领导职务的继任者。1745 年他出版了《建筑之书》（Livre d'Architecture），还做了有趣的关于如何铸造国王骑马铜像的技术研究。他对技术和艺术学科有着广泛的兴趣，包括机械、桥梁的核心部位、装配锁、测量术以及哥特和阿拉伯建筑。博夫朗像老布隆代尔一样，将一些哥特建筑的美归因于其合适比例。对他来说，建筑师最重要的职能就是选择合适的比例规则。他认为自然构成了艺术的胚芽，但对自然的沉思和体验将培育艺术并促其发展。"完美源于对'美丽自然'的出色模仿，"这也是希腊和罗马建筑原则的起源。因此，古代典范才能再次成为真正的意义来源。

　　博夫朗的小论文考察了古典柱式和贺拉斯（Horace）在《艺术的诗意》（Art Poetique）中描述的不同风格题材之间的关系。他的类比明显是隐喻的。在亚里士多德的诗的意义上，建筑是一种诗意的活动，是一种带有超验目的的行为，并且由协调人类和宇宙秩序的隐藏推动力决定。然而，博夫朗初期的符号研究源于一种信念，一旦将这种信念从形而上学中剥离，就能成为现代结构主义的特定根源。他写作的根本出发点是艺术准则与科学准则之间存在同一性，即都是基于数字和几何。他认为，几何能够应用到任何科学上，以至于"这个学科研究能给其他学科带来新知识。"[44]

　　神父兼思想家马克·安托万·劳吉耶（Marc Anotoine Laugier）是最有影响力的法国新古典主义理论家。他也认为建筑应当拥有和科学一样的准则。[45] 在他《建筑随笔》（*Essai sur l'Architecture*）（1753 年）的序言中，劳吉耶拒绝将理论概念简化为技术规则。他认为，在像建筑那样不是纯粹机械的所有艺术中，知道如何推进是不够的；作者还应当知道如何思考。一个艺术家应向自己解释为什么要做这件事："为了这个理由，他需要确定的原则来做出判断，并证明自己做出了正确选择。"[46]

　　劳吉耶坚称建筑从未建立在真正的理性准则上。除了科迪默、维特鲁威和他所有后来的追随者外，其他都只是在叙述他们自己时代的实践，而从未参透建筑的奥秘。对劳吉耶来说，实践常常误导艺术家远离他们真正的目标："所有门类的艺术或科学都有最终目标。只有一种正确方式把事情做好。"[47]

　　为了建立"明确"原则，以便为实践提供恒定的原则基础，劳吉耶采取了一套经验主义方法。他用了"实验"和观察来确认，那些最美丽的建筑和物体会让他自己和其他人产生同样的正面或负面印象。在大量重复了这类实验后，他开始确信在建筑中存在本质的美，独立于习惯和习俗之外。[48]

　　劳吉耶是个杰出的历史学家，他非常相信自己的理性判断，相信他有资格批评传统的政治现状。[49] 他公开宣称，他相信建筑存在进步和进化。但是，这位神父也相信他的《建筑随笔》包含了绝对可靠和真正牢固的原则。他相信，他的努力成功探明了某些绝对美丽的著名建筑产生的"因果关系"。劳吉耶的逻辑无疑是严密和经得起追问的，这完全构成了他的理论，但是，他从未逃脱某种对形式和技术控制的肤浅兴趣。他的基本关注点在于揭示由于缺乏原则而导致不断处于危机中的行为的意义的可能性，而根据他的思想，这个行为对保持文化连续性而言又非常重要。按照劳吉耶的这个前提假设，即世界（自然）中存在意义，他渴望理解何为创造行为，因此追溯建筑的起源。对他提出的这个形而上学问题，最终答案必然是神话。

在《建筑随笔》第 1 章，他描述了从原始棚屋中获取的基本建筑元素：人类建筑处在一个无倾向性的田园自然中。柱子、横梁和三角梁组成了棚屋，并被看作唯一的基本建筑要素。在 18 世纪早期，建筑师和工程师更了解坚固和美丽之间的区别。在克劳德·佩罗之前，这种碎片化的价值观在建筑中无关紧要。[50] 劳吉耶努力保留意义，他着重指出了古典柱式的基本部分（即文艺复兴理论中的装饰）与建筑结构。尽管在思考是什么形成了最理性建构的形式方面，劳吉耶和弗雷齐耶的观点不同，但是，他们却有着共同的关注点，劳吉耶尝试协调传统价值，军事工程师弗雷齐耶在《论建筑柱式》中也首次表达了这个观点。

劳吉耶的《建筑随笔》产生了巨大影响，并被广泛研究。[51] 他的"基本要素"成为新古典主义建筑钟爱的形式，他的理想教堂也明显影响了雅克 - 日耳曼·舒夫洛（Jacques-Germain Soufflot）圣 - 吉纳维芙（Sainte Genevieve）教堂方案，这个方案是后来法国万神庙（先贤祠）的原型。但是在 20 年后，劳吉耶出版了第二本书《建筑观察》(*Obeservations sur l'Architecture*)。在这本不甚出名的书中，他坚持了比例的根本重要性；在他看来，这一点对建筑非常重要，以至于建筑不必依靠丰富的材料或装饰，良好的比例就总是可以对建筑产生积极的影响。

在《建筑随笔》中，劳吉耶批评布里瑟于格投入过多精力去证明显而易见的真相。但凡有点建筑学知识的人都不会否认比例的重要性。[52] 此外，劳吉耶认为，克劳德·佩罗已经明白他自己观点的荒谬，只是出于固执而强词夺理。在他看来，如果布里瑟于格尝试去发现和设定比例的理性原则，会做得更好。

这恰恰是劳吉耶在他的《建筑观察》中做的事情。他的目标是在更坚实的基础上建立"比例科学"。一个明确的理性操作总是包含在尺寸选择中；比例规则必须应用于古典柱式及建筑的其他方面。劳吉耶批评了早前的作者，认为他们只是在自己的比例系统里复制维特鲁威而未仔细琢磨其重要性。劳吉耶自己希望提供一个关于比例的充分合理性，"轻微掀起厚重窗帘以便显现后面的比例科学"[53]。

他的这本书是理性的杰作（tour de force），试图建立仅仅基于"视觉"证

劳吉耶论文《建筑随笔》首页插图,展示了作为建筑学原则源泉的原始小屋。

据的比例理论。他提出了三个评价标准：正确比例的第一个基本要求是两个比较尺度的"公度性"，即相互符合的精确性。第二个是"感受性"，意思是能够被轻松感知的关系，比如 3∶5 比 23∶68 更好。第三个是比例关系和完美比例（1∶1）之间的"相近性"，即 10∶30 比 10∶20 要差。关于比例的选择则他没有提出更多的理性原则要求。数字必须要简单而且是自然数。然而，最重要的是，劳吉耶相信尺度关系的本质特性会产生建筑中的意义。正如《建筑随笔》中的基本形式元素，比例在根本上是从有序而和谐的自然中获取，而自然中的数学总能被人类清晰感知到。

　　由科迪默、布里瑟于格、杜博斯神父（abbe Dubos）早先提出的品味和理性之间的矛盾，在劳吉耶之后，便彻底解决了。[54] 当然，品味和理性都源于自然。弗雷齐耶撰写了《建筑随笔》的评论文章，在文中提出随性美的问题之后，劳吉耶捍卫了自己的观点，他明确指出艺术中存在本质的美，它通常难以用理性定义，但对我们的心和感知来说，绝对一目了然。

　　简单作为美的源泉的概念强调了 18 世纪后半叶的建筑意图，并出现在许多理论作品中。在当时出版的最新手册之一《建筑柱式论》（*Traite des Ordres d'Architecture*）（1767 年）中，尼古拉斯·玛丽·波坦（Nicolas Marie Potain）试图阐明五柱式的起源，并说明五柱式"源于某个共同准则"。[55] 他采用了原始棚屋作为原型，并假设这个原型既是建筑基本形式元素的原型模型，也是他自己比例系统的原型模型。同时，一些同时期的科学家和哲学家也参照了类似劳吉耶系统的建筑比例。比如克里斯蒂安·沃尔夫（Christian Wolff）（在随后的章节中会详细阐述他的贡献）和著名数学家伦纳德·欧拉（Leonard Euler）（他早在压杆稳定现象得到实证之前就确定了它的公式）。在《给德国公主的信》（*Letters to a German Princess*）中，欧拉讨论了音乐的和谐，却不承认它的宇宙含义。不过，他仍认为用较小的数表示的自然比例更明晰，也因而能产生令人满足的情绪。他坚称，这就是建筑师总是遵循这个规范的原因，也就是尽可能在他们作品中使用最简单的比例。[56]

　　相比于像沃尔夫或劳吉耶之类的哲学家和思想家（hommes des lettres），这个时期的工程师和建筑师明显对技术问题更感兴趣。但是，他们兴趣之间的差异并未遮掩他们理论设想的深刻相似。作为法国 18 世纪中叶最重要的建筑教育家，雅克·弗朗索瓦·布隆代尔（Jacques-Francois Blondel）（小布隆代尔）仍然相信建筑是一门通用科学。1739 年他建立了一个建筑学校，独立于皇家建筑学院之外，在那里教授建筑师应当知晓的科学、哲学、文学和艺术的知识。[57] 在承认海军建筑、民用建筑和军事建筑之间的差异后，小布隆代尔赞扬了弗雷齐耶、老布隆代尔和马歇尔·塞巴斯蒂安·勒·普雷斯特·沃班（Mashall Sebastien Le Prestre de Vauban）的成就，他们都既是建筑师又是军事工程师。

小布隆代尔的目标一度看起来并不合理，因为当时第一个路桥学院（ponts et chaussees）和军事工程学院（genie militaire）已经在巴黎和梅齐耶（Mezières）成立了。而且，重要的是，小布隆代尔的学校与这两个技术机构设置了大量相似的课程。[58] 小布隆代尔的课程实际上是进入巴黎高等工程学校（Ecole des Ponts et Chaussees）的所需课程。[59] 它包括建筑理论、比例、制图、装饰和雕塑史，以及许多技术学科，比如数学、几何、透视法、地形学、测量学和切石术必需的圆锥剖面特性。《教程》是一本总结他教学生涯的长篇著作。在这本书中，小布隆代尔将其他科目加入至课程名单中，如力学、水力学、三角学、防御工事原则以及"与建筑艺术相关的"实验物理学。[60]

在《教程》的第一卷中，小布隆代尔强调了建筑的实用性，认为它是所有本质上改变人类世界作品的基础。神庙和公共建筑，还有桥梁、运河渠道和船闸都属于这个范畴。纵观 18 世纪，工程师和建筑师仍然拥有共同的理论框架，也拥有源于共同原则的基本意图，因此，他们各自领域之间并不相互排斥。许多民用和军用工程师，比如埃米兰·加西（Emiland Gauthey）和圣法（Saint-Far），经常设计和建造教堂和医院。加西写了一本关于桥梁结构分析的重要著作，也写过建筑书籍，并采用了劳吉耶的原则。[61] 让 - 鲁道夫·佩罗内（Jean Rodolphe Perronet）是著名土木工程师以及巴黎高等路桥学院的创立者，他也是皇家建筑学院的一员。数学家加缪（Camus）也是一样，他为学院的学生写了《数学课程》（*Cours de Mathematiques*），而军事学校也采用了这篇文章。

小布隆代尔包罗万象的《教程》试图成为第一部真正的建筑百科全书。当然，这和启蒙哲学家们的目标十分相似并不是巧合。小布隆代尔承认，除了布局问题外，所有要考虑的建筑基本要素问题都早已被讨论。他的著作基本上是过去最重要、最著名理论的汇编和系统整理。

在《教程》的第二卷，小布隆代尔系统地研究了不同类型建筑（genres d'edifices）的平面"布局"，比如希腊十字、拉丁十字以及集中式教堂、大教堂、集市和女修道院。他着迷于房间组合及其与土地使用之间的关系。他对类型的兴趣驱使他写了第一篇关于西方建筑类型的系统论述文字。和 19 世纪的观点不同，他的类型从未只是讨论实用主义或只是在形式范畴。尽管小布隆代尔整体上持折中主义态度，但他从来没有宣称建筑的价值只是源于合适的布局或平面上各部分的组合。

小布隆代尔运用传统方法详细阐述了古典柱式的神话起源，并再现了维尼奥拉、帕拉第奥和斯卡莫奇（Scamozzi）的比例系统。他对时尚的理解令人纠结，但也最终认可品味作为审美的正面作用。自然的品味尽管是天生的，但通过比较大师作品也能变得完美，自然的品味将"成为指导艺术家全部作品的一面旗帜"[62]。

老布隆代尔常提及比例问题是建筑中最有趣的部分。[63] 在《教程》中，他尝试证明建筑比例是从自然中获取，并引用大师观点作为佐证。尽管他能理解视觉和听觉不同，但他仍然相信建筑比例和音乐和声之间的类似性。老布隆代尔虽然没有提到克劳德·佩罗的名字，但他批评了"那些认为比例是无用，或者至少认为比例很随意的作者"。这些作者的理论建立在另外的独立系统上，他们不承认基本法则和传统准则，也假装不存在确定的证据支持建筑比例的说法，他们认为缺乏创新就是胆怯。在测量了许多优美的建筑之后，小布隆代尔用同样的话重复了（近一个世纪前）老布隆代尔最初的驳斥。他总结到，建筑中真正美的根源存在于比例关系之中，"尽管这不太可能用高等数学展开严谨精确的证明"[64]。

在《弗朗索瓦的建筑》（Architecture Francoise）（1752 年）中，小布隆代尔尝试表明最令人愉悦的比例能通过对比最好的现存建筑来确认。他尝试使问题合理化，并建立了三种不同的比例类型。第一种是直接从人体尺度获取，比如一步

的尺寸；第二种是参照建筑的结构稳定性，比如，规定墙体的厚度；第三种和美
有关，尤其是古典柱式所应用的比例。[65] 小布隆代尔的每个比例类型都对应一种
传统的维特鲁威类型：实用、坚固和美观。老布隆代尔的巴洛克理论会造成比例
美学和技术属性之间的困惑，相形之下，小布隆代尔对比例的清晰划分则与之构
成了鲜明对比。

尽管如此，小布隆代尔仍坚持建筑能通向绝对价值。他认为美不可改变，并
认为通过建筑师开放的精神和观察力，他们能够"从艺术作品和自然无尽的变化
中"推断出美。[66] 他相信出色的建筑拥有"一首无声的诗，一种甜美、有趣、强
劲或有力的风格，总之，就是某种或温柔或动人或强势或可怕的旋律"[67]。正如
交响乐通过和声传达其特征，唤起自然多样的状态，传达甜美活力的激情，比例
之于建筑表达也有同样的效果。当比例被合适地运用后，将呈现给观众"令人恐
惧或着迷的"建筑物，如果这些建筑是"复仇神庙或爱之神庙"，比例也会让这
些建筑物的本质能被清晰地识别。[68]

在一个启蒙理性能质疑古典建筑形式绝对正确性的时代，在理论层面上，意
义的问题似乎显得更清晰。然而，对小布隆代尔来说，意义的问题从未被简化为
风格或类型证明；这主要是一个参照问题。他认为，"我们的建筑像不像经典的
古代建筑，哥特时期建筑或更现代时期的建筑，根本就不重要"，只要结果令人
开心且建筑被赋予了合适的特质就行。[69] 自然而然，比例就成为建筑表现力和诗
意特征的保证。

我之前谈及如何在美学和技术兴趣之间取得重要协调。这个问题在舒夫
洛[70] 的作品中体现得尤为明显。舒夫洛最重要的作品先贤祠（译者注：French
Pantheon，即法国万神庙，为与罗马万神庙区分，本书采用"先贤祠"译法）代
表了法国新古典主义的巅峰，哥特结构的轻质特征和希腊建筑的纯净优雅品味，
在这里得到了褒奖并被具体实现。在先贤祠中，无法确认美学动机于何处结束，
也无法得知被结构系统合理化意图激发的某个设计决定开始于何处。在参与学术
思考的长期过程中，舒夫洛显示了对几何、力学、地质学、物理学和化学的各
种兴趣。[71] 他最好的朋友都是像克劳德·佩罗内和让 - 巴蒂斯特·罗代莱（Jean

Baptiste Rondelet）这样的著名工程师。舒夫洛曾设计过检测机器，用于量化石头的力学性能。他的科学观察对确定先贤祠的比例十分重要，特别是对穹顶下方的关键结构中心柱的尺寸确定。[72] 他为结构中的大胆尺寸做出强力辩护，声称这些尺寸是通过观察和实验才确立。1775 年他向皇家建筑学院提案，要求制造确定金属和木材力学性能的机器。他希望建筑师和工程师都能很容易就获取这些机器。

尽管如此，舒夫洛还是写了两篇关于品味和比例问题的学术文章。1744 年，他首次在里昂发表了关于建筑品味和规则之间关系的学术文章，1755—1778 年，他在巴黎皇家学院就这些问题做过至少两次讲演。[73] 根据舒夫洛所说，建筑中的规则和品味之间存在互惠；品味是规则的起源，而规则反过来也改变品味。规则总是存在；希腊人只是发现了它们。品味和规则都能在自然中找到，也能从出色的作者那里获取。"我忽略了某种力量的起因"，舒夫洛写道："这种力量总是引导我选择比例。我按照此道建造；我的作品令人满意，也成为追随我的那些建筑师的规则。"如果要求更好的保证，舒夫洛则建议精确测量那些优美的建筑，同时详细考虑其中比例所产生的效果。

舒夫洛相信，建筑应当是简洁的，应该像"人类身体各部分的美丽组合"那样来组织。像他之前的佩里·安德鲁那样，舒夫洛承认基本几何的存在意义，在自然中几何能被经验所感知，也是真正美的起源。建筑必定会尊重这些普适规则，比如能观察到水平线和垂直线，观察到弱要素位于强要素之上的布局规则等。

舒夫洛的理论再次反映了 18 世纪认识论的悖论：要通过观察自然，才能获得永恒和普适的建筑价值，只有接受了这个前提，建筑规则才能依据品味经验来确定。舒夫洛会忽略文化或历史语境和建筑表达之间的关系，这一点在约翰·伯恩哈德·费舍尔·冯·埃拉赫（Johann Bernhard Fischer von Erlach）于 1721 年发表了《建筑通史》（*Universal History of Architecture*）之后变得尤为明显。他拒绝形式发明："两千年前美丽的事物现在仍然美丽。"在他看来，真正的美不是"装饰的过度构成"。因此，他不认可洛可可、巴洛克和中世纪的复杂性。美存在于"最常见部分的完美布局"，其形式和比例早已被完全理解。建筑师的角色是要去

巴黎的圣-吉纳维芙（Sainte-Genevieve）教堂，1789 年革命后改成了法国先贤祠。

混合和建立这些绝对正确的古典元素之间的尺度关系，古典元素构成了每个作品的特殊性，是构成其真正意义的根源。

在《关于建筑比例的记忆》（*Memoire sur les Proportions d'Architecture*）中，舒夫洛讨论了克劳德·佩罗和老布隆代尔的争论。[74] 像劳吉耶一样，他质疑克劳德·佩罗信念的真实性；两个建筑师尽管有许多不同，却明显都创造出了美丽的建筑物。但是，虽然舒夫洛欣赏克劳德·佩罗卢浮宫的立面，却毫不犹豫地站在老布隆代尔这一边。他认为尽管不同具体例子之间有所不同，但确实存在自然的比例。毕竟差异是视觉矫正和调整的产物。在测量了许多著名教堂（包括一些哥特建筑）之后，舒夫洛总结出它们的一般比例大约是相同的，都是自然的产物，而不是习惯的产物，正如音乐中的比例，都是产生愉悦的真正原因。

舒夫洛熟知伽利略的著作，在关于静力学和结构的思考中，他还运用数学作为形式（分析）工具。在材料受力问题上，他偏爱量化的实验结果，而且他有意忽略过去知名建筑中的经验以及著名建筑师的权威结论，这似乎背离了他作为实证主义工程师的态度。然而真相是，舒夫洛的美学和力学观点都源于他认定自然受数学控制。科学观察和实验产生量化结果，从而引领建立绝对法则。同样地，超验品味总是与暗藏于自然之中的比例相关；因此，作为某种神创隐喻，建筑应当是简洁的，应当完全由数字掌控。任何建筑物的真和美都因为数字的存在。

舒夫洛最严厉的批评者是皮埃尔·帕特（Pierre Patte），他也是一位建筑师且著作颇丰，他的主要兴趣是建筑技术问题。[75]《最重要建筑项目回忆录》（*Memoires sur les Objets les Plus Importans de l'Architecture*）（1769 年）是帕特最重要的著作。在这本书的前言中，他强调，除了比例问题（比例在当时并未得到普遍认同）外，建筑的其他部分仍然需要详细阐述。在他看来，建筑中最基本、有用且必需的部分是建造，而这部分仍然缺乏准则。帕特承认，传统的石匠理解建造。但是，要研究建造规则，迫切需要以一种更深刻的方式"从哲学视角"来研究。

在他阐述建筑和城市技术问题的众多章节中，有一章专门谈论了古典柱式的比例。帕特并未怀疑"比例形成了建筑基本的美"这一事实，在更早期的著作中，他还将比例、特征和道德联系在一起。[76]他认为，由比例控制的美丽建筑会激起高贵甚至宗教般的感受。问题是明确这些比例到底是什么。帕特相信，如果明确了这个问题，建筑会变得完美。

他完全拒绝古代所谓柱子和人类身体相关的隐喻特征，认为将前者与树的"布置"联系起来。他重复了弗雷齐耶的观点，他更推崇基于原始建筑的直觉原理理论，而不是维特鲁威神话式的古典柱式起源。根据帕特所说，埃及人使用了非常粗壮的柱子；正是希腊人在柱子的粗细和柱子的高度之间建立起联系，并将之与柱子荷载之间建立联系。因此，他认为，这样就建立了柱式的自然比例。但是，这也导致了不少问题。正如克劳德·佩罗一样，帕特担心比例理论系统和真实建筑尺度之间存在差异。甚至，维特鲁威一辈子都没解决这个问题，而且之后所有试图协调这些差异的努力都失败了。帕特将这些失败归因于缺乏比例的绝对规则，而建筑师也从未建立这样的规则。这其中存在两大困难：其一，要寻找通向不言而喻准则的道路，或者至少是可能性很大的真理，并同时满足品味和理性；

其二，要让人类智力服从于不是从自然中获取的规则，几乎不可能。

帕特认为，建筑师面对的问题与艺术家相似，艺术家同样需要确定美丽面孔的精确几何关系。数学法则一直存在，问题是要从观察自然中发现这些法则。

以此为出发点，帕特强烈批判了克劳德·佩罗的《柱式规制》。他承认克劳德·佩罗试图 "协调理论和实践之间的差距"，同时也坚称克劳德·佩罗失败了。他将克劳德·佩罗的失败归结于他的观念，因为克劳德·佩罗相信美的基础既不是理性或理智，也不是对自然的模仿。帕特对克劳德·佩罗思想的解释既特别又具有重要意义。克劳德·佩罗认为比例是随性的、完全依赖于惯例，在帕特看来，这等于是完全否定了建筑中 "实证美" 的存在。[77]

克劳德·佩罗曾经尝试将他新的理性系统等同于神秘完美的古典系统，而这套古典系统在过去的历史中已经被粗心的工匠给破坏了。帕特从未将这个观点当真。他认为克劳德·佩罗的理论只是建筑中常常出现的极端典型，继续维持着理论和实践之间的差异。但是，帕特认同克劳德·佩罗对视觉矫正的评价。假装认为真正的美能从那些视觉调整中获取，这是很荒谬的，像老布隆代尔那样。所以帕特强调建立能够固定不变的比例系统的现代意图，因为它能够控制实践。

帕特和克劳德·佩罗都对借助科学方法解决建筑比例问题感兴趣。他们对科学知识的源头和获取方式的不同看法，也与他们之间的巨大区别相吻合。帕特认为与其建立无可避免会失败的新理想系统，不如去界定通过实践来确定最理性比例的方法。只有这样才可能设立真正严密的系统，才可以在理性的整体中协调不同观点。帕特相信克劳德·佩罗的系统是错误的而且从不会被使用，因为 "比例的工具不会在任何情况下都能产生最宜人的结果和真正的完美"。[78]

帕特像克劳德·佩罗一样区分了观察的现象和推测的原因。尽管如此，他拒绝发明先验系统的可能性，而选择了自然哲学的经验主义方法。两位作者都希望定义建筑的数学准则，不过，帕特是更耐心的那一个。他否认克劳德·佩罗的柏拉图主义，并坚持比例应从自然中提取。他认为，数字关系是可见的。对帕特来说，数字恢复了它们的先验维度，而且能作为模仿自然的基本方式，而模仿自然仍是建筑学的任务。

在帕特严谨的专题研究之后，他最终提出的系统，可能毫无意外地，同时是折中的、困惑的，甚至令人失望的。他建立了六种柱式："丰富"或充满装饰的，以及"简单"版本的三种主要古典柱式。很明显，帕特更相信其方法而不是结果。当时的经验主义科学已经发展到了逐步积累观察并将之系统化的程度。他相信任何基于其方法的系统都必定会真正客观，也能真正令人满意。

在本节，我讨论的最后一个建筑师是尼古拉·勒·加缪·德·梅齐埃（Nicolas Le Camus de Mezières）。1780—1782 年，他出版了三本书。两本关于技术问题，另一本讨论了和谐的比例。在《木材力学探讨》（Traite de la Force de Bois）的前言中，他提及了几栋结构失败的建筑，然后指出从力学中提取数学法则的可能性。在他看来，这些法则应当一直被尊重。他在书中评论了布丰（Buffon）做的许多木梁强度的实验结果。尽管布丰不能提供任何结构设计的分析方法，但他的意图是技术的，即以科学设计木结构为目的，将实验结果系统化。

与这个态度形成鲜明对比的是，加缪在《建筑天才》（Le Genie de l'Architecture）中捍卫了和谐比例的价值。在他看来，建筑应当有"特征"，不仅能表明其类型，也能表明其内在构成。建筑中每个房间都应当有特定的性质，这样我们对其他房间的需求才会被激发："这种驱动占据了智力并使其一直处于悬念之中。"[79] 根据加缪所说，建筑的目标是感动我们的灵魂，刺激我们的感官。这只能通过使用和谐比例达到。

加缪相信"只存在一种美丽"，它可以在纯净与和谐的比例中找到。但是，他从来没有提出过一种能够应用于实践的维度系统，只是提供了一些传统建议来避免非理性或过于小的比例，防止造成困惑。与他的前人相比，加缪用的方式更激进。关于比例的基本问题，他拒绝技术规则的可能性。在建筑中，恒定的数学因素不可或缺，但是它并不等同于规则。加缪写道，和谐只向天才开放："这就是神的灵光一闪，最细微的见解都带有耀眼的印记。"[80]

加缪尝试为具有真正特征的建筑提供普遍规则，他认为当时的作品缺乏真正的特征。因为自然现象能够产生例如开心、悲伤、崇高和刺激愉悦的感觉，所以他劝告建筑师用他们的形式来捕捉这些效果。建筑的意义应当通过对自然的仔细研究来获得。比例是美的本质，因为数字构成了自然和谐的最明确形式，和谐而富有诗意，是建筑表达的终极源泉。比例本身就能"抛出感动我们灵魂的咒语"[81]。

加缪深知他的理论至关重要，并且不无痛苦地捍卫来自相对主义的威胁。他写道"建筑是真正和谐的……我们将建筑比例类比于感觉的规则，是源自大部分哲学家"[82]这些规则构成了"建筑的形而上学"，这也是建筑进步的基础。建筑最终意义的产生则有赖于这些绝对的自然规则。

在如此坚定的阐述之后，加缪紧接着就猛烈抨击了克劳德·佩罗的理论，这一点毫不令人奇怪。加缪的确不认同克劳德·佩罗的观点，即"不变的比例不应存在，应当只由品味来决定"，也就是说，太多严格的规则会限制并扼杀建筑师的天赋。[83]加缪将克劳德·佩罗的理论划为相对主义，他建立了一套自圆其说的观点来证明这一点，他的观点只有在 18 世纪认识论语境下才不存在矛盾：建立"不变出发点"的要求是迫切的，如果认为设定规则可能会限制我们想象，那这本身就是放任自流和无法自持的想法。加缪明显指的是建筑学的基本哲学准则，而不是那种规范性的常态理论。

在众多传统著作中，加缪欣赏的是勒内·弗雷德（René Ouvrard）关于和谐比例的文献，以及耶稣会会士杰罗尼莫·普拉多（Jesuits Prado）和胡安·包蒂斯塔·比利亚尔潘多（Villalpando）对先知以西结（Ezekiel）著作的评述。普拉多和比利亚尔潘多图示了科林新柱式和古典比例是如何源于耶路撒冷的所罗门神庙。[84]但是，他也赞扬了另一位耶稣会会士佩里·卡斯特（Pere Castel）。卡斯特痴迷于牛顿所发现的光学数学法则，并撰写了一篇证明色阶和音阶间类似性的文章。[85]卡斯特制作了一套管风琴，或者叫"clavecin oculaire"（羽管键琴上用色谱校正音律的装置），琴中包含的特殊机制能产生与演奏音符相关的颜色。作曲家泰勒曼（Telemann）和加缪均赞赏这套管风琴装置。加缪将此看作支持自己理论的证据。他写道，如果色彩以和谐的秩序显现，那将能吸引一个受过良好教育观者的目光，这与陶醉他听觉的悦耳音乐一样，拥有相同的魔力。[86]

自然哲学中的数字

在法国理性主义时期，大部分建筑师和理论家都接受比例是美和价值源头那种想象中的信仰。回头来看，他们总是拒绝克劳德·佩罗的原始实证主义而接受弗朗索瓦·布隆代尔的传统立场，对于这种保守的态度我们又能说些什么？首先这种偏爱不能仅仅看作文艺复兴理论的复苏或遗存。现代的建筑历史学家认为需要忽略或孤立这种态度，认为这是奇怪的并且和那时期主流特征无关，因为那个时期的主要标志是不断增长的理性主义和对技术的兴趣。

但是，新古典主义不只是当代实践的教条主义和理性主义先例。这种潜藏在建筑背后的理论仍然包含了含蓄却基础性的神话维度，它允许理性来阐明建筑基本的形而上学问题，并同时避免矛盾。[87] 18 世纪后半叶，建筑意图中的理性主义倾向日益明确，这是建筑接受自然哲学方法和原则的最显著标志。由于艺术史学家、建筑史学家和工程史学家都假定他们各自的学科是某种自治的体系，因此，他们从未认真思考过上述这种接受同化所带来的全部意义。启蒙时期的建筑师、工程师和哲学家明确地将建筑规则和科学规则等同，认定所有人类的学科获取真相的方法和源头是类似的。

启蒙运动的科学就是牛顿的自然哲学。1735 年之后，欧洲普遍接受了他的方法和前提。牛顿成了超人类维度的英雄，彻底解决了宇宙谜题。牛顿哲学的各种通俗版本被译成不同国家的语言，牛顿本人则成为哲学家、科学家、诗人、工程师、建筑师甚至神父眼中令人崇敬的角色。牛顿的宇宙体系成为所有学科的模板，也包括美学和建筑学理论。

在启蒙时期，牛顿的科学取代了哲学。牛顿认为 17 世纪的形而上学系统是虚构的，他认为科学不应当作假设，或在我们感官面前用虚假或想象的描述代替真实。对牛顿来说，自然哲学构成了一部法则汇编，不仅尝试用数学术语来解释物理世界中的行为，而且是通过归纳法和实验从现象中推断得出的。牛顿的原理展示了如何从观察到的现象中发现数学关系。牛顿的巨大功绩就是在数学理论和日常生活经历之间建立联系，这使他的自然哲学被看作对传统形而上学的最终反驳。[88]

牛顿总是尝试用最少的原理来解释真实世界现象的多样性，尽可能将其简化为一个通用法则。他的宇宙模型成为 18 世纪认识论中唯一接受的系统：先是通过观察自然，同时拒绝先验假设，然后寻求通用准则（通常是普适的数学因素）的知识系统化。

牛顿似乎非常善于从量化观察中得出并区分最终原因和数学法则，并将其理解为经验类的简洁公式。在提到重力的本质时，他表明他的兴趣在于建立现象的数学法则，而不是讨论"其特性的原因"。他有意识地避开形而上学或超验问题，总是透露出科学论述的自治特征。[89] 因此，他否认数学的任何象征含义，并准备用它作为解决物理问题的工具。他的无穷小微积分便从这种具体而实际的考虑中获取，这明显与同时代微积分的发现者莱布尼茨（Leibniz）不同，莱布尼茨从中看到了更多的象征和普遍含义。对牛顿来说，几何的起源不是智力因素而是实践因素；几何只是普遍机制的一部分，这套机制的目标是"精确提出并证明测量的艺术"。[90]

1750 年前后，许多科学家和哲学家可能评论了据称在 17 世纪哲学中保证了绝对真理的外部数学或几何形式思想。例如，达朗贝尔（D'Alembert），明确表示不同意欧拉、斯宾诺莎（Spinoza）以及沃尔夫的著作思想，因为他们的思想更为几何化。很明显，数学仅仅被认定为一种形式的关联体系，并没有内在意义。

借助实验证实了伽利略富有想象力的直觉之后，牛顿物理学呈现出一种现代认识论的最终构想，并成为后来所有知识的样板。牛顿似乎能够从假象中识别真相，从主观推测的哲学中识别客观科学。他让理论和实践之间的关系变得可以触及，理论最多只是描述了实践技术的方法，而不再探讨实践的意义。这为实证主义打开了道路，也打开了理论的另一种可能性，即只需获取事物的真相而无须涉及其本质。或者，更简单地说，牛顿式的架构鼓励了一种信念，即人们可以认知事物（有意义地）那一部分，而不用认知整体。[91]

尽管从结果来看这是正确的，但是，就其本身而言，这种对牛顿思想的解释是完全不够的。事实上，这位伟大的英国科学家把他的大半生都献给炼金术和神学，他关心蔷薇十字会的文章以及耶路撒冷的原型神庙。[92] 甚至在 18 世纪牛顿的神学文章备受批评，但是，启蒙运动时期的所有科学，都毫无保留且彻底吸纳了牛顿自然哲学中的形而上学基本预设。

尤其在爱因斯坦（Einstein）之后，事情变得更加清晰，牛顿的"经验主义科学"之所以能精确执行，恰恰是因为它从假设的绝对前提开始。存在绝对独立的几何空间和时间，本来就是先验假设，也是牛顿大获成功过程中不可缺少的一环。在牛顿最重要的著作《自然哲学的数学原理》（*The Mathematical Principles of Natural Philosophy*）中，从日常生活世界中观察到的现象，被解释为抽象、真空和无限空间中的几何关系。牛顿意识到，绝对空间的概念明显不是人类能体验到的那个空间，因此，在同时接受经验主义方法和绝对时空假设的过程中，存在着似乎不可调和的矛盾。然而，在牛顿哲学中，绝对时空不只是实验方法中隐含着的形式化数学。绝对时空毫无疑问是前提，理由很明确——牛顿认为绝对时空是超验的表现，是全能上帝的无所不在和永恒标志。牛顿写道"上帝永远存在且无处不在；并且因为他无论何时何地都存在，他才构成了时间和空间……在上帝之中，包含所有事物并运动着；然而却互不影响。"[93] 这"最初存在"及其"发散影响"就是时 - 空，这才形成了秩序、规律以及事物结构的和谐。[94] 牛顿相信，上帝的干涉始终被需要，尤其是在人类面对不规则现象的时候，在无法运用其通用法则框架来解释这些不规则现象的时候，上帝的干涉显得特别需要。

在 18 世纪，理论领域仍然需要上帝，而牛顿的自然哲学只是代替了作为宗教基础的传统形而上学系统。事实上，牛顿认为科学必定能够通往某种作为"首要原因"的真正知识。这种想法在当时的作家、科学家和艺术家之间非常流行；在克雷格（Craig）的《基督教神学的数学原理》（*Mathematical Principles of Christian Theology*）和德海姆（Derham）的《占星学》（*Astrotheology*）中有过关于这方面的解释，而伏尔泰（Voltaire）和布丰则做过更精确理性的解释。自然哲学的宗教准则事实上也和当时共济会的准则相同，也就是 1725 年后启蒙运动时期最流行的"宗教"[95]，学者们曾指出 18 世纪的建筑师很有兴趣加入共济会。[96]

万有引力原则概括地说就是宇宙本质的量化。这个原则解释了天体运动，也解释了现实世界中任何物体的运动。牛顿宇宙的秩序依靠重力的存在，然而在一个无限同质空间中，只存在相当少的物质在运动。那么，重力如何在科学上成为根本秩序？在古代以及中世纪的天体生物学宇宙中，引力已经是相当普遍的概念，它被解释为人类感情的投射。然而，17 世纪的科学家拒绝接受泛灵论和无法解释的力量，他们尝试从机械的角度解释运动，他们认为运动由即时而直接的物理行为所导致。牛顿无法解释万有引力的本质，但他貌似更愿意隔开一段距离来接受这个事情。他将引力看作物体，而不只是数学公式。引力只在上帝的绝对空间发生；而其普遍性的数学法则是上帝存在的完美标志。

　　柏拉图式的宇宙观深藏于牛顿的经验主义之中。他认为上帝在创造出大量物体构成宇宙之后，就让它们在其中运动。纯净空间中物质的创造曾在柏拉图的《蒂迈欧篇》(Timaeus) 中出现。这也是牛顿理解物质的微粒子结构以及粒子特性的根源，他同意新柏拉图派哲学家关于这个概念的观点，尤其是亨利·摩尔 (Henry More) 的看法。在《光学》(Opticks) 这本书中，牛顿将粒子赋予超自然特性，并最终成功地以此说明电和重力的结构相似性。孔狄亚克 (Condillac) 受牛顿经验主义的启发，认为物理学科就在于"用事实解释事实"。自相矛盾的是，没有什么比牛顿自己的自然哲学更能与之相提并论了。

　　外部现实的本质是数字和几何，也是其唯一的真实形式，这种认知构成了牛顿哲学的基础。但是，在拒绝了 17 世纪的形而上学系统之后，在认识到形式思维的局限之后，他选择了归纳法，并断言知识总是从观察现实中获取的。这就为下一步提供了可能，即通过观察自然来证明现实世界的数学和几何本质。在牛顿传统的宇宙观中，隐藏着形而上学的思考，常常暗暗地但总是强烈地在理论论述领域保留着核心角色。这个秩序被自然中明显存在的数学规律证明，并成为人类世界中神存在的直接象征。尽管排除所有超自然现象，物理现实仍然能显现人类存在的终极意义。

　　牛顿物理学在实验领域获得了明显的成功。在启蒙时期，艺术和科学均采用这套方法及其背后的思想。在 18 世纪，大部分思想家都拒绝人类理性和上帝理性之间的传统联系，普遍抛弃了之前的所有假设和古代文章的权威性，并将真理想象为经验的目标。在这种情况下，启蒙理性比巴洛克哲学更加谦逊，相信真理属于世界，而且是经验主义现实的一部分。理论的任务就是揭示自然秩序中的明确理性。这意味着，这类操作不只是由技术兴趣引发的，而且还建立在形而上学自身需求的基础上。简单来说，之前预先建立的和谐古代神话，如今则通过实验和技术操作，在人类面前显现。

在所有学科中，使用归纳法可以作为绝对确定性和意义的保证。牛顿演示了这样的方法能够显现造物天地的数学智慧。这不是毫无道理的假设，而是直接感知相关的事实。现在，人们将现实所不可或缺的理性看作前提，并认为理性在任何理论分支中都是正确的。在 19 世纪，在理论转换为技术主导的有效工具过程中，新的经验主义方式和知识的系统化成为不可或缺的部分。然而，同样的经验主义给了实践（而不是理论）再次兴起的优先权，并且承认对自然的象征性感知。所有不可变的准则，也就是通过自然观察"发现"的理性，都被看作上帝意志的体现。启蒙运动之所以向意义的根本问题妥协，只是因为理性深深根植于神学领域。

自然哲学方法强调了对具体物理世界感知的新重点。生命知识成为情感不可分割的一部分，有所区别却也有意识地整合在艺术化表现中。对宇宙的感知是真正象征式的，理解隐藏于现实存在背后的意义，才能避免主观主义的威胁。自然是所有人类价值被发现的地方，是一个充满生命和运动的超验现实。在那里，上帝、人类和万物都屈从于数学的和谐。这种基本信念阻止理论成为技术主导的工具；人类总是需要与自然和谐共处。

在 18 世纪，通过发现数学和几何规则，人们认为自己能够分辨天工造物之中的上帝之手。因为规律透露了上帝的存在。上帝不再居住在超自然的环境之中，也不再在超自然环境中与人类思想交流；启蒙时期的造物主是一种力量，能够支撑日常生活的感知奇迹。自莱布尼茨之后，传统形而上学便告以终结，几何和数学也失去了其象征力量。在这种神性转换的同时，几何和数学又从上帝的自然中恢复了象征意义。荒谬的是，这种恢复却是因为对技术问题日益增长的兴趣而引发，这些技术问题通过量化实验显露出了某种象征性数学和谐的存在。

　　传统上，建筑依靠几何和数字来赐予其作为人与世界、微观与宏观之间直接形式协调者的角色。18 世纪后半叶，建筑理论和牛顿哲学具有同样的基本前提、意图和理念，都采纳了含蓄的形而上学维度。这种状况为传统观点提供了强有力的辩护，而理性理论能控制实际操作，则进一步强化了这些传统观点。建筑理论从自然中获取根本准则，因而才能保持其通常作为实践形而上学正当理由的常规角色。这样一来，当满怀敬意地改变自然时，建筑实践才能维持诗意，而诗意的特征也主要由其是否具有一致目标来决定。

　　18 世纪，建筑理论中的理性能够显露品味与观点的不同，质疑古典柱式的绝对价值，以及古代和文艺复兴文章的权威性，甚至质疑描绘形式起源的具体神话。然而，建筑师和理论家最终不接受主观主义和相对主义。18 世纪末，理论成为一套"宏大原则"，常常无法描述，却毫无疑问地成为建筑意义的必需源头。很明显，类似品味这样的主观概念，一旦被认为是源于自然和经验，便能够成为支持理论辩论的绝对客观理由。

　　关于"牛顿美学"，论述最清晰的著作也许就是阿贝·巴托（Abbe Batteux）的《减少至相同原则的美术》（*Les Beaux Arts Reduits a un meme Principe*）（1746年）。他认为品味是艺术最重要的准则，因此，这些学科不可能取决于偶然。巴托提出，"品味之于艺术就如同智力之于科学。"[97] 他认为，智力被创造出来是为了知晓真相并且热爱上帝，我们只需让我们的心灵自由选择。在他看来，人类意识的每个方面在自然中都有着合理的目标，甚至对称和比例都是由品味法则决定的。

　　数学理性的超验维度一旦建立，18 世纪，建筑学的技术和传统兴趣之间便再没有明显矛盾。事实上，只有在接受了古典主义建筑在技术和美学维度之间的根本连贯性后，古典主义建筑的真正意义才能被理解。类似地，品味将哥特建筑的轻巧和古典建筑的纯粹优雅相协调。因此，试图将新古典主义建筑阐述为一种形式风格，系统或建筑师和工程师特殊兴趣的叠加是徒劳的。[98]

　　1750 年之后，数字比例恢复了其在建筑学中的传统地位。不断强化的经验主义让建筑不断靠近自然。建筑师努力模仿"美丽大自然"，并且越来越驾轻就熟。我会在后面的章节从不同角度尝试说明这个过程，而这个过程已经显示出伽利略革命对 17 世纪时建筑意图以及 18 世纪理论和实践基本传统框架的巨大影响。现代建筑并未在 1750 年左右出现，也并不单单由工业革命引起。理论转换成技术主导工具的过程，从现代科学自身开始。尽管如此，在接受了自然哲学的谦逊性之后，理性时期的建筑主要由象征意图来激发。

第II篇　17、18 世纪的几何与建筑意义

第 3 章　作为意义源头的几何操作

在 17 世纪的欧洲建筑领域，数学的巨大作用已经暗示了与克劳德·佩罗的传统对手——老布隆代尔理论的关联性。瓜里诺·瓜里尼的作品最明确地体现了建筑学对新的几何宇宙的吸纳。他在都灵和皮埃蒙特的迷人建筑毋庸置疑地代表了巴洛克建筑的最高水准。瓜里尼，一位天主教神父，他的建筑理论和实践，综合了他对科学、哲学、美学以及宗教的兴趣。

瓜里尼的文学和建筑作品是伟大的。他的著作涉及戏剧、哲学、欧几里得（Euclid）的《几何原本》（Elements）、天文学、地形学和建筑测量，还有一些 1737 年他死后才发表的重要建筑论文。[1] 虽然瓜里尼或许算不上独创性的思考者，但他对于现代哲学的理解十分透彻。

1662—1666 年，瓜里尼居住在巴黎，在那他教授神学并发表了他的哲学论文《跳蚤哲学》（Placita Philosophica）。这个著作在偶因论（occasionalistic）的语境下解释了笛卡儿关于思想物（res cogitans）和广延物（res extensa）之间的重要关系；唯一真实而有效的原因就是上帝；有限体是实现上帝旨意的偶发的自然原因。在《寻找真相》（De la Recherche de la Verite）和《形而上学访谈》（Entretiens sur la Metaphysique）[发表于瓜里尼的《跳蚤哲学》之后] 这两本著作中，法国哲学家尼古拉斯·马勒伯朗士（Nicolas Malebranche）提出人类精神和外部世界通过上帝而协调共处；每一个概念都"在上帝之中"，而只有在上帝之中，人类精神才能理解上帝的工作。马勒伯朗士相信，人类感知不到事物的特异性，而是看到须在上帝之中才存在的明白易懂的原始概念。瓜里尼有着相似的论断：通过理解上帝之中的概念，我们关于事物的知识才能完成；人类思考的概念也是相同的上帝的概念，或者原型，这些概念包含在上帝发出的动词中，并以不怎么完美的方式和我们交流。对于瓜里尼和马勒伯朗士来说，信仰就是数学知识，所有有限事物中内含的数学就等同于存在于上帝之中的天性。[2]

在《跳蚤哲学》中，瓜里尼强调，数学构成了人类理性的根基，而自然的数学知识就是神的知识。但是，他也相信精神上的东西对于感官必然是明显的，因此，数学理性作为知识源泉绝无可能与感官体验相矛盾。不存在两难之境，因为所有知识根本上都在上帝那解决。思想不是真正的事物，而真正本质真实的科学为上帝而保留。因此，瓜里尼的知识问题就转化为理性和感官体验的综合；只有这样的综合才能影响真正超越性的知识。

瓜里尼注意到古代哲学在面对现代科学时的局限性。在他看来，只有适度的尊重是源自传统文本。他公开支持伽利略革命带来的宇宙几何化，并接受了现代信念中数学理性和经验知识的可能性。瓜里尼这样的立场非常重要并具有典型的巴洛克特征，但他拒绝承认伽利略的日心说系统。这样的态度并不使他觉得矛盾，他更能接受传统的亚里士多德宇宙观，事实上，这个宇宙观更符合瓜里尼的宗教信仰。圣经确实是瓜里尼科学理论的根本参照框架。

瓜里尼的宇宙系统非常有趣，明确展现了巴洛克沉迷于综合感知现象的特殊性和几何理论。哥白尼时代之前的天文学关注行星轨道的几何本质；亚里士多德宇宙认为几何和数学的规律来自天体。天堂被看作是不可改变的，因此不规则的物体从未被观察到。瓜里尼拒绝伽利略系统，仅仅把它当作一个更为几何化的传统假说，并不能解释宇宙中我们的实际经验。他自己的理论旨在协调行星轨道可观察到的物理本质与（仍然是宇宙中心的）静止地球之间的冲突。尽管这个理论被认为能拯救所有现象，但却具有几何化特征，并以地心系统论为基础，即太阳和行星沿正弦曲线围绕着地球旋转。[3]

对瓜里尼来说，几何不只是科学中的一员；几何是通用科学的原型，由所有人类思想和行动的维度构成，通过以精确关系和精确组合为基础的知识讨论，几何能直达真理。[4]绝对真理源于数学，因为数学是直接从第一定律中得到结论的科学。[5]马勒伯朗士也认为，几何的通用科学能够打开人类智慧，提高注意力并引导想象力。[6]

瓜里尼的几何充满了组合术（ars combinatoria）的意味，在中世纪和文艺复兴时期，组合传统科学被看作现实感知的真正反映。这些逻辑系统拥有魔术般的超越性维度，并被上帝或其代言人支持。这仍然是 17 世纪形而上学系统的逻辑。[7]任何人渴望的都是对关系的了解；因此知识的几何化就成为一项迫切任务。在瓜里尼的作品中，哲学、天文学、物理学、神学、建筑学、工程学和诗学都汇聚于几何。[8]几何象征着最高价值，但并不处于自然的对立面。几何同时拥有天国和地球的内涵，是星体和地形的科学。几何形式保证了理论作为真理，而几何操作是实现世界转换的工具，将强化实践的传统意义。

瓜里尼的著作，简称《民用建筑》（*Architettura Civile*），代表了假设建筑理论完全取决于几何和数学规律的首次尝试。在他之前也有一些人尝试将建筑理论数学化，但都是在更大范围知识学科的背景下探讨。瓜里尼引用了 C.F. 米利特·德查理斯（C.F. Milliet Dechales）的《蒙杜斯数学》（*Cursus seu Mundus Mathematicus*）（1674 年），这是一本更偏向几何知识的简明百科巨著，也涵盖了建筑学。然而，在《民用建筑》中，瓜里尼不仅主张"建筑取决于数学和几何"，而且强调建筑是"令人愉悦的艺术"，绝不该为取悦理性而让感官产生厌恶。[9] 因此，瓜里尼定义了建筑的本质就是综合数学理性和感观特性。建筑学有赖于数学理性和感性经验，而这两者之间不存在潜在矛盾。此外，瓜里尼认为建筑中最重要的目标，包括建筑结构安全与其审美和比例，都源于同样的规则。

瓜里尼接受修改和调整古代建筑规则的可能性，他认为维特鲁威理论和许多历史经典建筑之间存在差异。按照新的认识论，与古代权威相比，瓜里尼更倾向于数学理性和经验观察。尽管如此，深深根植于他脑中的传统宇宙观使他远离了任何的相对主义。对瓜里尼来说，绝对规则构成了建筑学的根本出发点。

和老布隆代尔一样，瓜里尼认为视觉矫正对于弥补透视引起的失真非常必要；他认为建筑的首要目标就是愉悦我们的感官，因此进一步发展了视觉矫正规则。尽管如此，他告诫说，建筑不应走向极端的透视错觉主义。因为透视只和愉悦相关，而忽视了建筑的结构稳固性，这样就必须保持两者之间的微妙平衡。瓜里尼认为真正愉悦的建筑必须拥有"真正的对称"，不会试图愚弄我们的视觉。[10] 建筑应该由能提供建筑稳定性的理性几何控制，而且这种几何组合和形象变化，要能够产生象征性的形式和空间。在这种情况下，建筑的终极意义和美丽才能取决于几何操作的实施。

《民用建筑》主要篇幅用于描述几何组合和操作，及如何应用于设计和建造的所有方面。瓜里尼提供的几何规则是严格的欧氏几何。[11] 瓜里尼没有使用与他同时代的吉拉德·笛沙格（Girard Desargues）在当时发明的早期版本的投影几何。

关于笛沙格我之后会详细讨论。在《民用建筑》中，瓜里尼保留了平行线不相交的假设，他以完全亚里士多德式的口吻强调知觉的重要性。他的几何从来不是抽象的数学学科，而是和我们感官最初感知的图形紧密相关，例如方形、三角形、五边形等。在这方面，瓜里尼版本的欧氏《几何原本》非常重要。虽然这是一篇关于几何理论的文章，但里面的每个操作，包括最简单的算术，都用图像表达。代数明显缺失了。很明显，每个问题的具体图像才是本质，这使得瓜里尼的几何不仅可见而且有形，也成为现实世界的真正科学。只有这样的几何概念才能让他宣称"杰出数学家的卓越创造性通过庄严的建筑猛烈闪耀"。[12]

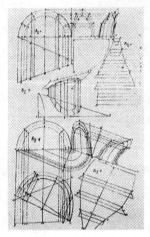
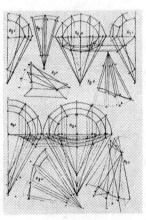

石头切割轨迹，引自瓜里尼的《民用建筑》。

在《民用建筑》中，瓜里尼建立了一套确定古典柱式比例的严格几何方法，从而避开了数字关系。他引用了一位相当不出名人物的著作，即卡罗·切萨雷·奥西奥（Carlo Cesare Osio）于 1684 年发表的《民用建筑》（*Architettura Civile*）作为自己的写作出处。[13] 奥西奥的著作通篇描述了如何教授或应用几何作为绘制五柱式的工具。他展示了如何用圆规将一条直线分割为给定比例，并提供了用这种简单操作来设计任何古典元素的具体指引。尽管奥西奥明确认同比例的重要性，但他却从未提及古代的伟大作家，而且忽略了实际上什么才是最准确尺寸的问题。奥西奥表明，他唯一的目标就是提出一个改进建筑实践的简单方法。

尽管传统建筑理论的关注点模棱两可，但在瓜里尼的著作中却得到了清晰展示。书中关于柱式的部分，展示了如何描摹某些"必要"曲线，比如螺旋形或正弦形。但是之后，瓜里尼复述了维特鲁威如何描绘古典形式及其比例的起源，即比例"源于人物塑像"。[14] 与之前的著述相比，瓜里尼并不重视古典柱式问题，因为他认为任何事物都居于几何之下。虽然他认为美依靠比例，但他质疑了从良好比例和对称立面中是否能找到引发愉悦的真正原因。他表示存在一个看不见的原因，但是，他明显不相信数字。瓜里尼认为比例只意味着部分和整体之间的相似关系；他的意图不是要暗示一套完美的文艺复兴规范，只是想避免构件的过大或过小。瓜里尼为柱式处理提供了某些普遍规则，还指出了不同作者是如何将柱式单元划分为不同部分的。之后，纯粹是从实践角度考虑，瓜里尼提出要将柱式单元划分为 12 个部分。

瓜里尼深知关于柱式与它们比例之间的冲突。尽管瓜里尼试图尊重某些知名作者的权威，引用他们来支持他自己的比例，但是他的三柱式完全是原创发明。与他所引用的那些柱式相比，他柱式中的装饰性细部更加夸张，也明显没有那么富于抽象和几何特征。这些装饰性细部试图实现自然（尤其是植物的）形状的复杂性。这些插图表现力惊人，介于切石术投影图和复杂几何应用图之间。仅通过关注他华丽的自然主义装饰和对他严谨几何方法的关注，不可能抓住瓜里尼理论的基本内核。但是，一旦完全理解他建筑几何化的象征感，其理论内核就会变得明确。

《民用建筑》里讨论了大量技术问题。瓜里尼描述了测平和地形测量的方法，并把建筑看作几何要素的综合；墙体、穹顶和柱子实际上被当作几何体。在特意为建筑测量问题写的小册子中，瓜里尼同样表明了类似的转换。《房屋测量的方法》(*Modo di Misurare le Fabriche*) 这本书可以看作他从欧氏《几何原本》中发展出来的实际应用规则。在这本书中，他提供了测量和确定建筑中任何立方体部分的方法，甚至包括那些并不怎么规则的要素。然而，这本书完全不提及任何关于建筑的真实问题；在对数学的简短介绍之后，瓜里尼只解释了如何测量面积和常规体积。

在讨论了拱的几何本质之后，瓜里尼用了《民用建筑》一整章的内容来说明切石术。在 16 世纪，菲利贝尔·德·洛姆（Philibert de l'Orme）用几何投影法用来确定穹顶、拱券、拱顶和楼梯的木材或石材的形状和比例尺寸，这是几何投影法第一次被引入建筑理论中。瓜里尼强调了切石术绘图的重要性，而切石术绘图的复杂性使得鲁道夫·维特科尔（Rudolph Wittkower）突出了瓜里尼建筑的"机械"维度。然而很明显，瓜里尼的平面从不需要任何投影几何在三维层面体现。[15]正如一些学者想象的那样，瓜里尼的切石术从未采用笛沙格的发现；[16] 从之后章节的观点看，这种做法的重要性会变得更加明确。瓜里尼的几何不是画法几何学；每个问题都有他自己的解决方法，就如同弗朗索瓦·杜兰德（Francois Derand）和德·洛姆所写的传统文献中的案例一样。[17]

不同于早期的文艺复兴文献，瓜里尼的著作将所有建筑的技术性操作都归于几何。然而，这种现代的态度应当仔细地界定；只有理解了几何在他全部作品中所起到的至关重要的作用，才能理解他这种态度的意义。对瓜里尼来说，建筑将17 世纪的科学与哲学目标相结合。他的建筑意图是完全连贯一致的，他的艺术和科学兴趣之间并不存在冲突或隔阂。

瓜里尼将几何用作精确的技术工具；几何是一套工具，一套操作，但总是用于实现精神价值和人类世界之间的协调。欧几里得科学中的基本几何图形成为组合术的要素，在组合术中，各种图形被组合和转化，以便设计极其复杂和引人瞩目的建筑。瓜里尼的一个教堂用最简单的要素组成，却成为真正的微观宇宙；通过自然感知的品质，通过对光与材料质地有说服力地运用，他的教堂能够反映一

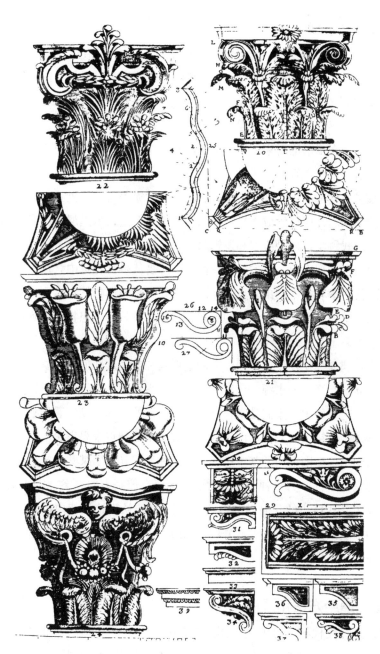

组合柱头的细部，引自瓜里尼的《民用建筑》。

种亚里士多德的世界秩序。

瓜里尼的教堂被看作纪念碑式的典范，重现了宇宙结构，表现了行星的影响、月相以及天体空间的和谐运动。[18] 然而，他的建筑不只是宇宙几何结构的反映，而是达到了准自然物（quasi-natural objects）的水准。通过组合的魔力，通过强调物质的感官特性，瓜里尼的建筑创造了一个他自认为可类比于上帝造物的过程。因此，在瓜里尼看来，几何能够协调柏拉图的象征主义与亚里士多德世界的日常生活和传统宗教。

在瓜里尼的作品中，几何的形式和超验维度完美协调。世界的几何化是伽利略革命的结果；几何科学成为真正知识的原型。但是，瓜里尼的巴洛克几何学不只是一个形式科学，还是修辞和逻辑的工具。为了与传统亚里士多德感知保持一致，几何图形呈现出象征性本质的特征，并总是从感官直觉中获得。广延物的几何化是现代科学和技术的出发点，允许不断开发和破坏自然。然而，在 17 世纪，宇宙的几何结构保证了绝对价值的感知，并建立了某种思想物、广延物和上帝之间的直接关系。

巴洛克建筑强调使用几何操作来确定形式和空间。几何代替了古代权威，成为建筑确立最终缘由的来源；事实上，几何成为形而上学，将人类世界转换为象征性宇宙。建筑历史学家们常常将这些几何操作的技术维度，看作某种静力学和结构力学奇妙但错误的先例。由于借助形式风格的观点来思考，所以，这些学者无法注意到两种意图之间的基本连续性，一种意图导致了某些建筑中的复杂空间和愉悦感官的装饰，另一种意图激发了朴素而有控制力的方案，比如凡尔赛宫，或者激发了某些城市的几何变形。只有在 17 世纪认识论框架内接受建筑学中几何操作的本质象征维度，才可能分辨出巴洛克建筑意图的关联性，这种意图同时包含了理性和感官两个维度。

笛沙格的通用方法和透视

如果进行现代科学对 17 世纪建筑影响的任何研究，却从未审视过笛沙格的作品和思想，那就犯了疏忽的毛病。笛沙格是建筑师和工程师，可能也是 17 世

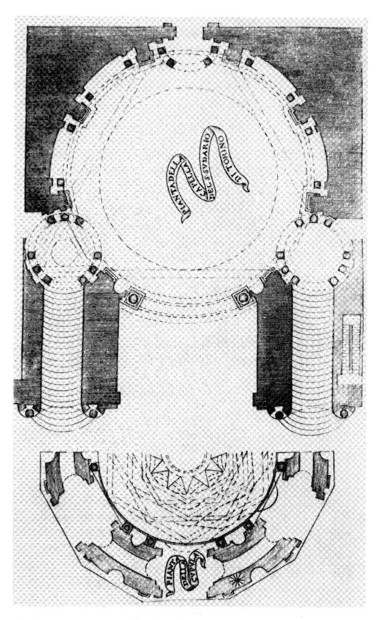

　　瓜里尼在都灵（Turin）设计的圣衣教堂 [the Holy Shroud（S.Sudario）] 平面和剖面，展示了圆顶的几何方式，引自《民用建筑》。

纪最具智慧的几何学家。他的许多手稿由其追随者亚伯拉罕·博斯（Abraham Bosse）于 1650 年左右发表，其中有两篇文献讲述了解决水平不规则平面透视问题的通用方法 [《实用透视的通用方法》（*Maniere Universelle*）]，还有一本书讲述了石材切割的切石投影。[19] 然而，他的全部作品，包括关于纯粹几何的重要文章，一直到 1864 年才正式出版。

笛沙格试图建立一个普适几何科学，能有效地成为多样技术操作的基础，比如透视法、石材建造、木材切割和日晷设计。这些领域总是拥有其自己的理论，而且最终要参照其技术本身的特殊性。即使在 17 世纪的语境下，笛沙格的兴趣也非同寻常。为了找到普适的几何规则，以便允许他架构一个相关技术操作的共同理论，笛沙格忽略了几何的超验维度，也忽略了几何操作的象征性力量。实际上，他不得不发现视觉纠正的理论特性。由于他认为理论等同于技术规则，所以他渴望走向理性控制的实践，而不是走向实践理性的解释。[20] 相应地，他可能忽视了无限的象征含义，并首次在西方思想史上将这个概念引入几何学。

从当代的角度来看，这样的做法很难被欣赏，因为视觉透视在当代是理解外部世界的唯一真正工具。事实上，前概念知觉并非透视知觉，在早期绘画、儿童画和非西方文化中也得到明确表达。欧几里得空间中的平行线并不会相交，其触觉因素源于身体的空间性，也比纯粹视觉信息重要得多。[21] 欧氏几何是一种直观性科学[22]，其规则源于知觉。和亚里士多德的类型一样，欧氏几何的规则是后验的。换句话说，欧几里得的理论几乎就是一种实践，以直觉为根源。仅仅在所参照事物被认为是可变且不精确的范围内，欧几里得定理才是准确而真实的。

然而，笛沙格却坚持认为，所有线都交汇于无限远处的某一点。因此，任何平行线系统，或任意特定几何图形，都能被看作单一平行线通用系统的一个变量。直到 18 世纪末，加斯帕尔·蒙热（Gaspard Monge）的画法几何学才最终实现了笛沙格的基本目标。实际上，笛沙格的基本原则，能保证透视投影的顺利绘制，而不需要任意的消失点。他的这些原则后来成为了投影几何的基本原理，而投影几何这门科学一直到 19 世纪 20 年代才由让 - 维克托·彭赛列（Jean-Victor Poncelet）发展出来。原理写道，"如果两两成对的三条线相交于一点上，那么它们每边延长线的交点将在一条线上。"[23]

在笛沙格的《普适性透视实践》(*Maniere Universelle pour Pratiquer la Perspective*)这本书中,笛沙格强调平面绘图和透视绘图之间没有区别,只要真实比例尺寸投射到无限远就能实现这两种绘图。自然的某个比例关系被用于笛卡儿坐标系的每个坐标点上,以便建立消除所有经验因素的透视图。在他看来,或多或少有些随意的传统绘图都不是他关心的问题。与笛沙格同时代及后来的透视理论不同,他的透视理论是准确而自治的,也独立于现实。因此,笛沙格的理论能成为具有普遍意义的几何投影科学,能控制且合理化建筑中最重要的技术。这样,透视法成为了第一个"理论中的理论",真正独立于实践。透视的实际绘制和建造,同日晷设计、拱顶拱券的石料形状和尺寸确定一样,都取决于相同的斜向投影系统,这样就能够简化为一种方法论。这是第一次无须考虑建筑师形式操作的能力强弱,只需形式逻辑就能保证真实结果,甚至可以获得"推理"结论,还是在实践和具体现实"前提"下不那么明确显示的结论。事实上,笛沙格的《普适性透视实践》是通向现实功能化的第一步,既能加速工业革命,也会加重欧洲 19 世纪的科学危机。

三维现实的早期功能化具有十分重要的意义,应该得到强调。一旦透视主义成为笛卡儿二元论的条件,透视理论就会变成具有普遍意义的自治

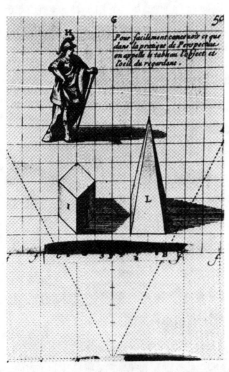

笛沙格简化透视方法,引自博斯的《实用透视的通用方法》(*Maniere Universelle pour Pratiquer la Perspective*)(1648 年)。笛沙格的方法避免了使用图像平面外的消失点。

科学。笛沙格认识到，几何图形和几何体的描述性特征之间存在连续性。他是第一个发现圆锥剖切面（抛物线、双曲线和椭圆）只是圆的透视投影的学者。在欧氏几何语境下，这样的连续性从未被发现。每个不同特性的图形，却有着相同的解释和推理；根据其特性，每个几何问题都能解决。

笛沙格的理论独立于现实机制之外，也避免了"形而上学"的考虑。他令人震惊的原始实证主义倾向，更接近于 19 世纪的建筑意图，而不是启蒙时期的建筑意图。他的这种倾向从未被同时代的人所接受。艺术家和工匠们更倾向于拒绝将理论简化为任何形式的技术规则。他们继续使用不同建筑技术的经验主义方法，也就是实践和规则紧密相关的方法。

在皇家绘画和雕塑学院，博斯在向艺术学生教授笛沙格的通用方法时，碰到了一些问题。讨论这些问题是很有意思的事情。当时的主要争论点在于，笛沙格理论的普适性，不亚于是在攻击传统实践的本体论。在长时间的斗争之后，博斯被解雇了。很明显，与欧几里得科学不同，笛沙格的几何学不会允许艺术家实现其象征意图。但尽管笛沙格的著作确实遭到了抵触，却不能被低估。他的著作显露出认识论革命直接而充分的影响，为有效控制现实技术开辟道路。尽管他的意向性只在某些相关联技术中表现明晰，却也已经是现代建筑的意向性了。

在 18 世纪的物理学和自然历史方法领域，出现了对现象的明显回归，同时强化了欧几里得空间性的地位。启蒙时期，笛沙格被人遗忘了。1731 年，意大利几何学家 G. 撒切利（G.Saccheri）编辑并评论了欧几里得的《几何原本》，他运用所有必需的技术知识来反驳平行线不相交的公理。[24] 如果撒切利得到的结论明确是在他的调查过程中得出的，那么撒切利可能早在他们时代前一百年就发现了非欧几何。然而，很明显，由于没有任何清晰的逻辑推理，这个意大利几何学家从来没有将他的推测转变为结论。尽管其中的真实原因尚不为大部分科学历史学家所知，但这也许只不过是真正文化局限带来的结果；欧几里得空间仍是具体化的知觉空间，也代表了 18 世纪思想和行为的眼界。

莱布尼茨之后，艺术组合包含的奇妙属性就消失了，几何数学也丧失了其象征维度，只保持了形式上的价值。这种情况推动应用数学更快地转换为技术主导现实的有力工具。但是，正如前文解释过的那样，这种转换实际上并不发生在18世纪。从科学目的论的角度看，工业革命和实证主义前提下的现实系统化早已迫在眉睫。认识论革命引发的几何化过程在18世纪被迫停止，因为这个过程被经验主义方法的再次兴起所阻止。

　　一旦几何失去了传统哲学猜想中的象征属性，透视便不再是某种可以将世界转换成有意义的人类秩序的优选工具。透视图反而成为现实的简单再现，不过是某种经验验证方式，可以将外部世界呈现在人类面前观看。启蒙时代普遍抛弃了透视图的使用，然而，在巴洛克风格的建筑、都市和庭院中，透视图至关重要。透视图如果没有了内在的象征含义，就会变成外部现实的客观知觉的同义词。这种转变，等于回归到透视图建构的更为传统的经验主义方法。结果在启蒙时代，对主体感兴趣的艺术家和学者们纷纷避免提出所有关于概念的要求。他们的理论从不会尝试违背或改变所感知的现实。因此，在18世纪，几何透视理论的发展停滞不前，由于类似笛沙格主题的著作暗示了对待现实的不同态度，所以被实践艺术家们完全忽略。

　　安德烈·波索（Andrea Pozzo）所著的《建筑师和画家的透视规则与案例》（*Rules and Examples of Perspective for Painters and Architects*）表明了透视概念处于转变期，也许有自相矛盾之处，却是这方面影响力最大的著作。这本书出版于1693—1700年，写作语言为拉丁语，是波索大量实践的总结，本身也是耶稣会对巴洛克艺术重要贡献的一部分。波索的著作避开了透视的几何理论，大量论述透视建构中最简单的一些规则以及一些详细案例，一般总是从建筑平立面图开始。[25]1720年，著名数学家雅克·奥赞南在其著作《透视理论与实践》（*Perspective Theorique et Pratique*）中坚称，科学的唯一目标是对自然的模仿，并表达了对波索修正过的透视概念的支持。奥赞南批评了那些反对透视的学者，因为他们认为透视是无用的艺术，只是在借助不断的欺骗来愉悦眼睛。确实也存在这些问题，一些假内行滥用透视的名声，并将透视和魔术以及迷信挂钩，但奥赞南认为这些都是无稽之谈。透视只是一个从给定视角再现"不可思议人类世界"的工具。

　　从这种透视纯粹化的过程中提取线索就会发现，18世纪，建筑师和艺术家对于巴洛克时期流行的视错觉技巧和夸张手法毫无兴趣。错觉世界和日常生活世界完全不同。人类相对于客观物理现实世界的地位得到更为明确的界定，而这相应地也开始导致人类学思考。[26] 启蒙时代的理性成为某种力量，其任务是把现实转换成再现的世界。然而，在舞台和观众之间，在广延物和思想物之间，这个形而上学的途径仍然保持开放。真理出现在对现象的观察中，而主体间的交流仍旧可能。这意味着，作为一种现代哲学激进二元论的条件和结果，透视主义直到 18 世纪末才居于知觉之上。

与 17 世纪出现了大量哲学 – 数学家形成鲜明的对比，启蒙时期只有达朗贝尔、沃尔夫和欧拉能被称为哲学 – 数学家。1754 年左右，狄德罗（Diderot）观察到一个正在科学领域发生的"伟大革命"，并预言在一百年之内"在欧洲甚至只会剩下三位几何学家……科学进程会突然停止。"[27] 确实，在中世纪之后，对抽象思考的兴趣锐减了许多，同时转向实验物理学和自然历史。任何几何系统，包括牛顿系统，纷纷被谴责是在自然多样性上施加了一层错误结构。[28] 几何作为形式科学，在这个时期没有任何进展，而且丧失了作为知识原型的优势地位。

在这个认识论系统转变过程中，尽管几何操作在其他建筑相关的技术学科中得到广泛应用，比如勘测、测量、切石术和静力学，却几乎很少应用在建筑设计中。几何操作用于建筑形式和意义的生成是矛盾的、零星的，通常在除了像巴黎或罗马那样的新古典主义文化和建筑中心的地方出现。

18 世纪设计中的几何操作

18 世纪早期，瓜里尼对欧洲中部建筑师的直接影响非常巨大。在皮德蒙特（Piedmont）地区，贝尔纳多·维通（Bernardo Vittone）追随着他导师的步伐。维通出生于 1705 年的都灵，负责出版瓜里尼的《民用建筑》[29]。他的作品常被其他奥地利和德国建筑师归为后巴洛克建筑。他对于形式要素和几何组合的运用明显借鉴于瓜里尼，但他的建筑似乎显露出缺少自信精神，也缺少系统化精神。

然而，不能因为这些理由就忽略维通的建筑。直到近期，他在巴洛克和新古典主义建筑争论中起到的重要作用才被发现。[30] 尽管维通的理论和实践并不严谨，而且综合了多种兴趣，但仍体现了某种意识。他是一位虔诚的基督教徒，借助阿尔加罗蒂（Algarotti）的解释，他受到了牛顿宇宙观的深刻影响。[31]他的藏书里有那些最重要的建筑文献，包括好几个版本的维特鲁威著作和其他一些没那么著名的文献，比如《民用建筑》、瓜里尼论敌卡洛姆·德·洛布科维奇（Caramuel de Lobkowitz）所著的《直向与斜向》（Rectay Obliqua），以及卡洛·方塔纳（Carlo Fontana）所著的《梵蒂冈教堂》（Il Tempio Vaticano e Sua Origine）。他热衷于修辞和科学。他的藏书还包括博斯关于如何使用几何方法（可能是奥西奥和瓜里尼的先驱）绘制古典柱式的著作，以及物理学、天文学、力学和光学方面的著作。他还拥有伽利略所著的《对话》、奥赞南教授的数学教程，以及贝纳德·佛瑞斯特·贝利多（Bernard Forest de Belidor）最著名著作《工程师科学》（La Science des Ingenieurs）（1729 年）的副本。[32]

维通在签名前总会加上工程师头衔，因为他对建造技术问题十分感兴趣，也知晓当时法国在建造技术方面的贡献。他的建筑理论都囊括在两部冗长巨著中，

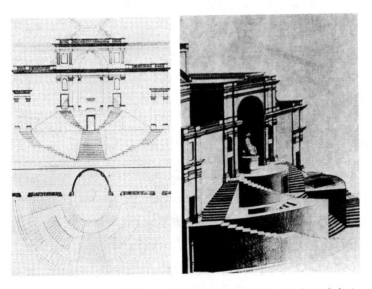

由精确平面和立面建立的透视图，遵守安德烈·波索的《建筑师和画家的透视规则与案例》（1709 年）。

名为《原本说明》(*Istruzioni Elementari*)（1760 年）和《多种说明》(*Istruzioni Diverse*)（1766 年），都是献给上帝和圣母玛利亚的著作。这两本巨著包含了同样的兴趣。在《多种说明》中，维通讨论了测量、水力学、财产评估、桥梁建造，"和所有类型的土木建筑和装饰"。[33] 他讨论了如何计算复杂穹顶的面积和体积，以及意大利英里单位下地球球体的精确尺寸。在桥梁设计和建造部分，他讨论了贝利多的作品。维通并没有讨论材料受力导致的量化因素；他推崇的桥墩比例是传统的，大部分是从文艺复兴时期最著名的文献中摘取而来。在关于穹顶的章节中，他指出，为了让顶部有足够的承重，要确定"不费事就能获取的厚度"是有难度的。[34] 之后，他尝试应用静力学规则来解决这个问题，试图发明一个公式而后应用。不过，维通最终还是重新采纳了阿尔伯蒂在穹顶尺寸方面的建议。确实，如果将维通的著作和同时期法国和意大利的新古典主义论文相比，包括严格主义者（Rigoristti）[首次提出功能主义的威尼斯理论家卡罗·洛多利（Carlo Lodoli）的追随者们的称呼]，就会发现，维通明显缺乏对力学和量化实验的兴趣。

在尝试提供量化和评估建筑或不动产的方法时，维通面临着巨大困难。他确定建筑造价的方式大多是定性的，从不涉及具体材料和量化。他采取的传统感知世界方式造成了一种质和量之间的混淆，在他关于测量的书中通常回避了这种问题。

维通理论最有趣的方面是，他强调在解决设计问题过程中使用网格，尤其是面对比如柱子、墙体和平面开口等建筑要素的布置时。他绘制了大量插图，其中网格是用来确定建筑和园林平面、立面构成的基础，以及描绘抽象几何图形或标志的基础。维通使用网格比迪朗的构成机制早 40 年，而迪朗的设计方法其目标只是效率。维通的网格明显不再是德·洛姆的所谓"神圣比例"的网格化，也不是类似切萨里亚诺对维特鲁威人的再现。网格是一种实际工具，是确定房间、门窗比例和位置的简单规则。网格不再是阐明建筑意义的看不见的线，只不过是简化设计过程的工具。

然而，从我们之前的讨论来看，维通使用网格的技术影响不应过分强调。[35] 虽然他似乎真正关心的是静力学，但是，他对结构问题的理解很狭隘。维通可能知道博拉（Borra）关于材料受力的论文，也知道乔瓦尼·勃列尼（Giovanni Poleni）关于罗马圣彼得大教堂的结构报告文集，两者均发表于 1748 年；但在《多种说明》中，他提供的穹顶结构的正确配图是卡洛·方塔纳方法的修改版，与卡洛在《梵蒂冈教堂》（1694 年）中使用的方法一样。这确实是巴洛克式的几何操作方法，不是出于机械考虑，而是由它们内在的象征力量来证明，实际存在的体现这一几何学的示范模型证明了这一点。

维通也研究了牛顿的著作，但是，他从未理解经验主义量化知识的重要性。他主要关心牛顿柏拉图式的宇宙观的诗意维度。和布里瑟于格一样，维通将建筑和谐与音乐和声等同，并认为牛顿光学理论是传统比例理论最有力的证明，算术地解释了白光分解成七色彩虹现象。在维通的教堂中，对光线仔细而神秘的运用也源于古代新柏拉图主义的信念。光是上帝的传统象征，当时最新发现的光的特性和魔力，只会让这个事情变得更加明确。然而，牛顿严重的经验主义特征，从未明确光的真正本质。光的神秘和万有引力相似，总是吸引着牛顿，也同样吸引着艺术家、诗人和建筑师。对他们来说，光已经成为灵感的源泉。[36]

维通在《多种说明》中专门补充了一段，以说明音乐与和谐比例这两者的本质紧密相连。[37] 在这本书的简短前言中，对柏拉图式和赫尔墨斯·特利斯墨吉斯忒斯（Hermes Trismegistus）式的观念，维通都表达了怀疑态度，因为这两种观念认为音乐是"秩序的科学，自然万物都依此而构成"。[38] 他也质疑所谓"普适建筑学"具有魔力的神奇特点。但是，他认为和谐的普适规则需要为剧院、公共大厅、巴西利卡和唱诗席建立设计准则，因为这些场所中的声学考虑非常重要。因此，维通对其追随者的想法表达了支持，尝试将"科学"规则应用于和谐问题中，实际上，这只是表达了当时关于声音的微粒理论。他们分析了声音的"外在"和"内在"特性：响度、传播、"扩张"或和谐要素的"周期秩序"——所有都从"声音原子"角度定义。维通将这些特性与"光的原子"相类比，并想象这些原子之间能相互穿梭。他研究声音特性的形式、灵活性和维度，认为声音原子、火原子以及水原子有相似之处。正如伽利略所揭示的那样，"自然中关于物理事物及其功能的一切，都属于数学"，数学和谐构成了这种类比的本质。[39]

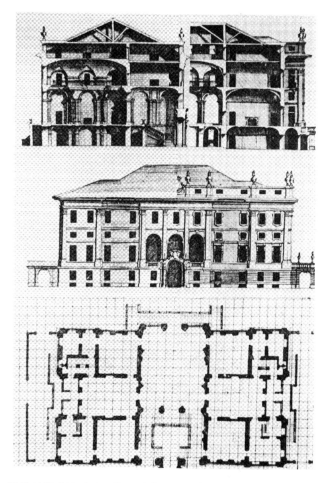

设计别墅时使用了网格，引自维通的《原本说明》(1760 年)。

这些理论部分来自 17 世纪的物理学，却都基于传统宇宙生物学。这并不奇怪，作者总是强调某些数字的象征特征，如数字 2 是"有意义而神秘的"，因为它总出现在和谐的音韵中；数字 2 的象征特质被数字 22 加强，而 22 确定了"完整的音乐系统"。[40] 数字 22 也是古代犹太、巴比伦和叙利亚字母表的字母数；数字 22 也是古代权威著作的数字，是族长、法官和国王的数字。在用相似方式研究了数字 7 之后，作者总结说，"从如此多神秘的巧合看来"，和谐毋庸置疑是某种科学，上帝在其中安放了崇高而令人赞赏的耀眼秘密标志。

维通的数字概念和他使用几何操作具有两面性；尽管半自觉地使用现代科学，但仍来自传统思考。维通使用网格作为设计工具，以及他对牛顿以及法国工程师建筑作品的兴趣，似乎背离了巴洛克前辈们的超验理论。但是，他强烈的宗教信念，以及从瓜里尼那延续下来的盛行的正式建筑表达，最终仍占据主要地位。某种程度上，几何结构在他那里，从未像瓜里尼那样具有压倒性的影响力，而是被自然哲学的柏拉图宇宙观同化。在他设计的质朴的教堂中，结构总是被光的存在所抑制。

在尼古拉·卡莱蒂（Nicola Carletti）鲜为人知的著作《民用建筑说明》（*Insituzioni d'Architettura Civile*）（1772年）中，也出现了类似的做法，就是运用网格作为简化设计过程的工具，以使建筑平面的组成比例显得更清晰。对于卡莱蒂来说，建筑是一门科学，卡莱蒂的目标是通过"最纯净的教义"来指导年轻建筑师通往"艺术的普适实践"。[41]卡莱蒂声称他虔诚信奉牛顿哲学——这不是在狡辩。他的愿望是在建筑中实施英国科学家发现的分析方法。对他来说，"人类知识的巅峰"存在于一系列观察和经验之中，通过归纳法能从中获取普遍准则。[42]

卡莱蒂认为，他的著作完全参照了牛顿"系统"模式，他还列举了两点理由。首先，他想提供基于少量数据的"简单沉思"，而不是"一系列令人恼怒的争论"。他的第二点理由更加有趣。和克劳德·佩罗一样，卡莱蒂注意到建筑和习俗相关。在简短的历史分析之后，他表达了关于原始建筑的实用观点，表明原始建筑具有简单且未经提炼的特点，其唯一目标是保护人类免受其他因素的伤害。美观、坚固和实用，这三项门类构成了建筑的主要目标。它们将建立在调查、认同和智者制度之上，"而由此以理性为绝对准则开启朝向真理之路"。然而，当克劳德·佩罗赞成维特鲁威著作观点，在《柱式规制》中提出了他自己的规则时，卡莱蒂则认为牛顿是他观念的源头。虽然建筑存在地理和文化上的差异，但是对卡莱蒂来说，建筑是自然的延伸，因而要以绝对准则为基础。对真理及其应用的探索是卡莱蒂分析系统的主题。碰巧的是，卡莱蒂的文字形式更为几何化，是一系列定义、观察、实验、推论、注解和规则的集合，这很容易让人联想到 17 世纪的做法。

看向维通的瓦尔利诺托（Vallinoto）圆顶视图，靠近位于卡里尼亚诺的山麓（Carignano in the Piedmont）（1738—1739 年）。

卡莱蒂研究了建筑的多种类型，并用一套网格来描述他的监狱方案，把墙置于网格线上，把柱子置于网格交点上。他的比例规定为自然整数。他真正的兴趣点在于材料受力和静力学。在《民用建筑说明》中，他提供了关于建筑材料特性的经验主义规则。这本书的第二卷整本都在讨论类似的技术问题，比如地形学、确定穹顶和拱顶的几何形状、测量建筑、计算方形体量，以及一套从其普遍比例中寻找建筑真正尺寸的方法。

然而，在关注现代的同时，卡莱蒂也保留了传统比例的概念。他认为，建筑和谐与建筑比例都根植于人类身体，他以维特鲁威式的方式证明了这一点。在确定垂直结构要素比例方面，他无法区分以下两种尺寸，一种是通过静力学应用获取的尺寸，另一种是仅由比例传统规则规定的尺寸。不过，只在宗教建筑中，他强调比例与和谐的关键性。他认为这些建筑是献给上帝启蒙运动的建筑，或者是献给"造物主"或"神圣一体"的建筑。这些建筑应当是有益于产生"完美膜拜和无尽冥想"的场所。[43]

卡莱蒂对建筑之于神圣空间的理解有着重要意义，在随后的章节我会对此展开详细讨论。在中世纪，显露出象征秩序的建筑基本上都是大教堂，也就是上帝之城，也是唯一不变的超验建筑。严格来说，可能除了某些宗教庆典场合，也就是那些明显要创造理想几何秩序而临时搭建的结构和神圣仪式舞台，当时城市有限的秩序并不与建筑问题相关，[44]在文艺复兴时期，人类生命通过生活过程获得了新的价值。建筑师也将城市看作展示戏剧化人性的舞台，尽管城市仍具有虔诚属性，但建筑师已经将城市从宗教决定论中解放出来。经过整个 17 世纪，建筑师的任务已然是创造兼具世俗和宗教机制的几何象征秩序，努力创造一个符合人类形象的居住场所，协调上帝的永恒和人类的有限。为了理解现代建筑的起源以及种种可能性，需要注意的是，在 18 世纪，一旦人类世界及其机制变得真正世俗化，寻求建筑的象征性意向就会与宗教（和坟墓）建筑的理论化过程紧密相连。

卡莱蒂承认受到了德国哲学家克里斯蒂安·沃尔夫著作的影响。沃尔夫本人是莱布尼茨最重要的追随者。不过，他忽视了莱布尼茨世界观的超验含义，这暗示了某种不依赖神学的哲学，并最终演变为理性批判。

沃尔夫穷尽毕生精力来实现人类知识的整体系统化。19 世纪，他的通用形而上学有望成为实证主义的普遍哲学。他试图组织起所有可获知的信息，试图将所有信息转变成一门"真正科学"。沃尔夫的目标就是创造一个系统。在这个系统中，准则是其结果的明确来源，一切事物都能"用明确证据推理获得"。他写道，"在思考了几何论证中的证据基础和代数中的研究技术之后"，他能建立一套"论证和发现的普遍规则"。[45]

沃尔夫的哲学是牛顿模型如何应用于人类科学的早期范本。他大量的著作都具有数学结构的特征，与 17 世纪的形而上学系统非常相似，却去除了其中包含的绝对超越性。在某种意义上，他形式上的先验系统模仿了牛顿思想绝佳的清晰性。沃尔夫论述的目的，就是在形而上学方面做到牛顿在物理学中取得的成绩：通过统一"理性和经验"来定义物理学。[46]比如，在沃尔夫的《所有数学类科学的初始基础》（*Elementa Matheseos Universae*）（1713 年）中，他就尝试实现这种结合。这本书在结构上显得更加几何化。除了一些关于民用和军用建筑的特殊章节，这本书还包括那些已经或将要成为 18 世纪工程师和建筑师教育科目的学科：数学方法、算术、几何、三角函数、有限与无限元分析、静力学和机械学、水力学、光学、透视学、日晷测时学和烟火术。

在这样的操作仍不太可能实现的世界中，使知识公理化的兴趣使得沃尔夫和达朗贝尔这样的哲学家的作品变得具有模糊性，这种模糊性由 18 世纪建筑中不经常尝试绝对体系化所共有。启蒙时期，这种两难境地通过唤起对自然的超验感受而解决。沃尔夫和卡莱蒂都将牛顿的发现视为他们几何和先验论知识结构的支撑，然而，这个结构连这位英国科学家本人都加以拒绝。归纳法和百科全书式的知识，通常会阻止知识的过度数学形式化，以便避免数学系统和经验主义现实之间的矛盾。

《几何原本》中关于土木建筑的论述，像卡莱蒂的《民用建筑说明》一样，也组织得相当几何化。从根本上讲，沃尔夫的理论仍然是维特鲁威式的，也包含了古典柱式的内容。关于比例，沃尔夫并未明确指出比例的象征内容，而是坚称最优化的尺度关系由自然数确定，也易于为人类视觉辨识。沃尔夫的理论和大约 60 年后劳吉耶在第二本书《建筑观察》中提出的观点类似。沃尔夫提出三个范畴，以辨别与数学理性相关的比例的完美性。他认为，数学理性和知觉的易懂性是一致的。他的基本标准是比例呈现出的明确性，正如接近正方形的比例总会更好，要避免小数。[47]

沃尔夫重现了古德曼（Nikolaus Goldmann）所推崇的古典柱式比例，古德曼是最不知名的古典学者之一。然而，沃尔夫的著作也涵盖了确定具体装饰要素尺寸的系统表格、烟囱设计的数字规则，以及各种描摹细节的几何方法。《几何原本》（1747 年）法国版的匿名译者决定采用克劳德·佩罗的比例来代替古德曼（"如此差品味"）的比例。[48]在一篇"结语"中，解释了这位译者为何会做出这个决定，因为这个版本强调了严格遵循沃尔夫的原始推荐也没那么重要。这位译者认为，比例能被细微改变，却不会危害建筑的美。毫无疑问，译者注意到了沃尔夫和克劳德·佩罗之间的必然相似性，尤其是他们都强调数学系统化，他们认为理论作为一门正式学科，除了借助形而上学的推测，也能够有构架组织。然而，沃尔夫的原始实证主义受到了牛顿自然哲学隐含的形而上学维度的束缚；他的系统化仍然是一个元形物理学（metameta-physics），并不是真正的实证主义。

在 18 世纪的英格兰，建筑设计中也会零星涉及几何应用，尤其是对于"建筑师 – 测量员"。其中一个例子就是罗伯特·莫里斯（Robert Morris），他表面上是一位非常传统的建筑师，坚称良好品味必然源于熟悉古人的作品。他崇拜帕拉第奥，这在 18 世纪早期的英格兰十分常见，并且这种崇拜是无条件崇拜。他称帕拉第奥为"最重要的古代修复者"。[49]

1728 年，莫里斯出版了《古代建筑防御论》（*An Essay in Defence of Ancient Architecture*）一书，批评了当时"蠢笨的建筑"以及对装饰的过分使用。莫里斯添加了相当长的前言作为理解他建筑意图的关键。莫里斯采用崇高的诗歌式语气，来强调自然的象征意义；他将自然称为"世界的建筑造物主"，称其为"上帝力量"的显现。[50] 莫里斯在赞扬了伦敦皇家学会和培根学派共同促进了科学发

莫里斯《古代建筑防御论》的首页和标题页。注意古代规则和教皇引语之间的启示性寓言。

展之后，宣称信仰宇宙和谐。莫里斯清楚地表达了自然哲学的诗意维度：比如微观世界、行星、动物和植物的绝妙图景——万物在一个宇宙整体中秩序井然，在其中能感知到"上帝智慧的神圣行动"。但除此之外，当他试图描述传统宇宙生物学的原型图像时，他的言语则难以令人信服："正如一个伟大作家所说……当我们比较人类身体和整个地球的大部分，比较地球与其围绕太阳运行的轨道，比较轨道和恒星体，比较恒星体和整个造物的环道时，我们一点也不高兴。"[51] 最后，他关于建筑的结论并非那么野心勃勃。正如比莫里斯晚很多年的卡莱蒂一样，他特别强调宗教建筑，认为如果宗教建筑类似天工之物，那将更加令人愉悦。

在《建筑学讲座》（*Lectures on Architecture*）这本书中，莫里斯更是大篇幅地讨论了比例和几何的使用。他的目的是确定"真正的比例和和谐"到底为何，因而有可能去建立实践原则。他认为，不论和谐是否属于"数字或自然，和谐都能通过某种引人注目和充满共鸣的特性去直击想象力"。[52] 这是对牛顿式和谐显而易见的回响。但是，莫里斯也认为，建筑师应当了解几何的目的是"描绘规则或不规则平面，是为建筑提供结构承重的理由"，是为了描绘透视、剖面和立面。同时，建筑师应当了解算术"以便评价、测量以及测算造价，应当熟悉音乐以便按比例判断是否和谐，是不是合适于某些垂直高大空间如娱乐场所、剧场和教堂，因为声音在这里是要考虑的直接对象。"[53]

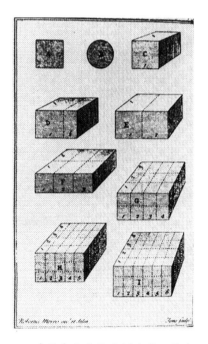

建筑中立方体比例生成，引自莫里斯的《建筑学讲座》（1734 年）。

莫里斯明显注意到了数学作为建筑中技术工具的形式维度。然而，他对于音乐和谐的兴趣并不仅仅来自对声学的关注。在解释比例系统时，莫里斯指出，通过音乐，自然将教会人类某些"算术和谐"的规则。以下是他为建筑采用的比例规则："几何中的正方形、音乐中的齐唱或循环，以及建筑中的立方体都包含着不可分割的比例规则；等分的部分……给眼睛和耳朵一种赏心悦目的感受，由此可进一步推理出一个半立方体和两个立方体；与此类似，纯八度和纯五度也能在音乐中找到相同原则。"[54] 然后，莫里斯直接宣称他更加偏爱建筑比例中的自然数，还建立了相应模块立方体的最大尺寸。使用立方体模块无疑简化了建筑体量的概念。在烟囱这个章节，他关于比例的技术维度表现得特别明显。在这一章节中，他试图发现与房间尺寸相关的烟囱"算术以及和谐比例"，试图为这些设计提供简单通用的设计规则。

在建立了音乐和声和与建筑比例之间的类比后，莫里斯决定采用七个能被明确区分的建筑比例，以便与七个"不同"音阶的音符相匹配："通过某个充满同情心的秘密灵魂，既绝对统一又绝对和谐的灵魂"，建筑比例"将自己弥漫于想象中。"[55] 在《论和谐》(An Essay upon Harmony)（1739 年）这本书中，莫里斯强调，自然和谐构成了比例，而比例则源于人体。他引用了沙夫茨伯里（Shaftsbury）的一句话："没有什么比柱式和比例的想法或感觉，更能深深印刻在我们脑海中；因此，所有数字的力量，以及那些有力量的艺术，都建立在数字管理和使用基础上。"[56]

很明显，莫里斯深知自然哲学的形而上学基础，他还援引这个观点作为支撑，以便确认他自己建筑的终极合法性。尽管如此，他仍将几何当作设计工具来使用，这显示出几何对他的设计来说只是技术操作，类似于静力学、勘测和测量中的几何应用。应当记住的是，18 世纪建筑师对数学使用表现出的含混性，也体现于牛顿科学自身。一方面，牛顿在实践层面证明了几何来自力学；另一方面，牛顿的几何秩序，源于柏拉图式宇宙观，也是上帝参与存在的原始标志，确认了无限宇宙中人类行为的重要性。

作为英国园林的捍卫者，巴提·兰利（Batty Langley）与莫里斯处于同一时代。兰利作品的发展框架与莫里斯类似，但具有另外的重要维度。纵观兰利的作品，他明确强调了在各种建筑问题中应用几何操作的必要性。几何不是形式创新的手段，而是一个用奥西奥和博斯的方式解决传统问题的工具。兰利认为，对建筑的构思和贯彻来说，几何操作不可或缺。

1726 年，兰利发表了他的著作《论建筑、勘察、园艺和测量实用艺术中的几何操作应用》(*Practical Geometry Applied to the Useful Arts of Building, Surveying, Gardening and Mensuration*，以下简称《应用》)，书中提供了欧氏几何的定义、定理和公理，并将之作为所有建筑工艺的必要基础。这种通用几何理论设定在 18 世纪时很少见。兰利运用几何来描绘园林中的螺旋线，绘制古典柱式，绘制

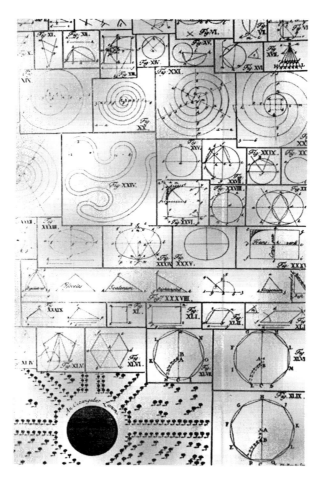

欧几里得几何操作方式介绍，引自兰利的《应用》(1726 年)。

迷宫、树丛、城市、小区、庄园和"荒野"的平立面。

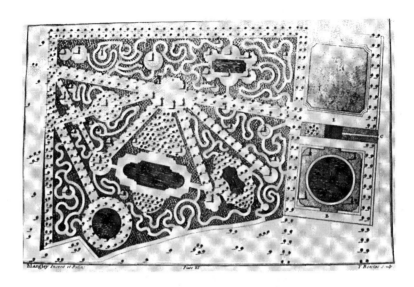

引自兰利的《应用》中的一处英国花园设计。

兰利知晓建筑大师们推崇的古典柱式比例各不相同,因此,他决定像克劳德·佩罗一样使用大致的平均尺寸。但是,他认为具体数字比例不怎么重要。相反,他提供了精确的几何指南来绘制柱式及其细部,极尽简化设计操作。他自己发明的一套比例系统,被用于确定与柱子高度相关的线脚和凹槽尺寸。更重要的是,兰利在他的著作《规则和比例改进哥特建筑》(*Gothic Architecture Improved by Rules and Proportions*)中提倡了相同的方法。他的主要关注点明显是几何操作;不管建筑风格上的差异如何,几何都是基本要素。兰利提出的五种"哥特柱式"全都基于几何绘图。

兰利避开了几何的象征含义。他在《营造者辅助大全》(*The Builder's Compleat Assistant*)(1738 年)中讨论了三角学、地形学、立体几何学,以及牛顿关于静力学、力学和流体静力学的定律和思考。在这本书中,他讨论了几何学在许多建造问题中的复杂应用,比如楼梯、拱顶和脚手架,这本书也涵盖了帕拉第奥的以及兰利自己的比例系统。在 1729 年出版的《营造者指南》(*A Sure Guide to*

Builders）中，在长篇序言中讨论了几何之后，兰利重现了维特鲁威、帕拉第奥和斯卡莫齐提出的古典柱式比例，并给每种柱式都附上一张几何绘图。

兰利从不质疑古代先贤的价值，这与他自己的技术兴趣存在明显矛盾，也与巴洛克前辈表达的观点存在明显冲突。他毫无保留地尊重过去的文献和建筑，同时又酷爱几何操作和建造技术问题，这似乎构成了他理论完美连贯的一面。这只能用兰利是共济会（Freemasonry）的激进成员来解释，因为共济会的意识形态强化了自然科学隐含的伦理道德价值。兰利在 1736 年发表了两卷本《古代砖石结构的理论和实践》（*Ancient Masonry Both in the Theory and Practice*），这部书讨论了"各国最杰出大师们的比例和柱式中运用的算术、几何和建筑规则"。

《古代砖石结构的理论和实践》的内容和兰利的其他所有建筑著作明显类似。这本书包含了古典柱式及其细部的几何绘图、多种建造问题的解决方式、古代及现代作者所描述的比例规则，以及几何在建筑中的全面运用。然而，通过将建筑历史和石匠传统相等同，兰利的各种几何操作呈现出不同的意义。几何操作不只

应用几何设计门洞，引自兰利的《建造者设计图库》（*Builder's Treasury of Designs*）（1750 年）。

是技术工具，而是假定了某种诗意特征，也就是某种暗藏超越性目标的技术程序。可实现的砖石建筑就是实用几何，也就是一种由上帝赐予以色列人的科学，18 世纪的石匠相信他们继承了以色列人的传统。作为 "共济会哲学家"，安德鲁·迈克尔·拉姆齐（A.M.Ramsay）在 1737 年提出了这样的观点："对柱式、对称和投影法的崇高品味，只能由宇宙中的伟大几何建筑师激发，他们的永恒观念即是真正美的典范。"[57] 按照圣言，拉姆齐继续描述了上帝如何为诺亚（Noah）提供 "漂浮建筑" 的比例和方法，"神秘科学" 又通过口传相授将这套方法传达给亚伯拉罕（Abraham）和约瑟（Joseph），而后他们又将之传入埃及。然后，石匠科学传遍亚洲，抵达希腊，在十字军圣战后又传入大不列颠，也就是共济会的现代中心。拉姆齐认为，所罗门神殿重现了摩西 "原始教堂" 的比例，代表了 "不可见世界" 的法则，在这个世界中只存在和谐、秩序和比例。

自 16 世纪末以来，建筑师对所罗门神殿作为原型建筑的巨大兴趣便不断增长。从那时起，文艺复兴的融合主义开始被质疑，同时，希腊 – 罗马和犹太教 – 基督教之间传统的结合不得不进行理性调整。用约瑟夫·里克沃特的话来说，所罗门神殿是 "通往救赎之路产物的图像"，是地球上由上帝直接激发的唯一可见纪念碑。[58] 然而，17、18 世纪，对所罗门神殿的欣赏发生了重要转变。在 16 世纪末期所罗门神殿重建过程中，耶稣会士普拉多和比利亚·潘多（Villal Pando）提出这个建筑是科林新柱式的起源，同时神殿的几何平面也符合文艺复兴的宇宙生物学，他们试图以此来达成圣经与维特鲁威之间的和解。[59] 在《历史建筑图集》（Entwurff einer Historischen Architecture）（1727 年）中，J.B. 费舍尔·冯·埃拉赫将所罗门神殿看作原型建筑，是罗马建筑 "伟大原则" 的起源，而且神奇地协调了所有不同的品味。然而，费舍尔对于数学不感兴趣。他赞扬了这座神话建筑的伟大和丰富，但不是其比例。18 世纪，尤其在石匠传统中，所罗门神殿成为绝佳典型，体现了宇宙和重大实践的完美几何和谐。

在《营造者辅助大全》中，兰利提出了他自己对砖石建筑历史的见解。他阐明几何是 "世界上最杰出的知识，是所有行业的基础，所有艺术都取决于此，" 然后，他描述了几何在旧约中的起源，并且描写了赫耳墨斯——"智慧之父"；

欧几里得——"世界上最值得尊敬的几何学家"；希兰（Hiram）——"所罗门神庙的主要建造者。"[60][这种几何和神话建筑工艺之间的同质化可能源于 14 世纪中期的一份著名手稿《欧几里得的几何艺术构成》（*Constitutions of the Art of Geometry According to Euclid*）。[61]]

　　值得注意的是，兰利的兴趣点是技术问题，他忽略了建筑理论作为人文学科的形而上学维度。然而，这个态度背叛的不是实证主义，而是传统观点。兰利的技术试图保持中世纪技艺的诗意和象征价值，但是，结果基本上总是模糊的。在启蒙时代，几何一旦应用于建筑建造问题，所有砖石科学的秘密或超验含义似乎就消失了。甚至与之前 17 世纪的静力学、切石学和建筑著作相比，兰利关于技术操作的著作似乎总处于中立位置，而缺少了魔力和魅力。在紧随自然哲学的脚步时，兰利理论的神话框架也变得含蓄起来，他试图调和对传统神话和比例系统的尊重及建筑历史中对持续几何操作重要性的基本信仰。

　　鉴于英国建筑总是不喜欢意大利和中欧巴洛克建筑的事实，兰利和莫里斯对几何模棱两可的使用也承担着另外的重要意义。建筑的形式独特性，迷人而不可简化，在成为建筑师最深远的个人和文化表达的同时，不应该阻碍我们理解 18 世纪欧洲常见的建筑隐含意图：建筑学，一方面在理论上拥有自然哲学的形而上学准则；另一方面在实践上则拥有超验目标。

第 4 章　18 世纪晚期法国建筑中的象征几何

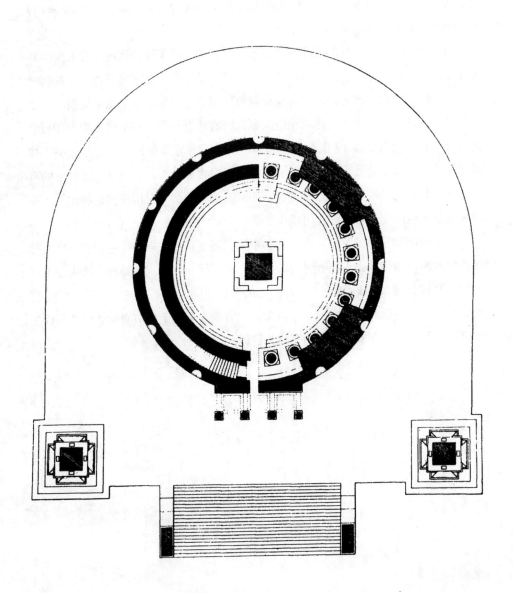

18 世纪末，理论的理性化持续加深，建筑师经常质疑构成传统形式的神话框架。法国大革命时期的建筑具有如下本质特征：使用简化的装饰要素，习惯性忽视古典柱式，以及在形式上运用简单几何体。路易·杜·福恩（Louis Du Fourny）在 1793 年写道："建筑应当借助几何重生。"作为形式"重生器"的原始角色，几何远在其他考虑要素之上，在如今众所周知的所谓"革命性"建筑中也体现得很明显。[1]

对厘清现代建筑起源意图来说，透彻理解 18 世纪晚期法国建筑至关重要。这一时期最具影响力的建筑师是布雷（Etienne Louis Boullee）和克劳德·尼古拉·勒杜（Claude Nicolas Ledoux），他们在欧洲技术和工业化大爆发之前创作了他们的作品。厘清他们与其追随者（尤其是迪朗）意图之间的相似点和不同点非常重要。

在 18 世纪晚期法国建筑历史中，绝大部分作品仅仅从形式的角度触及了现代建筑起源这样的问题。"古典浪漫主义"标签被不加区分地用在法国和欧洲建筑上，这种情况从 18 世纪中期一直持续到 19 世纪中期。在勒杜和柯布作品中的纯粹几何实体之间，或者在魏玛的歌德纪念抽象雕塑与包豪斯生产的棋盘之间，总能建立起直接联系。[2] 其中那些朴素简单的特征，例如古典柱式的缺失、柏拉图式实体的运用，以及平面和立面中的简单几何图形，都被看作 20 世纪建筑的先例。路易·康（Louis Kahn）甚至写了一首诗，盛赞布雷和勒杜在建筑中的地位，恰如巴赫（Bach）之于音乐，或是太阳之于宇宙。[3] 这种毫无限定的认同一直都在对现代建筑及其起源的理解产生误导。

形式简化的趋势在 18 世纪下半叶的法国艺术中表现尤为明显。学者这样解释这种趋势：理性的主导地位逐渐增强，因而导致了对洛可可夸张形式的反对。[4] 品味和理性，即情感和知识的考量，迫使艺术家寻求首要准则，这些准则常常会产生有意识的原始主义和纯粹主义倾向。从这个角度看，布雷和勒杜的建筑可以被看作新古典主义协调品味和理性的最终体现。

像舒夫洛、怀勒（De Wailly）和贡杜安（Gondoin）这样的建筑师强调，他们建筑原型的简洁性早已存于古典古迹中。像大部分理论家一样，小布隆代尔认为这种"高贵的简洁性"是建筑的根本性质。[5] 马里 - 约瑟夫·佩尔（Marie-Joseph Peyre）在他广受欢迎的作品集（1765 年）中试图模仿罗马帝王建造"宏伟建筑"。[6] 然而，佩尔的设计不是因为雄伟（这是巴洛克式的概念）而迷人，恰恰是因为运用了简单要素和几何体量。

这些概念明确的正式先例，最早约出现在 1740 年的罗马，可能也影响了许多在罗马学习的年轻法国建筑师。[7] 18 世纪初，埃拉赫将历史建筑中的某个局部（罗马柱子、方尖碑、神庙前部等）看作概念上独立的要素，并整合到他的建筑中。但是，18 世纪晚期的法国建筑开始明确强调几何知识，这不是只用几个模型就能解释的事情。毋庸置疑，寻求纯粹基本形式，与自然哲学寻求普遍正确真理直接相关。[8] 在《古代建筑书信》（*Lettres sur l'Architecture des Anciens*）（1787 年）中，让 - 路易·维尔德·圣穆（Jean - Louis Vielde Saint Maux）谈到原始古迹是"绝妙的"；尽管因为这本书缺乏美丽线条而不被古代和传统作者推崇，但是，现代建筑师应当回过头来将这本书看作正处在"艺术起源的时期"。[9] 18 世纪末，迷恋于在自然起源中建立艺术准则的道路，已经走到尽头，而牛顿的柏拉图式宇宙观在当时已然根深蒂固。

布雷是个十分成功的实践建筑师。[10] 他拥有数量可观的藏书，包括许多人文著作：历史、地理和天文学方面的书籍；少量建筑论文集；伏尔泰、卢梭和其他哲学家的文集；以及艺术史、考古学的著作，包括杜博斯、温克尔曼（Winckelmann）和夏尔·路易·克莱吕索（Cleriseau）的作品。[11] 他自己的理论著作直到 20 世纪才获得出版。[12]

在《论艺术》（*Essai sur l'Art*）中，布雷问道："建筑是什么？能像维特鲁威那样定义为房屋的艺术吗？"他的答案是绝对否定的。在布雷看来，维特鲁威混淆了因果。按照布雷所说，为了实施必须要构想，而这种创造，作为一种"知识产物"，构成了建筑。在布雷的理论中，文艺复兴时期设计和建造之间的古老区别变得更加尖锐而独断。这样，建筑的独特性和价值明确指向了设计和概念领域。布雷认为建筑由两个自治部分组成，即"艺术本身"和科学："不幸的是，大部分建筑学者只写作和阐述了科学部分"。[13] 布雷认为，建筑理论中所有已经屈从

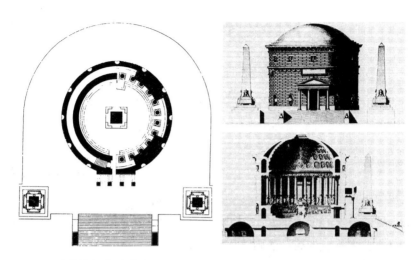

一座葬礼纪念碑的平面，剖面和立面，引自马里-约瑟夫·佩尔的《建筑作品》（ *Oeuvres d'Architecture* ）（ 1765 年）。

理性的那些方面都是"科学"的一部分，包括古典柱式的准则。布雷以追问科学作为切入点，通过讨论理论文章中图像的概念，来尝试解释何为真正的创造行为。

18 世纪末期见证了建筑理想如何变得越来越重要。在《论艺术》中，布雷宣称，只有在"拥有"了规则的概念后，人类才能获得关于实体图形的明确印象。然而，在启蒙时期，艺术家协调理想和现实的能力已经十分强大。沃兹沃斯（ Wordsworth ）定义，想象就是"最夸张情绪中包含的理性"。在《百科全书》（ *Encyclopedia* ）关于"天才"的文章中，狄德罗将天才之作与某些优雅而品质完善的事物进行对比，这些事物只是"遵循品味规则才美丽"，而天才之作却拥有某种"不规则、粗犷或野蛮的氛围"。崇拜天才以及他们的伟大创作并不是暗示将与 19 世纪浪漫主义运动那样，敌视艺术规则。[14]

对布雷来说，数学理性虽然十分重要，但却存在缺陷。与他的前辈尼古拉·勒·加缪·德·梅齐埃一样，布雷强调建筑中天才的重要性。他指出，艺术的美不能像数学真理那样被证明。要到达艺术源于自然的程度，必须拥有无法简化和特别的天生才华，即"自然中稀有的（才华）"，这样才能够察觉并愉快地运用美。

　　布雷当时面临 18 世纪建筑存在的巨大窘境：迫切需要协调普遍理性与日渐明显的历史文化相对主义之间的冲突。布雷支持克劳德·佩罗关于数字比例并不是必要特性的评价，但同时他又表明存在绝对美。为了抵抗克劳德·佩罗理论中含糊不清的相对主义，布雷提出了他自己的一套理论。

　　《论艺术》的大量篇幅都用来讨论克劳德·佩罗和老布隆代尔之间的争论。布雷接受了建筑中的进步观，并赞扬了相对于古代的现代建筑学者的具体工作。事实上，他把他的作品献给了那些有相同建筑观的艺术家们，他们都认同建筑不是只有模仿古典。他也赞同最早由克劳德·佩罗提出的音乐和建筑之间的区别：鉴于和声提供了音乐的基本准则，相比之下，建筑比例尽管是美的重要来源，却不是"这个艺术构成的第一法则"。[15] 布雷之后写道，当音乐中缺少和声时，就会有损听觉感受，当建筑缺乏秩序和对称时，就无法愉悦视觉。在他看来，这些基本理性法则从不应舍弃建筑师的天赋，因为"如果一切都不具有智慧，也就没有什么是美的"。[16]

　　布雷在这方面的立场似乎和克劳德·佩罗相近，克劳德·佩罗也认同两相对称可成为绝对美的特征之一的观点。但是，布雷不能接受建筑的根本法则是随意的。这确实是他和克劳德·佩罗之间的主要分歧。建筑不能成为一种纯粹基于想象的艺术（un art fantastique et de pure invention）。布雷发现，老布隆代尔的辩驳前后不一致。他也意识到，受过良好教育的人都接受了克劳德·佩罗的想法。因此，他决定不管历史文化的相对主义正确与否，都要证明建筑中存在从自然提取的绝对法则。这看起来是个关键问题，不能想当然。对布雷来说，形而上学的必然性是一个个体的存在性问题。布雷的人生和建筑是否有意义，都取决于这些准则是否存在。布雷的理论是建立在害怕"将他的一生献给了某种怪异艺术研究"的基础上，因为这可能会让他陷入持续的错误追求状态，这种情形在建筑史上是第一次出现。[17]

　　通常认为，随着建筑学在文艺复兴之后转换为人文艺术，建筑实践也变得有赖于某种特定理论。这种过分简化的主张一直都在阻碍我们真正理解巴洛克和新古典主义建筑。由于伽利略革命的影响，克劳德·佩罗及其追随者能够继续鼓吹这种依赖。然而，我试图表明的是，启蒙运动时期的建筑实践，拥有某种真正的诗意，并不是仅仅依赖某个特定技术理论。在 18 世纪末，理论和实践之间的联系变得日益重要，这也是传统宇宙观开始崩塌的时期。因此，当布雷宣称对建筑师而言，理论不是完全必要的工具时，他只是在公然夸耀传统。布雷认为，建筑师仰赖天赋来做出明智选择，而不是他们的原理知识。他认为，即使是美术中"最好的推理"，也无法用于艺术教育。理性，按照布雷的说法，并不有助于获取"感觉"。也就是说，艺术家应当学习如何运用感知去寻找某种方法，以便通过自然和人工的作品来发展他们这种感受力。这样一来，布雷就解释了早在任何建筑相关科学都不存在之前，美的建筑就已经存在于非洲和南美原始文化之中的原因。

对布雷来说，理论基本上是某种针对实践的超验解释，某种明确的形而上学问题，或是艺术的首要准则，是他确信而被前人忽略的准则。当哲学家拓展了理性的范围，理性的局限性就会变得更加戏剧化，正如理性最终须仰赖于自然。布雷批评了克劳德·佩罗理论中所谓的理性自治，他强调，和其他艺术一样，建筑的最终目标就是模仿自然。从感觉论哲学中，他推断出某些特定概念，他相信所有观念和感觉都源于"自然的外部客体"。正如克劳德·佩罗曾做过的那样，为了证实"建筑是一种纯粹创造性的艺术"，就有必要证明人类能独立构想出图像，而不必与客体相联系。布雷认为，根据客体"和我们组织之间或多或少的相似性"，外在客体会留给主体"多样的印象。"[18] 通过这种反应，人们接受美的作品而拒绝其他，而这种反应是天然的相互作用的直接结果。

在一堆（可能本也无意发表的）笔记中，布雷写道，创造建筑图像的艺术源于身体的影响，身体构成了建筑诗意，允许艺术家创造富于个性的建筑。[19] 布雷所谓本质而原始的身体，指的是规则几何体。他认为不规则体冷漠而枯燥，会迷惑人类的智慧。规则体具有对称和多样化特征——也就是分属秩序和实证两种特性。因此，规则性是相应地"依托于物体形状的美丽来源"。[20]

梅齐埃已经表达了对建筑意义的关注。在布雷的《论艺术》中，这种关注变得异常重要。他抱怨同时代的建筑缺乏表现：也就是说，缺乏对"建筑诗意"的关注。布雷坚持认为，建筑，尤其是公共建筑，"在某个层面应当与诗歌类似；

建筑给感官提供的图像应该刺激我们的感觉，就如同这些建筑得到了神化。"[21]
为了实现这个目标，布雷研究了"身体理论"，分析了身体的比例，分析了身体
"（施加于）我们感官的力量"，以及身体如何与我们存在相类比。从作为"艺术
起源"的自然开始，布雷试图建立"新观念"和绝对准则。

　　和加缪一样，布雷认为建筑中的感性回应要依靠体块的整体构成；体块不是
由具体细节产生，因为与巨大体量产生的第一印象相比，细节美处于次要地位。
因此，建筑整体的体量构成将取决于规则体。布雷主张，这些理性且完美的形式
必须发现于自然。

　　所有这些，都在显示对 18 世纪后半叶建筑意图的强化。但是，布雷的原则
却是一个真正"有弹性的形而上学"，根植于法国新古典主义传统，却首次做到
有效拒绝古典柱式及其比例的可能性，又未丧失其意义。[22]布雷从不解释如何从
自然中获取基本体块，因为他十分欣赏原始文化中的宏伟建筑，并相信这些建筑
不言自明。布雷重视先于概念的几何，重视其起源中不言而喻的神秘性，这也是
纪元开始后人类秩序的组成部分。布雷的几何体是欧氏几何体，也就是说，是超
验的几何体。布雷将极度理性主义和艺术感性结合，显示出牛顿的自然科学基本
原理的神性"特征"：即柏拉图式宇宙观的构成元素。因此，几何体被假定为超
验秩序的象征，代表了伦理、美学和宗教价值，显示了人和世界之间预先建立的
和谐性。

　　布雷的理论性方案作品总是包含向心型平面，方案的体量都是由立方体、锥
体、圆台、圆柱体和球体构成。方案的形式表达都是巨大、光滑的表面，几乎没
有装饰，很少使用柱子。"宇宙的平面由造物主创造"，布雷写道，"是包含秩序
和完美的图景"。对布雷来说，建筑是上帝给予人类的礼物，帮助人类在地球建
造自己的家。对称，"包含秩序和完美的图景"，是建筑"构成原则"的基础。因
此，几何体是宇宙秩序的明确象征，体现了上帝作为建筑师的存在，模仿了上帝
的创造。

　　建筑不仅是维特鲁威描绘的机械艺术，也不仅是"通过体块布置表达图像的
艺术"，而是"考虑它涉及的方方面面"，同时，建筑还要回忆和运用通过自然散

播的美。布雷认为，必须强调建筑的根本角色是落实（mettre en oeuvre）自然。布雷的作品尽可能地表达了建筑模仿（mimesis）的含义，也就是说，作为一种世界先验秩序的隐喻。[23] 布雷所谓超验自然的概念，也注定了感知自然现象只是人类基本情感的生动投射，比如赞赏、恐惧和快乐——这些都不只是主观"浪漫"的评价。很明显，要深刻认识超验自然就必须获取某种"建筑诗意"的模式。甚至，四季都是"性格"的范例，比如冬天是忧伤的，这体现了如何结合多种感知条件来实现统一表达。"（自然，你是）如此的真实，以至于你是书中之书，是普适科学！不，没有你，我们无法做任何事情！……但很少有人遵循你的教诲而从中受益。"[24]

布雷的柏拉图式几何体源于"自然之书"，正如布丰的自然历史体系，其中各处都显示了造物主的存在。柏拉图几何体允许真正意义的建筑构成，每座房屋都具有其所代表惯例的恰当特性。这当然代表了一种使用（或目的）与形式表达（或传统习俗更直白的表现）之间的隐喻关系。[25] 布雷的理论性方案试图"厘清建筑学习自然的方式。"[26] 实际上，他的作品象征了传统宇宙观下的终极理性建筑。

著名的牛顿纪念堂最适合表达布雷的概念方案。布雷的住宅中摆设了牛顿和哥白尼的肖像，他对牛顿这位英国科学家的崇敬，充满热诚和无私之情。在牛顿纪念堂的献词中，他写道，牛顿拥有"令人赞叹的头脑！广阔深邃的天资！完美的化身！如果你决定了世界的形象，那么，借助你的发现，我会构想出一个方案来环绕着你。"[27]

牛顿纪念堂不仅仅是表达艺术和科学共同目标的纪念性建筑，还强有力地表现了既具有等级又未开始分化的宇宙，表达了某种基本的主体间的价值结构。[28] 布雷用"极其迷人"一词来描绘纪念堂的内部空间。在回想"自然的伟大图景"后，布雷认为自己找不到方法来重现这些图景，这对他来说是极大的痛苦。最终，他将牛顿置于"不朽居所"之中，也就是天堂之中，他还设计了现世世界不存在的情景：在纪念堂中，观众能穿过空气、超越云层，直面宇宙空间的浩瀚。进入巨大球体的入口通道穿过这座墓碑的基座，而纪念堂内部唯一能接触到的物体就是基座，这种处理方式迫使观众远离无尽的球形室内表面。这种形式"前所未有"，是具有伟大想象的创造。穹顶上设置了比例合适的孔洞，完美再现了闪烁的星星和天体，创造了类似闪耀星空的光影效果。

布雷宣称，只有建筑才能精确再现天体，这使得建筑具有准确模仿自然的潜力，也比其他艺术更高级。近期的学者认为，布雷纪念堂参照了开普勒（Kepler）的世界机器模型或 17 世纪占星术中的"地球"。[29] 但是，牛顿纪念堂不只是地球或宇宙地图的象征。也就是说，牛顿纪念堂不仅仅代表自然，还是牛顿宇宙观的真实再现，因为牛顿纪念堂的设想源于地上世界（sublunar world）。

球体明显是基本几何体之一。在理性分析了球体的几何特性后，布雷将球体看作基本多面体，在结合所有其他几何体特性的同时，融合了无穷变化与极致统一："球体拥有最美妙最流畅的外形……球体是完美的化身。"[30][之后沃都耶（Vaudoyer）、索伯（Sobre）、勒克（Lequeu）、德力平（Delepine）、德盖伊（De Gay）和德拉巴迪（De Labadie）都将球体看作万有引力、不朽、正义、平等和智慧的象征。]在真正意义的柏拉图哲学中，球体成为希腊悲剧诗人阿加松（Agathon）的化身——代表着至高无上的美丽和善良。球体源于牛顿学说的宇宙观，代表自然之中的无尽存在。

布雷设计的纪念堂当然具有神学意义。牛顿纪念堂代表着造物主至高无上的作品，正如造物主通过科学向人类展示的那样。本质上，牛顿纪念堂毫无疑问是内空的球形空间，代表着无穷无形的几何体。这与牛顿宇宙观一致，而空在牛顿的宇宙观中是决定性因素。笛卡儿的巴洛克式宇宙观与牛顿不同，其中充满了不断在环形运动的细微物质，相比之下，牛顿预言了一个无限的空。[31]在牛顿宇宙中，只有一小部分充满物质，它们的秩序在所有尺度上都由引力控制。绝对时间和空间，无尽和永恒，都不是实证经验主义系统中的数字描述。当牛顿提到这些概念时，大胆抛弃了他珍视的经验主义："我们应当从感觉中抽象，并考虑事物本身……除了空间和时间通常被看作相对的，实际物体或事件之间的距离之外，还存在一个真正数学意义上的绝对的空间和时间。其中存在的都是无穷、同质和连续的实体，完全独立于任何实际物体或运动，而借助运动我们可以测量这些实

（上图）布雷设计的牛顿纪念堂（Newton cenntaph）（伊斯坦普斯陈列室、国家图书馆巴黎，感谢圣托马斯大学复制，休斯敦）（Cabinet des Estampes, Bibliotheque Nationale, Paris）。

（下图）牛顿纪念碑剖面，白天（国家图书馆，感谢圣托马斯大学，休斯敦）（Bibliotheque Nationale）。

体。时间从永恒到永恒，在无限静止中空间无处不在。对这两个真正绝对的数学对象，通过观察和实验我们只能接近其中之一。"[32] 绝对空间和绝对时间是自然哲学的两个基本形而上学准则。引力和秩序在上帝或绝对空间中存在，上帝或绝对空间的存在无疑能借助惯性的数学法则来证明。牛顿未曾认识到，同时接受绝对和相对运动所存在的矛盾。个中原因很明显：在牛顿的宇宙观中，绝对时空具有至关重要的宗教意义。

　　许多 18 世纪晚期的重要建筑师，都在尽可能协调牛顿哲学的几何空间与真实世界的感知。他们的目标是将理想中的无限"空"间转换为人类居住的地方。牛顿的整合方式强化了建筑师的古老信念，即自然具有数学秩序和简洁性的特征。然而，一旦理性能够质疑传统形式的神秘判断，自然哲学的形而上学原则就会变得更加明确了。牛顿纪念堂宏大内部空间的象征含义也变得更加明显。对于绝对意义上的空、无尽和上帝自治空间而言，布雷的建筑呈现了相对应的感知。

　　大部分理论方案都明显体现了布雷野心勃勃的志向，这也是他执着于将无尽空间赋予物理形态的一部分。在布雷设计的大都会巴西利卡（Metropolitan Basilica）方案中，他批评所有花费不菲的教堂都缺乏"特点"。在他看来，"神庙"能激起深刻的宗教尊重、敬畏和赞赏。神庙应当呈现出"难以置信"和不可抗拒的特征。在这个方案中，布雷采用了新古典主义的横梁式建筑风格。同时，这个方案也受到舒夫洛设计的圣 - 吉纳维芙教堂（Ste.-Genevieve）的巨大影响，然而，神庙内部的宏大空间才是都市大教堂真正出众的特点："一座屹立在上帝荣耀下的神庙总是巨大无比。（它）应当提供现存最伟大和最惊人的景象；并且如果可能，

布雷的大都会巴西利卡项目。室内透视景观节日气氛（au temps de la Fete-Dieu）国家图书馆。

它应该类似于宇宙。"[33]

因此，毫不奇怪，布雷抨击罗马圣彼得大教堂的尺度和比例处理手法。这套手法让圣彼得大教堂显得比实际看上去要小。宏伟壮丽是布雷推崇的，甚至在他看来，令人恐惧的景象，（比如，喷射火焰和死亡的火山）也能激起我们的崇敬。"在看不到头的深渊中游荡，因为不可思议空间的异常壮观，（人类）会发自内心地变得谦逊。"[34] 因此，宏伟必然与美丽相关。当人类面对浩瀚自然时，在感受超验存在的同时也会注意到自身的局限。因此，建筑中任何"看上去巨大"的东西都具有优先权。

在大都会巴西利卡方案中，一切都是为了塑造广阔的景象。穹顶画得像天空一般落在墙体上。巨大的柱廊沿着透视渐渐远去，强调了建筑的纵深感。正如哥特建筑那样，这个方案的承重构件都被隐藏，就像得到了超自然力量的支持。布雷运用光，充满了整个场景，而光影是他自认为最伟大的创新。不知何处而来的非直射光强烈照耀着穹顶表面。因此，光源的神秘性产生了"魔幻而惊人的"效果，创造了"自然最为奇妙的图景。"[35] 在此，光的神秘本质象征着类似理性的共济会上帝，这在布雷的绘画中得到了强有力的体现。

牛顿宇宙观中的永恒总是伴随着无穷这个概念。因此，布雷对墓葬建筑兴趣十足，他在设计这类建筑时经常使用古典原型绝非偶然。在 18 世纪末期，人类子嗣被认为是人类世界永恒存在的一种形式，大多数人都相信子嗣是美德的唯一回馈。这改变并替代了关于来生的传统信念。[36] 受到金字塔以及公元前古代陵墓的启发，布雷的纪念建筑象征了那个时代对人类子嗣的专注，尽管是短暂英雄时代的延续：即后基督教自然神论的理性延续。

布雷的纪念建筑及其追随者显示出对末世主题的极度关注——这是一种信仰危机的明确信号，这种信念后来在 19 世纪广为传播。然而，他们的方案仍然代表了一种绝望尝试：既要考虑人类理性，又要考虑有限生命维度，而在当时的世界中，上帝仍未从认识论中消除。[37]

布雷的"阴影建筑"和"安葬建筑"是其两大墓葬建筑主题：昏暗月光下苍白的几何体和随着时间消逝的巨型纪念物局部。布雷认为，这种建筑物相比之下

（上图）大都会巴西利卡内部景观"黑暗时光"（au temps des Tenebres）国家图书馆。

（下图）布雷设计的金字塔纪念堂（国家图书馆；感谢圣托马斯大学，休斯敦）。

更需要诗意。因此，金字塔，是他认为最重要的原型，"表达贫瘠山脉和永恒的悲伤景象。"[38] 因为金字塔是最古老原始的古代形式，因而被布雷认为是准自然（quasi-natural）模型。这是柏拉图宇宙观中最基本的几何体，也是感官主义美学强烈推崇的对象。布雷选择金字塔，因为金字塔之于永恒是最恰当的象征。

不乏批评布雷的声音。圣穆就曾在他的著述《古代建筑书信》中批评布雷。他特别讨论了牛顿纪念堂，认为这种"占星术"式建筑不代表真正的创新，因为这是原始文化中常常出现的建筑。[39] 布雷在《论艺术》中捍卫了他的原创性，他说道，尽管维尔讨论的做法的确在前人作品中出现过，可能和他的做法相同，但是，"效果"却完全不同。布雷写道，"我发现了将自然置入作品的方法。"布雷说得很有道理，但是，维尔在古老的宇宙建筑传统中思考布雷的建筑也没有错。布雷的建筑处于维特鲁威式做法结束和实证主义做法开始之间，证明了基本几何的象征含义，而原始建筑的神学意义中本来就包含象征。这种做法早在希腊之前就存在，也远早于亚里士多德的理论。例如，布雷认为金字塔具有象征意义，与迪昆西在《建筑历史词典》（*Dictionnaire Historique de l'Architecture*）（1832 年）中描述的冰冷客观性形成了鲜明对比。昆西无法理解金字塔形式的原始意义，他展开了大量历史性描述，讨论了不少建筑。最后，他得出这样的结论，不可能将金字塔归纳为现代建筑。

维尔的著述和布雷的作品，展示了当时建筑学对象征感的兴趣。他们都是那个过渡时代的标志，建筑形式真正象征的丰富性在当时已经开始逐渐消退，因为丰富性必须根植于日常生活的连贯性。只有认识论接受了人类生活的模糊性、无法简化和神秘特征时，象征才可能继续存在。随着形而上学思考与科学无关的论断变得越来越强大，理性化的象征变成了寓言。布雷的追随者在建筑表皮上铺满徽章和铭文；但是，他们的老师却依旧确信基本几何体的象征本质。

勒杜和建筑自白（Parlante）

勒杜的作品总是很难评价。[40] 勒杜的两卷辉煌著作《作为艺术、手法和规则的建筑》（*L'Architecture Considérée sous le Rapport de l'Art, des Moeurs et de la*

Législation）分别于 1804 年和 1846 年出版，不过，他声称他的书在法国大革命之前已经出版。他的著作出版后褒贬不一。埃米尔·考夫曼（Emil Kaufmann）认为，布雷关注阐述建筑准则，而勒杜则努力在各类方案中实现这些准则。勒杜总是运用案例来表明他的理论。他认为，这种方式代替"冷酷无情"的理性论证，是唯一合适的教学方式。

勒杜拥有不少成功的建成案例，许多建筑屹立至今。但是，和布雷一样，勒杜认为，只有在他的理论及相关方案中，他的建筑意图才能获得最佳体现。他专门撰写了充满激情的文章来回应这类问题。他试图借助理性去发现建筑美的基本要素，同时借助他自己的方案来体现这些基本要素。勒杜的原则源于自然，而自然中"占主导地位的和谐是唯一绝对且持续的事物"。[41] 勒杜认为，自然和艺术之间存在某种隐藏的精确关系，以至于受过良好教育的人们都很难发现这一点。

勒杜承认品味在整个历史中总是摇摆不定，也存在颓废堕落的建筑时代。在认识到这两点之后，勒杜力推具有真实性和有效性的不变法则。像布雷一样，他拒绝承认克劳德·佩罗理论中透露出的相对主义："品味是不变的，独立于潮流之外……这与以前的认识不一样，以前认为品味处于随意的短暂边缘状态，或者认为品味是建立在想象中的习俗之上；与此不同，品味是大脑敏锐判断的结果，而这些大脑受到了'自然'的钟爱。"[42] 勒杜不认为习俗是积极的力量，他认为要对建筑师警告品味的危险。在勒杜看来，习惯甚至能改变人类看待上帝的方式。他告诫道，要避免时尚，要运用绝对的，基本的，自然的准则。

对勒杜来说，建筑是一种世界奇迹，是"神圣呼吸"的一部分，让大地充满活力和美丽。然而，勒杜的绝对准则不能简单地理解为传统的古希腊柱式。尽管勒杜无法拒绝古希腊柱式的美丽，但他认为，把古希腊柱式看作可应用于所有地方或国家的普遍规则，是错误的想法。比如，科林新柱式的叶形装饰不适合于北部的气候条件。只有素净简洁的多立克柱式才适合法国的气质和地理，勒杜自己也经常使用多立克柱式。除了这些倾向，勒杜认为五单元格式（例如五种测量法、五种柱式）的知识存在很大不足。从传统大师那里，无法学到真正的和谐。和谐意味着科学使用"音符"（notes），也就是说，是形式的基本要素。勒杜强调，在他的方案中，和谐得到了最佳体现："这是艺术的融合，把神圣的一切凝聚在一起；这是一种相互依存又独立共存的协调，将主导灵魂的情感，这是一种动力，将义无反顾地走向美，这如此协调，以至于神无法给予人类任何更多的完美。" [43]

勒杜不喜欢当时建筑师的设计作品，他批评这些建筑师去意大利的唯一目的，只是为了复制古代纪念建筑。尽管勒杜承认通晓先贤历史十分必要，但是，他厌恶通过阅读学习获取的知识。他认为，如果只拥有这些知识，几乎无法设计出令人兴奋和富于创造力的建筑。于是再一次，问题变成建筑意义变得贬值。勒杜相信存在原始形式，但却被历史所扭曲和错误表达。他建议，足够敏感的建筑师应该恢复这些原创形式。简洁而根植于自然的新建筑确有可能（被创造）。他解释道，"人类通过自己的感官获取完美。" [44] 因此，天才艺术家能恢复所有先前历史丢失的东西。

勒杜讨论了建筑和建造的不同。建筑是崇高的、超验的诗歌，拥有"激动人心的狂热技巧，而我们只会兴高采烈地谈论这些技巧。" [45] 建筑之于砖石结构，恰如诗歌之于文学。设计决定形式，而形式反过来也为每个设计产品提供魅力和

勒杜的卢埃尔河源头看护人住宅透视图，来自《作为艺术、手法和规则的建筑》。

活力。勒杜坚信，诗歌天赋是上帝的礼物。"通过聚集动力和神圣意图"，上帝为人类创造了世界，提供了"所有可能的刺激[46]。"上帝赋予诗歌难以捉摸的情感，以便用来赞美上帝的作品。那为什么建筑师不该将他的知识和伟大诗歌的智慧相结合？

勒杜写道，建筑师将观众置于强大的魔力之下。像布雷一样，勒杜运用了建筑诗意的概念，以此来特别表达各式建筑的"特征"（character）。很明显，这里建筑诗意与创造意义明确的符号无关，而是与发现日常生活的意义有关。勒杜这么描述他的方案和平神殿，他写道，"如果艺术家追随描绘每个产品特征的符号系统，他们将获得与诗歌同等的荣耀……每个单独的石头都将说话……谈论建筑的话语就像布瓦洛（Boileau）谈论诗歌的话语：在建筑中，每块石头都呈现为一个身体、一个灵魂、一个头脑和一副面孔。"[47]

勒杜对建筑材料也有自己的理解，他相信艺术家的作用是要呈现建筑材料的内在意义，将建筑材料的表现潜力具体化。重要的是，布雷和勒杜都表明"要成为建筑师，首先应成为画家"。[48]之前从没人这样说。因此，建筑学的模仿特性得到了强调，进而也强调了建筑在现实中的意义才是建筑的起源，这构成了18世纪的超验自然。勒杜评论道，为了呈现材料的生命，建筑师应当像画家一样，发现墙体表面纹理的无限变化。

按照勒杜的观点，建筑师应当有模仿上帝造物的自由，因为上帝创造了无限的风景，却只运用了独特而有限的准则。和画家一样，建筑师拥有通往"理想美"的途径，建筑师拥有"强大力量"让他自己在（超验）自然中创造（具体）自然。进一步说，建筑师的掌控范围是天国和人间构成的整体；任何事物都不该限制艺术家的宏伟构想。建筑师就是一个创造者。

早期建筑理论家的作品常常透露出自治和自信。与他们不同，勒杜不断援引上帝来保证建筑的意义。他宣称，"和谐的上帝在各种程度上解放了我的话语。理想美超越了人类法则。"[49]建筑师要协调天国的力量与通常用于满足日常生活需求的构想这两者之间的关系。尽管勒杜认识到了建筑师控制自然的力量，但是，他也希望将建筑师的这种潜力与上帝的设计相协调，这是一项异常让人苦恼的任务，因为在这个时间点，勒杜已经走向当时普遍观念和看法的反面。

因此，他对经济和卫生感兴趣应该看作真正的兴趣广泛，而不仅仅是屈从于工业世界的新生产关系。那些填满勒杜建筑学的建筑作品，是真正的微观宇宙结构，象征着上帝统治的层级宇宙。看看勒杜在他对法国卢埃尔河（Loue River）源头看护人住宅的评论中如何阐述建筑的价值："造物主真实透明的镜子！我微弱的声音应当学习歌颂你的伟大！你为粗俗的黑暗带来生命……为山林带来光辉，唤起世界的快乐。"建筑赋予形式以美丽，每个方案就像一颗新星，"闪耀着光辉降临在大地上，美化整个宇宙。"[50]

勒杜指出，所有国家尽管各不相同，却都承认存在"充满整个宇宙的上帝。"[51]他批评哥特和古典"神庙"，他宣称更喜欢室外的原始仪式，这些仪式都在神秘而不可抗拒的自然中举行，而自然等同于上帝。一座真正有说服力的神庙应当超越平庸的现实，通过想象捕捉神性："她构成了一个巨大的空间；神庙的穹顶就是天堂；她的居所不能由易腐烂的材料建造；时间既无法领先她，也无法摧毁她；她是永恒和全能的；她是智慧自然，她的沉思闪耀各式光辉；在她之中，灵魂找到了永生之源。"[52]这再一次表明，任何现代神圣空间必须具体化牛顿形而上学的两个基本概念：绝对空间，绝对时间。[53]

勒杜责备上帝没有启蒙建筑，因为上帝只是向其他高等科学展现他的设计，让这些科学注定拥有应用自然准则的特权。不幸的是，建筑只能"徘徊在自然之路的边缘"。为何他推荐所有年轻建筑师学习伟大的自然之书，思考生命的重大事件，这就是原因。他相信世界是一个整体，艺术品之间关系密切，他相信世界是被"永恒智慧所控制"，智慧会帮助建筑师的力量变得更强大。[54]

在勒杜建筑学中，自然不只美好，还是健康的源泉，是人类制度的终极正义；归根结底，自然是"穷人之屋"。不过，穷人仅仅是表面可怜而已，因为全人类都"只占据着微小的空间"。不论生活状况如何，每个人只需负责自己如何与自然相协调。

勒杜的上帝是牛顿和伏尔泰的上帝，是共济会宇宙的伟大建筑师。勒杜用他自己的方式解释了造物的柏拉图式神话，之后他写道，自然的作者通过"原子"

创造宇宙；"混沌"随之形成，为世界提供"空间"。上帝运用引力做出反击，组织天国的穹顶，发掘大海的深度。上帝不仅是无尽空间，也是光。[55]

勒杜穷人住宅，神灵保护下的自然，来自《作为艺术、手法和规则的建筑》。

勒杜是共济会成员毫不令人奇怪，因为上帝几何学家的概念与勒杜的信念完全吻合，上帝几何学家本就是共济会神秘历史的一部分。[56]正如之前提到的，共济会的基本理念更符合 18 世纪启蒙的共同目标。在建筑师、科学家和哲学家中，共济会明确的自然神论和广泛兴趣甚为流行。特别重要的是，牛顿自然哲学与共济会教义准则之间关系密切。几名共济会成员间接提及了这个联系。帝塞古勒斯（J.T.Desaguilliers）据闻是 18 世纪早期的共济会创立者，是伦敦皇家科学会会员，他还撰写了几部实验物理学著作。他写了一首著名寓言诗《牛顿世界系统：最佳控制模式》（*The Newtonian System of the World, the Best Model of Government*）（1728年），他在诗中推断，是引力而不是上帝保佑这个世界。[57]另一位共济会成员拉姆齐的历史概念和兰利有关，他还撰写并出版了《自然与天启宗教的哲学原则》（ *The Philosophical Principles of Natural and Revealed Religion* ）（1748 年）。在这本书中，拉姆齐尝试证明，"自然信仰"的伟大准则建立在无可争辩的事实基础上，反过来，"天启宗教"的基本教义则与理性完美契合。一旦自然的真相等同于显现的真相，共济会"宗教"就能完全采用牛顿主义的形而上学准则。

为了在这个语境下创造象征秩序，勒杜建议建筑师使用简单几何体和形式。[58]勒杜认可比例作为美的来源，认可传统"不可变规则"作为谨慎、便利和经济因素的来源。在这方面，他的理论没有布雷来的连贯一致，但勒杜相信柏拉图世界的超验和谐，这与他的基本准则完美契合。几何图形和几何体体现了"理想美"，是建筑构成的基本"注释"。

勒杜认为，所有形式都源于自然，可分为两大类：第一，依靠完整性来确保决定性效果的形式；第二，依靠无拘束想象产生的形式。[59]易于借助感知获取的基本形式，也可由自然界中的纯粹几何体激发。这些"建筑字母表的字母"：球体、棱锥体、圆形和正方形都是世界形象的一部分，"人类既在这个世界中生存又与这个世界抗争"。在自然中，"圆形的魅力"很容易被发现：水果的形状，地平线的线条，水面波动产生的涟漪。因此，建筑中运用的几何要素将成为人类价值的象征，这些价值本身就蕴藏于自然，这些几何要素从而会把日常生活现实和规则意义联系起来。一座简洁的几何形建筑是如此美好，慰藉了勒杜和他同时代人关注的道德伦理。几何形建筑是阿加松的化身，毫无疑问能从自然中领会。

由不同再现模式，如当时盛行的鸟瞰和远距透视，在不同程度上，强化了人们在自然界中建立的几何感知。在这个过程中，古典柱式会丧失细节，甚至按照勒杜的说法，树木从远处看不是圆形就是锥形。当时的建筑师盛行鸟瞰透视，他们最早于 18 世纪中叶从让 - 路易·吕热（Jean-Louis Legeay）那学到这套透视法。有趣的是，那个年代关于透视的文献通常包含插图，其中的几何柱式已经被缩减到只剩基本几何图形。这些图像的影响不可低估。要知道，视觉纠正一旦出现就意味着本身内容的几何化。《建筑透视》（ *The Perspective of Architecture* ）（1760 年）的作者约翰·科比（John Kirby）在书中写道，与自然界的无数形状相比，建筑所使用的形状非常少：三角形、方形和圆形。在他看来，古典柱式只不过是一系列水平向方形和圆形平面。[60]

勒杜所谓"建筑自白"中的建筑物始终由简单几何元素构成，只不过这些元素组合的复杂程度不尽相同。绍村（Chaux）盐场周边区域的一部分建筑物，就采取了这种方式。其中部分工业建筑已经建好，至今仍然屹立。[61]绍村总平面被设计成椭圆形，意图模仿太阳的轨道，即"生命的终极之源。"[62]

一些历史学家认为绍村这个小城是傅里叶（Fourier）和圣西蒙（Saint-Simon）所设计乌托邦都市中心的先例。尽管勒杜从社会、伦理和经济角度构想方案，但是，绍村只能看作理想城传统发展到巅峰时的构想，这种传统可追溯到文艺复兴。绍村方案并未设想一个技术乌托邦；这个方案表达的仍然是个地方，而不是乌有之地。在勒杜的方案和描述中，理想仍然根植于现实；这个方案既具有柏拉图式宇宙观，又与日常生活产生了奇妙的协调。要实现这一点，需要将启蒙理性转换成诗意。

在这片工业城中，勒杜赋予"工作"很重的分量，还为公共生活创造了一系列不寻常的建筑物。然而，他主要关注点不是生产效率，而是创造能带给人类真正快乐的物理环境。勒杜写道："人类不应当鄙视自然的益处，而只是为了在空洞的想象中寻找工业产品。"[63]在自然面前，只有采取谦逊的态度，才能带来情感的稳定。因此，勒杜从仔细考虑场地的自然属性出发开始设计。勒杜建筑的性格源于场地的特性，而不是在世界之上强加一个先验意义或通用几何。勒杜常常避免描述自己建筑的物理特性。只有一次例外，在谈到他设计的道德学校方案时，他添加了一项谨慎的脚注，提供了更加充分的文学历史依据，支持他选择立方体作为不朽象征的立场。[64]勒杜确信自己所绘图像的说服力。在论述中，勒杜只对人类居所的诗意感兴趣，也就是说，他感兴趣的是发生在他优美建筑物内的活动。勒杜添加的评论，既澄清了每个方案的意图，从根本上，也是对日常生活富于想象力的描绘。每座建筑物的象征意义都源自生活本身及其语境，而不是源于只具有明确和先验意义的某种形式风格。

绍村方案包括大量的特定公共设施和私人住宅。这些设施中包括一座献给上帝的神殿，即自然神上帝，这座神殿的原型是舒夫洛设计的先贤祠（如果你还记得，舒夫洛的先贤祠也是布雷的大都会巴西利卡的原型）。在这座神殿中举行的仪式同时尊重世俗和宗教，以此来强调生命中的重大事件：出生、结婚和死亡。方案中的大量建筑都用于献给伦理道德，比如奉献、协调和统一。勒杜的兴趣在于让这些设施具备各自的意义，以此让所有人类活动都赋予视觉形式，这具有非常重要的意义。勒杜的并置，比如和谐神庙用于解决家庭问题，爱之神庙能满足人类的感官欲望——违背人类真实生活的真正需求，生活在日渐剥离宗教意义的同时，仍处于传统世界观语境中。

也许，勒杜最有趣的方案是墓地，方案灵感来自地球作为球体的形象。[65] 球体的一半埋在土里。球体的内部空间被设置成可怖而神秘的气氛，一个黑暗的陈列室迷宫环绕着巨大而深邃的球形空间，空无一物，上方洞口射入的一道光柱穿透了整个空间。尸体将沿着陈列室的壁龛设置。自然，尤其是太阳光，被有意消除，因此，铺天盖地的黑暗传达了一切皆无的意向，毫无逃脱的可能。外部朴素而巨大的穹顶，则让人们产生畏惧感。

作为这个方案的一部分，勒杜还制作了一幅版画，显示地球被月亮和其他星球环绕，漂浮在充满云和阳光的空间中。在墓地的"立面"中，勒杜以星球作为参考，让这些"毫无感觉的原子"和"大量运动的物体"向"永恒的宇宙灵魂"致敬，宇宙灵魂拥有足够的智慧来确定这些"原子"和"物体"的秩序。"上帝在这些星球的表面印刻了人类的感激之情。"[66] 勒杜慷慨激昂地询问，什么样的凡人会感受不到造物主为他所做的一切！造物主没有"分离元素"吗？他不对所有物理现象负责吗？

之前已经指出，对牛顿认识论而言，上帝的存在是必需的。此外，在勒杜的表述中，上帝参与宇宙重大事件是首要的。如果这种参与被忽视，自然中的任何人类活动都毫无意义。因此，宇宙，本身就是无穷无尽永恒的墓地，比任何逐渐腐朽的材料所建造的坟墓都具有更大的价值。按照勒杜的说法，宇宙因而也成为"哥白尼、开普勒、第谷·布拉赫（Tycho Brahe）、笛卡儿和牛顿……这些知晓天国秘密人物的墓地"，也是"各种艺术家、诗人和天才的墓地"。[67] 永恒的墓地主

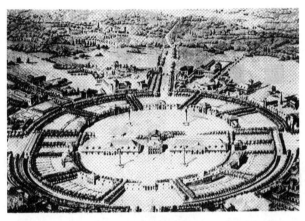

（上图）勒杜设计的邵村鸟瞰图，来自《作为艺术、手法和规则的建筑》。
（下图）一处教育院建筑透视图，来自《作为艺术、手法和规则的建筑》。

要是献给科学家和艺术家，这并不是一种巧合。在 18 世纪的宇宙观中，科学和艺术不仅可相互调和，还能相互补充。科学和艺术都结合了理性和神话，也为人类提供了存在的合法性。

布雷和勒杜的墓葬建筑明确参照了牛顿的宇宙观。墓地建筑象征着生与死之间的协调——这是人类境况无法言说的终极谜题。本身就意义重大。不久，逻辑理性将解释所有其他一切。通过穹顶内的空洞几何空间与"立面"之间的对比，勒杜不无痛苦地强调了至高无上神明的存在，这种处理也代表了宇宙沉浸在光亮的苍穹之中；在这里，牛顿科学中两个自相矛盾的秘密本质，在这里成为神性和潜在生活的象征。

（上图）勒杜设计的邵村公墓平面和剖面，来自《作为艺术、手法和规则的建筑》。

（下图）邵村公墓立面，来自《作为艺术、手法和规则的建筑》。

布雷、勒杜以及理论性方案的起源

在布雷和勒杜的建筑中，几何"恢复"了原有的象征含义。他们运用简单几何体和几何平面，在一些人看来，直接引导了后来机械时代建筑师最常见的形式偏好。如果仔细分析，这个观点不见得能站得住脚。

18 世纪，建筑理论接受了进步的概念，认可观点和品味的差异。同时，理性的运用在一定程度上逐渐增多，而思辨形而上学的可能性也在不断减少。在《建筑作品》中，佩尔认为建筑原则已经没什么可添加的。[68]圣穆用激进的语调公开质疑维特鲁威的权威和比例的重要性。在《古代建筑书信》中，圣穆宣称，当时没有一本书对现代建筑具有真正价值。在圣穆看来，维特鲁威只是用当时的尺寸描绘了当时的纪念性构筑物；维特鲁威的名声只停留在他自己所谓的古代。圣穆声称，没有人描述过如何创造"那种激发和吸引观察者灵魂热情的伟大遗迹"。[69]然而，18 世纪，建筑最终需要某种通用规则来赋予建筑意义。圣穆 1787年讨论的问题恰恰也是困扰梅齐埃、布雷和勒杜的问题：建筑意义变成一种需要智慧的问题——也就是说，建筑意义不再来自传统。

最终，欧氏几何体取代了古典柱式和比例，其中尺度和对称是欧氏几何体最主要的特征。然而，象征性意图才是运用这些几何体的基本原因。几何体被看作最合适的协调工具，用来协调外部自然和人类及其习俗之间的关系。这个几何不是某种方法或操作。运用这些图形，是因为这些图形是自然界可见的基本组成要素。这是一种柏拉图式的象征主义，只存在于由经验主义维系的亚里士多德式的知觉世界。需要记住的是，在 18 世纪大部分时间内，空间基本都具有等级属性，是性质上不同的场所结构，更倾向于感知。连续、无限和均质的空间成为现象的绝对定位框架，最终是一个自然哲学概念。然而，在启蒙时期，这个概念维度从未替代物理现实，欧氏几何并未被功能化。

从建筑角度，布雷和勒杜强调了"科学"与"艺术"之间的区别。直到 18世纪末，与理性相结合的想象，才被看作创造真正有意义建筑的基本方式。之前的理论总是理性的，被布雷看作科学，只与建造有关。另外，人们通常认为真正的艺术存在于修辞意象的构想中。在 18 世纪认识论的框架下，在理性和感知之间存在着脆弱的均衡。只有从这个语境出发，才能理解布雷和勒杜建筑理论中真正的形而上学关注点。

布雷和勒杜写作的时期，也是实证科学所谓的"合理"思考即将消除形而上学思索的时期。面对这个特定的处境，两位建筑师的回答是，将理论转化为诗歌。的确，他们的写作和文艺复兴之后的建筑文献形成了鲜明对比。文艺复兴之后的建筑文献行文冰冷，具有理性主义的分析特征，也不怎么包含形而上学论证。一旦建筑明确需要形而上学论证，理论论述的诗意倾向就不可避免。因此，如果只从意图上看，建筑中的科学和艺术层面最终仍将协调一致。

很早以前，勒杜、布雷和洛多利（后文会详细描述）就认识到一种可能性，即运用维特鲁威的传统分类作为隐喻，以便生成建筑形式。在所谓"建筑自白"中，建筑物的功用或目的都是注定的，数学和几何用于维持建筑物的稳定性和持久性，也都具有诗意特征。建筑的"特征"源于这样的分类。但是，这并不意味着"形式追随功能"。这种直接的数学关系实际上是由布雷和勒杜的追随者提出的。同样要注意的是，布雷和勒杜的象征意图不再体现于三维建筑物。他们的实践，或者说他们设计的实际建筑物，与最能清晰体现他们意图的建筑图纸和概念相比，并不相符。因此，除了之前的零星例外，比如乔瓦尼·巴蒂斯塔·皮拉内西（Giovanni Battista Piranesi）的"监狱"（Carceri），欧洲建筑史上第一次必须只能通过理论方案来表达建筑意图，这些方案明显不适合本质平庸的新兴工业社会。

布雷和勒杜的理论方案相当透彻地整合了神话和逻辑两个方面，在这种语境下，传统思辨形而上学不再有效，开始考虑先验世界和象征化的模糊自然。不过，他们的方案却不幸被后人忽视或误读。[70] 因为处于快速变革期，所以人们不可避免地会对他们的作品产生迷惑。比如，博丹（Bodin）在其向布雷致敬的墓葬论文中，指出了布雷建筑作品的伟大，还赞扬了布雷后来精确估算造价的能力。然而，布雷的理论方案以及他作为教育者的贡献却几乎只字未提。[71]

技术何以在建筑中占据统治地位，伽利略科学革命中的柏拉图因素起到了最终的推动作用。因此，本节第一段曾引用过杜·福恩所说的关于建筑中几何重要性的著名语句，被 19 世纪的建筑师理解为鼓励使用几何操作，而无需考虑象征意图。这种认识不过是为了完成设计和结构分析以及其他建筑技术，是为了完成工业经济的技术目标，满足生产效率。

第Ⅲ篇　近代建筑中作为技术手段的几何与数字

第5章　透视、园艺和建筑教育

在中世纪和文艺复兴时期的欧洲，事物秩序和社会等级通过天启（revelation）执行。伽利略革命代表了一种默认观念的终结，在这种默认观念里，人类总是拥有特权地位，然而同时作为一个整体又被迫从属于宇宙学科。17 世纪之后，系统概念，或者说整体由协调部分（所有理性的原型）构成的概念从天文学而来，并作为模型应用于地上世界的科学及哲学中。[1]

认识论革命暗示了人类状况的根本变革。中世纪基督教没有质疑根深蒂固的宇宙哲学传统，在这种传统中，星际领域被认为是存在于地上世界的真理和价值观原型。但当新科学反对上帝的优越性后，宇宙变成一个由各种普通元素组成的整体，并且被通用规则统治。地球成为精密科学下的领域，其精确性就像研究行星运动的学科一样。因此，现代物理学起源于对现实领域中抽象秩序（已有认知的事物）的精确与不变概念的运用。

现代 17 世纪哲学第一次面对定义感知的主体和其关注的客体之间的关系问题。人类不再是整个阶层中无差别的一个组成部分；他孤立于世界与其他个体之外。他对世界的态度必须被修正，他有两种选择：支配和拥有物质世界或者通过数学说理，创造新的协调形式。这些选项中的首要任务将成为 19 世纪早期现代技术的任务。重要的是要强调，现实的数学结构预设无法使用存在论做出解释。为了使它被接受，必须通过实验证明。因此，在现代技术意向性的早期阶段，澄清这种假设的来源和含义是非常重要的。

伽利略同时摧毁了上帝和人性化的科学。他假设了一种一元化知识领域的存在，它反对古代的层级化体系，这种一元化知识领域将上帝的确切性退化，回归到尘世生活的混乱。[2]通过联系数学与经验，伽利略建立了现代量化科学。[3]他的总体成就远远高于一系列单独的科学发现。他向世界展示了一种可理解性的新典范，它最终能够包含人类知识的总和。我们早在 1671 年佩蒂（W. Petty）的《政治算术》（*Political Arithmetic*）中就能看出端倪。所以很难对伽利略的贡献做出过高的评价。他引导的认识论革命有一天会穿上实证主义，以及后来的科学主义的外衣。

新哲学抛弃了亚里士多德的论题，取而代之接受了"自然之书"的内容；它的正文变成了不可改变的几何图形和数字。伽利略预先假设自然法则是数学的法则。因为相信现实具体化了这种数学法则，他无法认识到几何理论与几何体验的差距。这种错觉存在于所有现代定量科学的核心之中，特别是机械学，它几乎立刻成为所有为知识所做努力的典范。[4]

自然这种理念，在古代，是与生命（自然或自然生长）这种理念联系在一起的，这种理念能够成为一个独立实体，随之而来，微观世界和宏观世界之间的对应关系可能会被质疑。因此，谐波宇宙的概念，由于充满了拟人的意味，可以通过占星学解读，也能够被天文学的透明宇宙所代替。运动，曾经被认为是生命的表现形式，成为了肉体的一种状态。在一个谐波宇宙的秩序背景下，静思冥想被认为比行动价值高；而技术没有内在的价值。想象人类的行动能够改善这个神圣的活生生的世界都是亵渎的事情。因此一个人的目标不是修正这个世界的秩序，而是发现和赞颂这个世界的和谐。很难去除这种传统的谦卑。事实上，它通过牛顿主义得以维持，直到18世纪末期才被颠覆。[5]但是一旦形成了物理数学的可理解性工具，科学就成为了统治性的社会思潮，直到19世纪这一切被技术所包含。

故现代科学暗示了思想与实体之间的距离，以便思想能够申明其对于实体物质性的管辖权利。这种关系在16世纪后半段哲学家、手工艺者和数学家的著作中开始出现。[6]17世纪，支配物质世界的思想可以在弗朗索瓦·培根的著作中明确引出，并且成为了法国皇家科学院和英国皇家学会进行研究的基本前提。[7]在这两个机构中，技术和实验研究与科学假设具有同等重要的作用。这在给新认识论安排的角色中有所暗示：知识的实践和理论内容结合在一起，将之前沉思的世界学说（orbis doctrinae）转化为实际力量的工具。

几何化的宇宙认识论中暗含着把建筑理论变成一种技术支配下的工具的可能性。这种情况，虽然从前面的章节来看应该是显而易见的，但却永远无法摆脱模棱两可的含义。贯穿17世纪的几何科学保留了强有力的符号内涵。因此，利用几何修改上帝的杰作，也就是说，世界上人类的技术行动，常常被传统的魔法遮掩了光亮。

魔法和技术

　　伯纳德·帕里斯（Bernard Palissy）是一位著名的工匠、园艺师和建筑师，他是 16 世纪晚期的作家之一，他认为实践知识比任何来自完全亚里士多德式的冥想得出的理论推断要重要得多。他是个极具魅力的人物，1575—1584 年间他做的一系列的公开讲演使得他在巴黎备受欢迎，演讲中他通过身体演示和他自己收藏的自然界实物包括矿石、植物和动物来举例说明。对于这个花费了生命中很长时间试图找到给黏土上釉步骤的男人，现代传记作者已经过分强调了这个人的开明、博学及反中世纪的精神。然而这种对于他意图的渲染把他简化了。[8]

　　帕里斯非常关心各种主题，所有的内容从本质上都涉及人类世界的转变或者结构形式。他的论著《实录》（*Recepte Veritable*）（1563 年）的第一部分就讲述了农业并揭示了几何花园概念中的神话层面。这个标志性的项目，虽需要修改补充，但一直作为巴洛克园林宏伟创造的基础。权威性来自欧氏几何的意义及其对直觉的必要参考。这本书以对谈的方式组织语言，作者回答假想的问话者的问题和异议。在把他的花园描绘成迄今所设想出的最有用和最宜人的花园之后，帕里斯解释他的灵感来源是《圣经》中《圣咏》第 104 卷（*Psalm* 104），在其中，花园被描绘成受迫害基督徒的避难之所。[9] 然后"怀着崇敬的疑惑"，以及被来自先知的智慧和上帝的良好祝愿启发，帕里斯"设想了花园的形象"，它卓著的优美之处与装饰，至少部分与圣经的描绘相符。[10] 他宣称他的意图不是简单地模仿那些并没有理论指导而进行工作的前人。只有那些严格按照上帝秩序行动的人才值得被模仿。帕里斯认为"在所有的艺术里都有巨大的轻慢和无知"，似乎所有的秩序都腐烂了；工人工作没有哲学，只是盲目地跟随他们的前辈的工作惯例和习惯，忽略"主要原因"和农业的自然特性。

　　帕里斯的对谈者觉得难以置信。一个工人需要什么哲学？帕里斯回答道，世界上没有哪门艺术像农业那样需要如此多的哲学了。尽管圣保罗（Saint Paul）已经警告人们提防虚假的哲学家，他的告诫主要是针对那些装作获得了天赐知识的思想者。然而帕里斯不认为自己的哲学是这类投机性质，而是从经验中得来的一系列观察。这样，帕里斯避免了在他对技术价值的认可里隐含传统秩序的危险。自相矛盾的地方在于，他从宗教和科学领域的初步分离中获得他的客观性。

帕里斯提供了一些实际建议，参考四种传统的亚里士多德式元素：空气、水、火和土，并一直清楚地意识到它们的神话含义。然后他描绘他的花园。选址要靠近水边：一条河或是一个喷泉。这也暗示靠近大山。等到发现这样一处地址之后，他打算设计一个"无与伦比的精巧的"花园，是继伊甸园之后苍穹之下最美的花园。首先，他要决定花园的"面积"，它的宽度和广度，这与地形学和位置来源有关。然后他将把整块地分为四个相等的部分，用宽大的林荫道把它们分隔开。在交叉的四个角，将放置露天圆形剧场，在林荫道尽头和用地边界角部，将建造八个"精美的小屋子"，每个都不同，都是"以前从没有见过的样式"。帕里斯强调他的灵感来自圣经圣叹第 104 卷，"其中先知描绘了上帝杰出伟大的作品，审视着它们，在上帝存在之时示以谦卑之姿，并用他的灵魂赞美上帝"。[11]

每一座独特小屋都单独描绘，其中包含各种喷泉和机械发明。这些小屋中覆盖墙面和穹顶的神秘彩虹色上釉表面将是它们最突出的特征。帕里斯被釉面的反光深深吸引，传统上这个特征与宝石或贵重金属的象征价值相关。通过人工工艺流程，他尽力用黏土砖达到同样的效果，并且把他的成就描述为真正的白色魔法。不同的颜色，通过火烧熔化，结合在一起，创造出美妙的作品，同时隐藏了砖建造的连接部分，因此所有的东西都像是一个整体。墙被磨光得像贵重的石材，可以直接裸露，它们优美的表面倒映着温泉和自动装置。每座小屋也能展示一个清晰可见的语句赞美人类的知识，强调它的卓越价值：例如，"没有智慧则无法取悦上帝"，以及，"智慧引导我们通向永恒之国。"[12]

在帕里斯所坚持的神秘宇宙中，他的技术兴趣非常明确，但他的关注点总是在于通过人类的行动建立起人类和上帝之间的联系。因此，他致力于说明技术的操作方式。他的"哲学"的意思是指导人们的行动，但只限于已确立的秩序之中。科学知识，也就是指，几何学、机械学和炼金术，被相同目标所激励。帕里斯的几何学和机械学支配自然，是早期的自治宣言，宣布它们脱离神学范畴。然而在最后，这种控制是魔法的另一种形式，农业那种经验主义的哲学从它自己的超验力量中获得意义。

有意思的是，帕里斯的态度使他实际预见到了 18 世纪一些建筑理论原则。例如，在每条林荫道尽头的石窟必须是完全自然的。树的枝叶必须布满额枋、墙顶的雕饰带和山墙三角带，而树干充当柱子。《实录》中的提问者指出，所有的著名建筑师都给他们的建筑提供了固定比例，并质疑帕里斯的解决方案，因为事实是随着树的生长，小屋的比例不得不改变。帕里斯的答案很简单，原型比任何模仿品都好。帕里斯坚持认为古代的建筑师在石头上复制了树和人体的形式，因此，第一代建筑师做的柱子（the "columns of the first architect"）是重点。可以通过在树上开出切口来形成柱础和柱顶，并由树汁液使其变硬，而树枝生长可由"几何和建筑法则"控制。

帕里斯常常被控告施展巫术。在他同时代人眼中，他拥有某种秘诀，使他能控制自然。他的技术手段仍被视作篡改上帝的秩序，尤其在白魔法和黑魔法之间的界限越来越难界定的时候（陶醉于从宗教的宿命脱离出的自由，人们终将把黑魔法变成技术）。但是机械艺术，在近代时期，获得了新的地位，特别是建筑学和园艺学，被认为是白魔法，调和的魔法；帕里斯的早期自然哲学只是以可能最好的方式来显示一种对上帝旨意的尊敬和追随方式。

在 17 世纪上半叶，"技艺"的意义没有实质性质的改变。对此一份最佳的证明来自萨洛蒙·德·高斯作品（Salomon de Caus），一位对机械、建筑、音乐和变形透视有兴趣的优秀的园艺家和数学

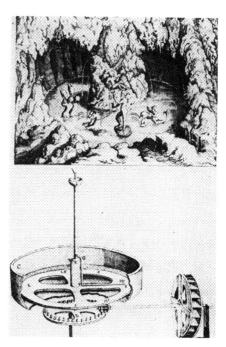

为海王尼普顿（Neptune）的洞穴做的设计，显示出喷泉的机械装置，引自德·高斯的《动力原理》。

家。他的著作《动力原理》（*Les Raisons des Forces Mouvantes*）（1615 年）基本是一系列的插图，除了一些像杠杆、滑轮和齿轮等基本的机器外，还展示了作者自己发明的杰出的喷泉和复杂的自动装置。德·高斯未能区分玩具和有用的机器。此外，他对那些装饰他花园的令人惊叹且充满吸引力的奇巧机器特别感兴趣。他的作品同样包括结合了拟人和几何主题的花园设计。就像帕里斯一样，对德·高斯而言，给自然赋予形式的行动是一种诗意的表现。[13]

在《透视与阴影和反射镜原理》（*La Perspective avec la Raison des Ombres et Miroirs*）（1612 年）序言中，德·高斯提议给建筑师、工程师和画家制造一项有用的作品，能享受到思考的乐趣。他对透视特别感兴趣，认为它是仅有的能够给视觉带来愉悦的"数学的一部分"。[14]而第一次使透视形成数学理论体系的尝试则要追溯到 16 世纪的最后 20 年间。数学家，如费德里科·科勒迪诺（Federico Commandino）、布鲁日（Bruges）的西蒙·斯蒂文（Simon Stevin）以及吉多·乌瓦尔多·德尔·蒙特（Guido Ubaldo del Monte）写过非常复杂的教科书，复杂到根本不可能在实践中应用。只是到了 17 世纪，艺术家应用视觉纠正的方法才开始真正流行。[15]

透视的问题不那么容易被简化。可能只有当人们视自己为一个主体还有外部存在是一系列客体的时候，透视才变得绝对可能。透视理论的发展与认识论革命紧密联系起来，并且随着革命，人与世界、身体与头脑之间产生了基本分离。笛卡儿哲学认为透视是作为人类知识的一个模型。但实际直到 19 世纪，透视主义才成为主观主义真实形式而被接受为普遍的知识原型。直到那时，人们才真正相信自己的头脑独立于其他人的头脑及世界之外，由此拒绝赋予具体知觉以本质上的主观性事实。这自然会指导他去接受除了数学逻辑之外并不存在其他客观性的观点。即使在今天，也依然很难接受我们对于世界具体的知觉不等同于透视的表现。照相术拍出来的照片被认为是对真实性的唯一体现。[16]当然，透视只是看事物的一种方式，与最初的笛卡儿主义相对应，暗示着为了建立思想之物和广延之物之间的联系而把几何学主题强加于现实之上。

（上图）拟人花园，由德·高斯设计，引自他的《动力原理》。

（下图）海德堡城堡花园，最初由德·高斯设计，引自他的《霍图斯·帕拉提乌斯》（*Hortus Palatinus*）（1620 年）。

在 17 世纪，艺术、园艺和建筑学——负责人类世界结构的规则——都必须关注哲学的基本问题以及主体和客体之间的协调。为了支持人类生命的意义，艺术不得不确认在绝对价值范畴内与人类的关联。因此，应用透视是一种对外部现实的理想组织方式。城市、花园和内部空间的改变隐含地证明了新几何知识超验的本质。但巴洛克的透视与 19 世纪的透视主义完全不同，它是一种符号化的结构形式，它允许现实保留基本的亚里士多德式传统知觉的品质。凡尔赛的伟大风光不等于奥斯曼（Haussmann）的林荫大道。尽管本质是几何操作，透视使 17 世纪的艺术家有可能转换他们的物理环境为一种符号化的现实。通过这样的方式，它还蕴含了一种符号化的处理手法，通过感官的体验产生知觉，激发出理想的真理与卓越。在17世纪的凡尔赛，颜色、气味、光线、戏水、烟火，以及丰富的神话扮演了主要角色。就像统治者的宝座一样，宫殿的选址也具有意义，太阳王的住所源自几何力量以及其提升感官享受的潜力综合。它的目的不是为了表达"绝对的支配"，而是显示一个真正的人的秩序。

透视学的理论非常容易放弃它与感知的现实之间的亲密关系而成为纯几何学。这在笛沙格的作品（第3章）的测试中变得非常明显，因为它在蔑视传统实践和符号主义方面表现如此独特，而遭到艺术家反对。然而，作为一种规则，17世纪的建筑师试图综合质的维度、先入概念的空间性和几何概念的空间等各方面。因为世俗空间（spatium mundanum）被认为与几何学中的理性存在相连，在科学与艺术中首先出现概念空间的可能性。但是巴洛克空间仍然保持了它作为场所的特征品质。它总是充盈，从来不是一个无色无味的真空。巴洛克空间的无尽和几何学特征要求材料的感官特质和造型表现。巴洛克建筑强调人类世界在场空间，重建主体与外部现实间的意义联系。

巴洛克建筑传达了一个几乎触觉能感知的空间，充满生命和光，天使和神话人物。这与布雷和勒杜设想的那种空的，均匀同质的空间形成鲜明对比。笛卡儿、伽利略和莱布尼茨反对真空的存在。笛卡儿甚至承认几何的人类空间的不确定性和无限之间存在差异，而无限是上帝独有的贡献。[17] 透视只是让几何学的无限在人类世界中可见。也就是说，实际上，一个意味深长的无限，充满了符号含义，由此建立了一个层级制度，参照国王的世俗权利或是教堂的精神权利。17世纪的范例是允许在现实中出现无限。另外，在18世纪晚期，范例试图创造一个新的自然，在其中，无限和永恒的虚空能够被证实。

透视理论允许人们控制和支配他的外部存在，即物质现实。然而正像数学在其他机械技术中的应用一样，这种通过几何透视规则对定性空间的传统等级以形式上的控制永远是一种调和做法。著名的一点透视壁画如安德烈·波索的壁画，被要求从一个预先设定好的点去观察，这个定点被永久地标记在教堂的地面上。

（上图）鸟瞰凡尔赛（Versailles）养马场和花园。取自佩雷尔（Pérelle）的宫殿风景雕刻。

（下图）从花园中的凯旋门（gloriette）观看背景中的美泉宫（Schonbrun Palace）和维也纳。菲舍尔·冯·埃拉赫和费迪南德·冯·霍恩伯格（Ferdinand von Hohenberg）的项目。

这揭示出一个真正按等级划分的先验视角，这个视角只有当人们占据创作时设定好的几何结构位置时才能看到。另一种类型的透视项目——变形透视，包括了对其所代表的真实世界的变形。在这种透视中，有一种几何理论清晰地支配着主观的惯有知觉，出于自己的愿望将视点放置在难以想到的地点，通常是在画的表面。[18]这些"策略"揭示了透视的人工特点，显示了理论能够自治以及控制实践到何种程度。尽管这些项目在晚期文艺复兴时期只是被零星应用，[19]但它们在17世纪前半叶时变得非常流行，变形透视理论被记录下来。一旦很清晰地模式化，它就变成了一种科学求知欲，是能够在任何内容上应用的形式。作为存在的现实和

费迪南多·加利-比比恩纳（Ferdinando G. Galli-Bibiena）的舞台装置设计，引自他的《建筑透视》（*Architetture e Prospettive*）（1740年）。

维也纳耶稣会教堂（Jesuitenkirche）内拱顶景观。圆顶是由安德烈·波索绘制的湿壁画，是一点透视方法的例子。

作为现象的现实，不仅被故意分离，而且非变形存在的地位被变形现象所取代。[20]

然而在 20 世纪早期，变形还有其他含义。建筑师尼克隆（J.F.Niceron）写了一本书研究这种"奇怪的透视或效果奇妙的人工魔法。"[21] 他的《奇妙的透视》（*Perspective Curieuse*）（1638 年）使用了科学著作的口吻，却在迷幻和神话气氛中发展。尼克隆理解应用数学的重要性，赞美阿基米德，因为据说他已经在解决技术问题时运用了这门科学。他相信数学拥有很多神奇的品质。它提供了执行项目的各种方法，对清晰和重塑我们的感知非常有用，它在建筑中建立了秩序和对称的规则，也揭示了如何建造机器。

尼克隆反对所有的"无用推测"。他的理论看上去似乎只关注数学，因为它是应用于改变现实。在他看来，这种应用结果有着惊人的特征。透视很重要，因为它等同于惊人的机械产品、水力学和气体力学。在他看来，透视于建筑学不可或缺，将秩序和对称借用给建筑学。[22] 在解释他著作标题时，他写道，"奇妙的透视"不仅有用，比如普通的透视，而且还令人愉快。称之为人工魔法并不暗示任何非法的实践或与有害于我们健康的东西交流。事实上，"自然的魔法"不仅是允许的，而且还"有助于所有科学达到最理想的完美状态。"[23] 尼克隆认为魔法等同于技术发明，本源是数学科学。对他而言，优美而非凡的"波赛东尼奥行星"解释了天堂的形态；而阿基米德（Archimedes）的镜子

尼克隆、米歇尔·拉森（Michel Lasne）雕刻的版画，背景显示出圣·特里塔·德·蒙蒂教堂（S.Trinitadei Monti），取自《立体错视》（*Thaumaturgus Opticus*）（1646 年）。

和战争机器；以及 "代达洛斯（Daedalus）的自动机" 是艺术和工业最高级的代表。因此，构成透视的真正魔法或科学的完美之处允许我们更完全地了解和分辨自然与艺术的美丽作品。[24]

巴洛克透视的双重天性在尼克隆作品中有所证明。通过把世界几何图形化，人们获得了达到真理的途径。透视一方面能揭露现实的真相；另一方面能够反映人们改变世界的能力；也就是说，它是魔法的一种形式。值得注意的是，在米尼姆（Minimes）修道院的壁画中，出现了更多野心勃勃的变形方式，其中讨论了一些当时最先进的思想。这是尼克隆和梅森（M.Mersenne）所提出的秩序，梅森是著名的关于宇宙和谐论文的作者，他的作品在 17 世纪早期科学家和哲学家之间建立了重要联系。

在 17 世纪前半叶的认识论框架里，技术行动从来不能脱离魔法或是符号。这在那个时期各种写下来的文字中得到了证实，表明了人们真实世界的变化。由于传统的认识论世界没有固定的特征，这种改变，无论以何种形式呈现，总是与建筑相关。毫不意外地可以发现，一些建筑师对烟火和其他类似为了 "战争和娱乐" [25]的机器或其他临时性结构有强烈的兴趣，如油画中庆祝胜利的拱、立面和透视舞台设计，框出队列和国家或宗教庆祝：寻求实现公共空间象征潜力的变革。

1652 年莫尔（C.Mollet）出版了一本关于占星学和《剧院园艺平面》（*Theatre des Plans et Jardinages*）的书，是关于园艺的论文。[26]经过一些实际的建议，莫尔描绘了亚里士多德式的宇宙天空，展示如何避免星星上邪恶势力的影响。对莫尔而言，实践与分层级的万物有灵的宇宙紧密相连。现实世界作为人们与上帝紧密接触的接收场所。园艺家的一生由此是跟随宇宙时间的模式：在清晨向上帝祈祷，一天之中以和平和谐的方式生活，在每个夜晚收获他的赐福。莫尔认为这是想要获得园艺知识的年轻人应该遵循的不变的模式。

在规定类似的宇宙时，博伊索（J.Boyceau）的《园艺条例》（*Traite du Jardingage*）（1638 年）将亚里士多德式的四元素描述成为一种对立的调和。[27]博伊索宣称地球已经被上帝置放在宇宙中心，接收上帝的能量从而产生和支撑生命。园艺师应该有些技术知识，包括几何、算术、建筑学和机械学。然而最终，传统园艺的诗意，即连接人和大地（人的摇篮与坟墓）成为了支配主题。园艺和农业仍不归属于精确的领域。它的目标从不仅仅是支配自然或者是增加作物的产量。

帕特莫斯的使徒约翰（John the Apostle at Patmos）。尼克隆绘制的制作变形湿壁画的方法细节。像这幅作品，在罗马和巴黎的米尼姆修道院中制作，在靠近墙面的地方可以看得清楚，但正常的在画正面时就看不见了。图示取自《立体错视》。

17 世纪之后，上帝从世界中退休了。这是不可避免的认识论革命产物，一般化理解机械论的结果。[28] 1693 年，贝克（B.Bekker）出版了一本重要的著作，展示了在 17 世纪和启蒙运动之间发生的伟大变革。《魔法世界》（*The Enchanted World*），描绘了自然取代超自然启示。贝克没有停留在只是揭示事实。既然上帝给了人类理由，那么就应该用来进行解释圣经。通过人类掌握的上帝的自然知识，宗教权威可以被批判。贝克从世界中去除了天使和恶魔，以及他认为是幻觉的魔法和巫术。上帝这时通过仍然无法解释的神奇的自然得到揭示，对得到启蒙的人是开放而可感知的。

在 18 世纪，工匠仍然小心工作，他们尊重自然的秩序，感知人类的超验行动。现实的神圣自然并不鼓励无谓的开发。贯穿整个世纪，技术成就，复制了自然的奇迹，这令人着迷。例如，斯卡莱蒂（C.C.Scaletti）在他的《机械实践考察学校》（*Scuola Mecanico-Speculativo-Practica*）（1711 年）中，赞美数学，认为它是机械、水力学和光学现象产生的真实原因。[29] 他反对在"超自然特质"基础上的解释，并且接受实验的方法。虽然如此，他还是把那些操作"实践机械"的人描述为有魔力的魔术师。他并不专注于实用主义的机械运用，而感兴趣于将不可思议的玩具，描述为会走路的银杯子或是属于查尔斯（Charles V.）的飞行器更有兴趣。在建筑师皮埃尔·帕特列举的名单中的艺术和科学学科都是在路易十五统治期间得到了极大发展，自动化装置建造也位列其中。[30] 他尤其震撼于沃康松（Vaucanson）制造的五英尺半高的机械横笛吹奏人。

然而，毫无疑问，到 17 世纪末，与由贝克的作品为代表引起的文化变革相一致的是，机械操作中的神秘力量被移除了。基础学院代替了传统的行业协会，军事天才组织（Corps du Genie Militaire）和路桥组织是象征了第一次技术解放的重大事件。

安德鲁·费利宾（Andre Felibien）作为国王的建筑历史学家（historiographe des batimens du Roi），参加了皇家建筑学会的第一次商筹。他还被任命为报价督察（inspecteur du devis），同时还负责评审和核准法国的道路与桥梁设计。在他的《建筑、雕塑、油画原理》（*Des Principes de l'Architecture, de la Sculpture, de la*

Peinture)（1699 年）中，他的兴趣主要在设计语言学。他关注当时概念混淆问题以及给工具或部件命名，并且他的工作就是尝试给不同艺术和手工艺的工具和零件明确定义。

在建筑部分，他赞赏了克劳德·佩罗翻译维特鲁威的著作，然后指出他的目标不是写出另一份论文。他关注到有大量现存的关于秩序的书籍，但只有很少的作者如德·洛姆、杜兰德、笛沙格、朱斯·德·拉·弗莱切（Jousse de la Fleche）和博斯论述了一些关于石作和木作或者锁匠和雕刻师行业。费利宾认为这些解释建筑技术的尝试并没有提出完整的理论讨论。他相信技术是建筑中最重要的一部分，他写下了他的原则来解释行业技术和工具：砌石、木工、管道、窗户、铁匠、锁匠等。他坚持与工匠直接接触非常重要，去参观他们的工作坊，检测他们的机器。但就在这一点上，他开始遇到问题。他无法找到"理性的"工人：这些"无知而且奇怪的人"假装不知道他在说什么；他们捏造了可笑的故事并且藏起最普通的器具。[31] 传统手工技艺（有自己的秘密和神秘的参照体系）与学院派建筑师和工程师的新科学态度之间的矛盾非常清楚。这种矛盾在工业革命后消除了，长久以来的生产体系在那时发生了转变。尽管如此，费利宾对技术手法的新态度是有启示作用的。他的工作与学院直接建立联系，将此视为正常事业的结果，这反映出大部分卓越的欧洲建筑师的兴趣。[32]

17 世纪晚期知识分子同样表现出对技术和实践问题的兴趣。约翰·洛克（John Locke）在《艺术媒体》（*De Arte Medica*）中宣称相对于操纵抽象知识，

铁匠铺，取自费利宾《建筑原理》。

他更偏爱实践知识。[33] 莱布尼茨相信描述机械师和手工艺人使用的工作程序非常重要，并且是一项必须而且有可能完成的任务，因为"实践只是一项更独特、更综合的理论。"[34] 巴洛克时期仍然存在的传统知识分子的思考价值在 18 世纪被从人们改变世界的行动和渴望中提取的价值所取代。在狄德罗所著《百科全书》关于艺术的文章中，他抱怨各种传统自由艺术与机械艺术之间相区分带来的"有害后果"，制造了大量自负而无用的知识分子。[35]

在价值论改革的外衣之下，伽利略的革命持续至 18 世纪，[36]17 世纪的宇宙辩论变成了真正的人本性。一旦先验的普世理性受到了质疑，人类的理性就成为采取行动的迫切要求。知识的系统化被认为不可缺少。启蒙思想为了自己的利益，宣布放弃冥想思考，试图通过实践加入技术理论，但常常受到挫败，因为前者的失败会影响后者。

这些改变在 18 世纪的园艺论文中变得非常明显，与莫尔和博伊索著作中表达的思想显著不同。巴提·兰利在他的《园艺新原则》（*New principles of Gardening*）（1728 年）一书中推荐"不僵硬"的园艺类型，批评了一些法国园艺中"让人讨厌的数学规则"。然而，他自己的方法，同样是以详细阐述几何规则作为出发点的。但是到今天这显然并不是自相矛盾的事。因为尽管兰利认为这门科学是任何布局设计的基础，[37] 但他并不能理解像在巴洛克式花园中那种施加于自然的几何形式的象征含义。对兰利而言，尽管非常重要，几何仍仅仅是一种工具。[38] 当几何应用于园艺时，应该要以一种方式来复制自然，使其像自然本身那样"让人感到震惊"或使他们惊讶于意料之外的"物体之间的和谐"。

1711 年德扎利尔斯·阿根维尔（A.J.Dezalliers d'Argenville）出版了他的著作《园艺理论与实践》（*Theorie et Pratique du Jardinage*）。园艺实践理论尽管出现在巴洛克晚期，但它代表第一本也是最后一本系统阐释法国巴洛克园林规则的书籍。这于它自身非常重要。17 世纪的园林中的几何几乎不需要什么说明解释；它的符号范围完全透明。德扎利尔斯已经警告不能使用过度的特征，指出一个园林其应该来自自然而不是艺术。他认为为了对称而牺牲多样性是不对的。[39] 他包括了普遍的规则、方法和比例，还增加了实践部分，"它仅仅是理论确定性的必然产物"。这个在他看来以前从未提供给公众。实践部分的描述包括了对使用几何方法的各种形象的溯源说明，无论在论文中还是在实践中。

德扎利尔斯意识到在贯彻一个设计时，实际的经验和持续的实践比"深刻的科学"更重要。尽管如此，他还是坚持他规范性方法的重要性。园丁应该能够绘制有刻度的图纸，德扎利尔斯提供了分步骤绘制这种图纸的方法说明。对比于17 世纪的文字，德扎利尔斯的理论说明只是一种技术规则，缺乏对技术活动先验性参考的正当理由。这本晚到的书籍最棒的地方在于，巴洛克园林的几何已经认同了勘测者的实践几何。

在 18 世纪晚期，就像可能被期待的一样，自然哲学在园艺中发挥影响力。沙波（R.Schabol）写的两本著作《园艺实践》(*La Pratique du Jardinage*) 和《园艺理论》(*La Theorie du Jardinage*) 在他死后的 1770—1771 年出版，见证了这种变化。沙波认为园艺是农业中最高贵的部分，[40] 园艺者总是"反思他将要做的事情，行动从来都是遵循建立在规则和原则基础上的方法。"[41] 如果他希望与自然和谐相处，他不应忘记向自然学习。并且，园丁被比作宇航员，为了能完全理解现象，就得观察它们："园丁……在大地摇篮的黑暗避难所中静思自然，或者以植物的性能观察自然。"[42] 自然而然地，沙波反对推测思考方式，认为"实验和仪器物理"是说明自然现象不可缺少的方式。他意识到自然常常使人们面对不可逾越的困难和难以想象的问题，各种现象常常让人震惊和不安——由此迫使人们谦卑地接受他的智慧。除此之外，沙波相信他能解释一些他在植物上观察到的"效应"。它不是提出解决方案或证明什么，而是启发"建立在事实基础上的猜想和推测的可能性"。[43]

由此，自然变成了一本对科学开放的书，保持着激发人的神秘性。例如，沙波就不能理解为什么植物和动物内在的"功能"组成部分非常相似，然而却非常不同。鉴于存在神秘性，尽管它将原因都隐藏，园丁应该简单地崇拜和追随"自然作者"的法则。但是因为上帝已经在创造中把每一种特定的动作归于每一种不同的植物物种，园丁不要感到气馁。他应该对上帝保持敬重和赞美。

沙波的著作证明了 18 世纪谦卑的认识论。他对定理的理解与 19 世纪对生物学的认识形成尖锐对比，生物学中，功能和结构的相似性成为决定性的特征，最后导致了进化论的无神理论，并且提供了正式的分类模型，对建筑历史和理论带来深刻而持续的影响。[44]然而，沙波同样也相信理论应被理解为一套技术规则（a technical set of rules），并被用于实践中以提高产量。在他的理论中，他抱怨仍在使用原始的直观方法。原先的作者并没有把实验物理和植物生长机制的知识结合起来，但是沙波认为这种结合是必要的：“理论和实践彼此需要；他们的成功依赖于彼此之间的统一。”[45]

这种模棱两可存在于启蒙时期所有的技术定律之中，因为实践仍然保留着传统的特征。特别是建造技术没有什么变化。18 世纪中叶著名工程师佩罗内收到了一些关于隶属路桥组织成员其天分和能力惊人的报告，这个组织拥有欧洲最有名的土木工程师：皮卡（Picard），他不懂几何学、机械学或水力学；他有些关于测量的思想，但是在进行经费预算或建筑细节时遇到了巨大的困难。同样地，他没有受过训练，并且发现设计、阅读或是做数学非常困难。[46]在苏瓦松（Soissons），工程师卢瓦索（Loyseau）承认科学、艺术和建筑对建造者来说如同对希腊语一样陌生。

透视理论的变化同样揭示出技术层面的解放。在 17 世纪中叶左右，在笛沙格和杜布瑞尔（Du Breuil）之间有场著名的关于变形透视的重要争辩。在 1653 年，博斯出版了一本著作《表面透视图》（*Moyen Universelle de Pratiquer la Perspectibe sur les Tableaux ou Surfaces Irregulieres*），是一部关于测试各种各样奇怪投影的论文。与这些主要在 17 世纪早期被认识到并在尼克隆的著作中出现的“戏法”的传统含义相对比，博斯强调他的方法的普世性和简单性，然而他忽略了常规透视和变形透视之间的质的区别。他没有应用隐喻的超自然或魔幻特征；对他而言，任何投影都仅仅是应用普通几何规则的结果。

笛沙格在他的著作《实用透视的通用方法》（1648 年）中展示了一种早熟的原始技术的思想转变。他清晰地宣布他不喜欢学习和做物理或几何研究，“除非这些科学能够真正证明对智力有用”，并且能够“简化”到有效的行动中。[47]正是他作为同一个作者发现了投影几何学的理论原则，[48]也正是他朝着真正意义上的现实功能化迈出了第一步，而同时又否定推理几何学的价值，除非它能成为对所有艺术实践有效的技术手段。

到了 17 世纪末期，数学家奥赞南当作一种科学好奇也写了关于变形透视的文章。[49] 在他的关于透视的文章中，奥赞南否定了透视的魔幻或是符号价值，强调这种艺术只是代表了人类视野中的可见物体。[50] 这种透视概念最初因为安德烈·波索的论文使之流行，到 18 世纪变得非常普遍。值得注意的是，在费迪南多·加利 - 比比恩纳的《民用建筑》(Architettura Civile)(1711 年)中对于透视、建筑和舞台隐藏部分的设计也发生在这个时期。这部著作触及几何和机械，这种综合可以在比比恩纳自己发明的安戈洛 (the scena per angolo) 场景中看到缩影。这种方法使用了斜线消失点进行舞台设计，创造了一种用一点透视无法得到的事实印象。这种对于舞台与城市的认同在 18 世纪的习俗与服装中很明显，尤其是在巴黎。[51] 城市成为角色表演的舞台，也就是表现个人的生活状态。在这样一种世界里，习俗的绝对价值受到质疑，传统的公共（社会）秩序由建筑师框定，仍然被认为是人类自由和文化凝聚不可缺少的部分。

随着 17 世纪到达尾声，几何逐渐失去了它宣称的科学和哲学的先验性。莱布尼茨在他的著作《几何状况研究》(Studies in a Geometry of Situation)(1679 年)中提出扩展科学，不像笛卡儿的分析几何，将是完整的，而不是代数方程式的简化。但是这项"画法几何"比代数普遍，仍能神奇地描述自然界物体无限的质的多样性。这种先验几何是莱布尼茨一生梦想中的一部分，他梦想假定一种广泛适用的科学，在不同时间被他分别命名为普世语言、普世科学、微积分哲学和普世微积分 (lingua universalis, scientia universalis, calculus philosophicus, calculus universalis)。从所有人类知识的规则中，他试图推断出最简单的组成元素，由此建立起关系规则，通过这种关系，组织起整个认识论领域至"演算概念"。[52] 基本的普遍特征被认为必须是先验的，这指的是世界日常生活中事物的特点。因此，他的"单体"，他的微积分算法，不是一种定量原子，而是必须拥有的特质。

莱布尼茨利用欧几里得几何来解释他的特征。例如，在纸上的一个圆并不是一个真的圆，而是"普遍特征之一"，是几何真实的媒介物。如果这些特征不存在它根本就无法辩驳。莱布尼茨相信在事物特性和它们呈现的物体之间不仅有相似性，而且特征的秩序对应于事物的秩序。[53] 由此可知，在知识的每个领域发现正确的特征可以达到整个宇宙的完全系统化，从而为"人类实践目标锻造一个新的至关重要的工具。"[54]

　　莱布尼茨的融合的科学是最后的伟大的抽象系统。事实上，它是一个长期以来的传统概念结构体现出的高潮，建立在反映宇宙绝对秩序是有可能的信念之上。这是一整套规则，意图规定事物所有的基本元素的组合可能，由此使"计算"其起源成为可能——这个目标与中世纪犹太神秘哲学，以及 17 世纪万事通类似。然而，莱布尼茨关于通用语言百科全书的梦想，尽管它拥有古典本体论，但与达朗贝尔假设的知识系统化并无不同；莱布尼茨的著作代表了哲学转变成通用认识

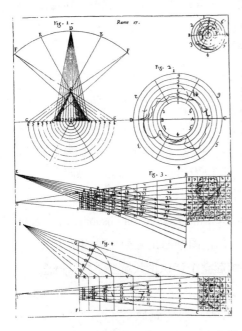

作为一种科学好奇探索的变形，取自费迪南多·加利－比比恩纳《民用建筑》。

费迪南多·加利－比比恩纳的安戈洛场景中的一个案例，取自他的《民用建筑》。

论的时刻——不是建立在传统神学或是玄学观点基础上的认识论。他的系统因果观点实际就是技术的预言。

在 18 世纪早期，丰特奈尔（Fontenelle），皇家科学院著名历史学家，否定了莱布尼茨算法的先验维度。在他的《几何无限性元素》（*Element de la Geometrie de l'Infini*）（1727 年）中，他断言几何是纯智力的，独立于直接的描述以及图形的存在，即使这些图形是由几何本身挖掘的。[55] 他强调无限存在有可能通过几何证明得到，但仅仅是个数字，类似于那些由它决定的有限空间。这种无限与通常通过词汇想象出的无限制的延伸无关；超自然的无限，并不能应用到数字或延伸中，否则会引起困惑。

丰特奈尔在皇家科学院负责建立知识系统化项目，[56] 注意到传统 17 世纪本体论知识体系的局限性，也就是"提前知道一切"，他相信知识应该从定量的观察和实验中来。丰特奈尔从来没有接受过牛顿哲学，他认可普遍的几何空间存在，在这些几何空间中包含了所有的现象。如果所有的自然"由难以计数的图形和运动结合构成"，那么几何，作为唯一能够决定图形和运动计算的科学，是物理绝对不可分割的一部分。[57] 在天文学、光学和机械学中，只有几何看起来是明显的。其他现象，像动物疾病、液体发酵，虽然"因为它们运动和图形的复杂性"，导致它们不能被同样清楚地想象出来，但是在丰特奈尔看来，却同样是被几何支配。因此这在现代科学的帝国里，数学被认为是理所当然的。丰特奈尔的普通几何在技术行动和机械学层面没有符号含义。

可以说自从莱布尼茨之后，人类智慧丧失了天生的先验能力。相应地，几何和数字变成了仅仅是形式实体、技术工具。巴洛克式的综合在其根本上就被颠覆了。尽管欧氏几何在启蒙时期仍然剩余有象征性的维度，但是自由自主的几何应用在技术学科内已经稳固且无可改变地建立起来了。这种变化延缓了静力学和材料强度的发展，以及对技术问题的浓烈兴趣，而这种兴趣赋予了 18 世纪建筑特有的特色。

教育：民用建筑和工程

皇家建筑学院成立于 1671 年，目的是阐释建筑的美，以及提供给年轻建筑师指导途径。[58] 法国最好的建筑师一周开会一次讨论他们的思想，然后这些讨论产生的规则将在每周内用两天时间在公共课程中教授。[59] 学院的第一位正式指定的教授是老布隆代尔，他强调数学规则、几何、透视、石材切割和机械的重要性，所有的知识体系都在巴洛克的框架范围内。但是 1687 年他被德·拉·赫所取代，德·拉·赫（P. de la Hire）是一位著名的几何学家和建筑师，也是皇家科学院成员和笛沙格门徒之一。从此之后，每周的评议主要演说静力学、切石术、测量和求体积问题。[60]

德·拉·赫在学术问题讨论中介绍拱的平衡并根据伽利略的机械学原理提供解决方案。[61] 他谈论在建筑技术问题中脱离符号或美学考虑应用实践几何的可能性。[62] 1711 年，学院致力于用一系列会议测试德·拉·赫关于拱的推力的理论，并且总的来说都同意他的那些规则建立在合理的几何原则上。但是因为这些规则都建立在假设石块都被磨得无限光滑的基础之上，建筑师意识到在实践中不可能采用那些规则。[63] 理论静力学和实际材料表现之间的差距是贯穿 18 世纪的问题。早期对这个问题的探索非常重要，因为这暗示了对一个非常不同的自然的感知，而不是在巴洛克式的假设中呈现的样子。几何现在被认为是一种简单工具，能够与机械规律（它包括了所有的真实效率问题）相关联，决定结构部件尺寸。

18 世纪早期，安德鲁·费利宾、皮埃尔·布勒特（Pierre Bullet，1639—1716）和安东尼·德戈德斯（Antoine Desgodetz）同样提交了大量关于技术问题的论文给学院。1719—1728 年，德戈德斯是教授联盟的主持人，每周讨论会几乎专门用来讨论法律问题以及建立测量的精确方法。[64]1730 年，同样也是皇家科学院成员的阿贝·加缪开始在他们学会给建筑师教授数学。

1750 年之后，建筑师对数学和几何学方法的热情普遍消退，然而他们对更专门的技术问题的关注高涨。和其他事情一块，现在讨论的重心主要在近来发明的机器上，制造更好的玻璃，聚焦的方法和建筑材料的质量等。佩罗内、罗格蒙特（Régemorte）和舒夫洛在大量实验基础上提出关于材料强度的论文。1745 年他在学院中发表的关于建筑起源的论文中，艾尔（G.D'Isle）——在相信维特鲁威神秘描述的同时——辩驳几何的作用是完全实用性质的。他认为这使头脑敏锐，而且有助于测量、校平、求体积和绘制平面图及地图。[65]

1776 年 2 月在学院中读到的一封写给加百利的信中，安吉菲雷（D'Angiviller）在《房屋指导概要》（*Directeur General des Batimens*）中表达了他对研究机构制造的结果缺乏积极意义的不满。他提醒建筑师学院"是用来保持与完善"他们的艺术的。他强调教学和批评不够。在他认为，讨论品味、物理和精确科学，就有足够的研究材料了。然而建筑师似乎未被承认，他们的工作并没有"比肩其他学术机构的水平，那些学术机构每年用他们的发现改进了欧洲"。[66] 用科学思想来确认建筑的意图不能再清晰了。重要的学术项目历来关注传统实践的理性化和建立真正有效的规则与戒律，但是在 19 世纪，他们将只能成为形式主义的专有物。

事实上，应当记住，皇家建筑学院，直到 1793 年它的职能被暂缓之前，总是试图通过传统和对于绝对法则必要性的信仰调和理性与发展。讨论主要集中在好品味、伟大的文艺复兴论文的意义以及古代建筑的重要性上——所有这一切都暗示着对于数学超验性特征的一种普遍信念。这种信念解释了常被历史学家忽略而存在于 18 世纪的学院派与法国革命之后的布扎体系（Ecole des Beaus Arts）之间深刻的不同。在已经接受了艺术就是形式操作的代名词后，当代建筑师常常错误阐释布扎反对技术及教学项目的明显用意。值得强调的是形式主义，即把实践简化到一个理性理论，连同运用积极的说理来共同规划（构图）和造型（装饰）的思想，只有在 19 世纪迪朗的理论被出版和用于巴黎综合工科学校（Ecole Polytechnique）（见第 9 章）的建筑教育教学中后才占主导地位。在 18 世纪，学院提供数学科目讲座，但是建筑师还是基本上以学徒式教育的方式培养为建设者。这样的培养目标是要教育年轻的建筑师他们的工作怎么体现品味，也就是说，一种充满意义的秩序，而不是怎样实现形式逻辑规则。

直到小布隆代尔 1742 年开始教授他自己的独立课程，皇家建筑学会是欧洲唯一提供建筑指导的机构。他采用与其他公共课程相同的授课形式，认为课程性质一样，如物理、几何和透视，那些课程已经由加缪、勒·克莱克和诺莱（Nollet）讲授。[67]由此建筑学成为启蒙运动中知识计划中的重要部分。

小布隆代尔提供了关于好品味的基础课程以及两门选修：一门是为建筑师开设，重点在理论和比例；另一门是为建造者开设，完全是实践几何和机械艺术。布隆代尔相信建筑师不仅应懂透视、求体积、人类比例、测量、为切割石材而了解二次曲线断面的特性或如何详细阐释预计费用；他们应该还能应用所有这些科学知识去实践。[68]确实，在他的《教程》中强调对建筑师和建设者都需要的知识之后，布隆代尔抱怨前者那些建筑师，尽管在理论上知识渊博，但是"在他们的立面中忽视比例规则"以及在几何与三角学测量中忽视规则。他的梦想是看见学生能直接应用理论，而不是首先不得不进行传统训练和学徒制，这构成了他的学校的根基，也仍是大部分当代建筑学校的基础。

建筑师和土木及军事工程师的专业行为界限定义变得更清楚要到18世纪过半。事实上，桥梁建造变成专门领域是相当晚才有的事。直到1688年这类工作才要求有正式的证书。并且直到17世纪末，工程师、石匠和建筑师都用国王工程师（ingenieur du Roi）这个称呼，并不区分。[69]尽管路桥组织1715年就成立了，但统一测量和设计表达方式以及提高年轻工程师的训练是直到1745年才成为真正确实的事。最后，在1747年，让-鲁道夫·佩罗内被召至巴黎，任命为一个新的官方机构——绘图局（Bureau des Dessinateurs）的头领。

佩罗内把他的办公室分成三个"班"，每个班都是建立在个人实用几何及其应用至设计、石块切割、机械学、水力学、经济预算、测量和求体积的知识基础之上。1756年，路桥学院代替了以前的机构并且几乎立刻在法国和欧洲其他部分获得了巨大威望。在佩罗内的传记中，理查德·普罗尼（Riche de Prony）强调这第一所培养土木工程师学校的重要性。佩罗内制定了相互教学的体系，那些最高程度的学生成为低程度同学的导师。而从前，路桥组织的成员没有完整的科目训练和很好的理论背景。理查德·普罗尼认为这个问题最终在佩罗内成立的学校中得到了解决。[70]

学校的科目并不是固定不变，但一般包括代数、分析几何和欧氏几何，二次曲线断面的特性，机械学、水力学和石块切割术。微积分有时会教，但从来不强制。物理、建造方法、求体积法和自然历史不得不在其他地方学习。工程师同样被要求学艺术制图和图解设计，课程通常由建筑师如小布隆代尔教授。法国革命之后，路桥学院被改成专门学校，主要针对那些已经在巴黎综合工科学校完成了预备课程的学生。

教育：军事建筑

文艺复兴时的"宇宙人"是第一批关注军事建筑的人，也就是关注防御工事中各元素的几何测量。他们认为这种科学是一种自由艺术。在 17 世纪，军事工程师是随意在年老的办公人员、建设者和建筑师中招募的。尽管这个世纪整个欧洲出版了大量有关防御工事的论文，但工程师主要是靠跟着师傅来学习技能。直到沃班 1697 年创立强制的入学考试前，法国军事天才组织并没有一个明确的体系。[71]

首任正式主考官是索弗尔（J. Sauveur）和谢瓦利尔（F. Chevallier），他们是皇家科学院的两位几何科学家。工事总指挥（marquis, directeur general des fortifications）德·艾斯菲尔德（D'Asfeld）侯爵（1715—1743 年）写信给谢瓦利尔，明确规定要求掌握什么类型的知识才能通过考试。新的官员要求能够绘制和测量防御工事，估计费用，并能够列出建设进度表。他们不得不熟悉算术、几何、水准测量和一些机械学、水力学的基本方面的内容，他们还得会绘制地图。他推荐了三本理论著作：弗雷齐耶的关于石头切割术的论文，以及贝利多的工程师的科学和建筑水力学。[72]

1720 年，为了炮兵团（Corps d'Artillerie），国王成立了五所学校来培养工作人员；课程建立在普通数学规律之上。[73] 但直到 1744 年，皇家（ARRET）才向军事天才组织提供了一个大致的组织和章程。[74] 1748 年皇家军事工程专门学校在梅齐耶（Mezieres）成立，由加缪教士担任主考官。1755 年他的功能延伸覆盖了炮兵学校，三年中两个学校都共同工作。他们的教科书是加缪的《数学课程》。这本著作在 1749—1752 年间出版，探讨了算术、几何学、比例的应用，静力学和机械学的基本原则。对学院建筑师而言，这本教材是建立在加缪的课程基础上的相当基本的书籍。

最早在 1753 年，已在梅齐耶被任命为数学教授的博苏特（C. Bossut），是科学院和一个自由建筑学会成员，他尝试在课程中引进透视、微积分和动力学。但是加谬的考试惯例不是那么快就能改变的。在 18 世纪后半叶，实验物理学和实践应用被给予了更多重视。诺莱教士在梅齐耶教授物理学，新的系主任拉姆索（Ramsault）得到了大臣的允许，用博苏特的课程代替了加缪的课程。拉姆索感到为了提高学校教学质量，工程师应该学习代数、分析几何和微积分。只有这样，他们才能解决机械、材料力的强度，保持墙体和水力学的问题。但他同时也相信这些科学对大部分学生来说太复杂了。因此，他建议这些课程以私人方式只对那些少数有资格的学生教授。[75] 这毫无疑问集中体现了那个时代对待依靠有效的理论应用来实际解决技术问题的矛盾态度。

博苏特从精确的实证主义角度写了很多论文，坚持认为没有相关理论或者假设支撑，收集经验主义的数据是无用的。[76] 他的著作 1772 年之后出现，被认为是一个宏大计划的一部分，这个计划涉及数学课程，计划中除了包括传统科目，还涵盖了分析几何学、代数、流体力学和微积分。他的论文《基本几何以及如何将代数应用于几何》（ *Traité Elémentaire de Géométrie et de la Manière d'Appliquer l'Algebre à la Géométrie* ）（1777 年）认为代数是纯智力的科学，利用符号来代表普遍的关联，而对几何学，则认为是"不怎么抽象"的，只能在象征的意义上延伸应用。由此暗示几何学，"必须参与到视觉和触觉中"，在线条、表面和实体之间建立联系。论文同样包括一些奇怪的问题，如利用分析几何学追踪拱形的轨迹，这样他们就能遵循圆锥截面的确定方程来形成他们的构形。

博苏特尝试澄清几何学和代数之间的关系，并尝试发现分析几何学在建筑中的实践应用，这对几何学的功能化有两项非常重要的贡献。他的工作毫无疑问激励了他的年轻助手加斯帕尔·蒙热，他的画法几何学将最终对建筑学产生巨大影响。当博苏特 1770 年最终被任命为学校的主考官时，蒙热接替成为数学教授。1772 年之后，一门新的课程使得教授几何项目和透视变得更重要。两个科目都被看作精确的工具，对军事工程师而言，所有的科目都必不可少。研究几何绘画用于发现建筑部件中"任何一片木头或石头的结构"并描绘五柱式，同时也要画出民用或军事建筑的平面、立面、剖面。教授透视不仅是为了"在图形意义上决定素描或水彩的阴影"，而且是因为认为透视对感知真正的现实极为重要。学习透视规则是"训练能够绘制军事使用地图细节的必须。"[77]

最后一门课程，之后并没有改变多少，同样包括了诺莱课程中的实验物理、自然科学和参观各种行业内容等。学校的活力开始下降，并且最终在 1794 年关闭。[78]就像路桥学院一样，这个机构是当代工科学校的直系前辈。尝试把技术知识和科学理论联系起来有很长的历史，1770 年之后，在梅齐耶，这种理想接近实现。这个世界上第一所真正的技术学校的最初的学术成员中的大部分在天才学院接受了教育。

第6章 要塞、测量和石块切割术

16 世纪后半叶出版的防御工事论文，应用实践几何学规则来决定多边形平面和部件的结构布局。吉拉莫·卡塔尼奥（Girolamo Cataneo）的《军事艺术》（*Dell'Arte Militare*）（1559 年）就属于这个领域。然而他的著作并不系统。他并不关注几何秩序的应用，他只描述一种仍然有意义的手工艺。[1] 1584 年首次在弗兰德斯（Flemish）出版的西蒙·斯蒂文的《数学作品》（*Oeuvres Mathematiques*）（1584 年）中，防御工事与透视，静力学和测量法一起讨论。这也许是首本通用的数学百科全书，是 17 世纪出版的诸多流行的同种类型书籍中的先驱者。防御工事部分与卡塔尼奥的类似，传授通过应用几何手法描摹多边形平面。[2]

17 世纪，在欧洲出版了大量军事建筑论文。几乎所有这些论文中都包括了对于描摹防御工事中多边形平面必要的应用几何手法的描述。圣·马洛斯（S.Marolois）关于实践几何学《几何防御工事之必要》（*Geometrie Necessaire a la Fortification*）（1628 年）的书籍，解释了指南针在测量学和其他活动中的应用，同样描述了计算材料体积的方法用以建造防御工事中的不同部分。[3] 在另一本书《军事建筑的防御工事》（*Fortification ou Architecture Militaire*）（1628 年）中，马洛斯应用三角学来计算角度和确定这些部分的外形尺寸。[4] 尽管非常着迷于几何手段的精确性，马洛斯还是忽略了现实中的问题和局限性。显然，要注意到不规则防御工事的周边不是理想的多边形是困难的。另外一篇有着同样兴趣的论文是古德曼的《新防御工事》（*La Nouvelle Fortification*）（1645 年）。古德曼认为防御工事的艺术等同于几何，他宣称对于这种"自由艺术"，细致使用几何手法去实现自己的目标必不可少。[5]

米利特·德查理斯的《防御工事的艺术》（*L'Art de Fortifier*）（1677 年）对几何手段和规则多边形流露出更大兴趣。所有的军事问题都被描绘成由线条和角度决定，并且文字自身就写得更加几何化。[6] 但在德查理斯的《蒙杜斯数学》（*Cursus seu Mundus Mathematicus*）（1674 年）中，这种几何手法中蕴含的符号化意图变得显而易见。瓜里尼对这本几何知识百科全书非常推崇，将它当作绝对的确定性例子。

也许伯纳德·帕里斯的《实录》最好地体现了 17 世纪关于防御工事论文中

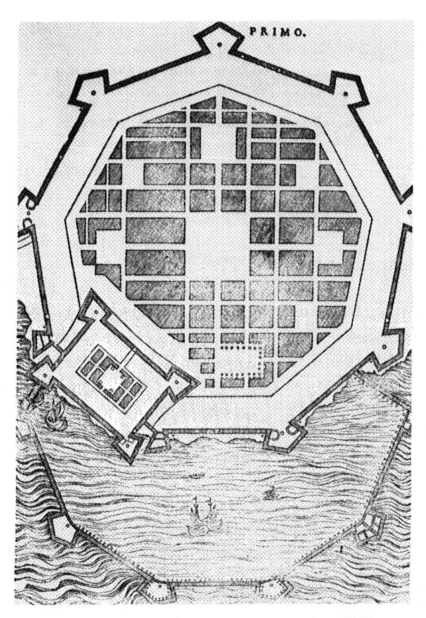

　　一个九边形的多边形要塞平面例子，引自文艺复兴时期卡塔尼奥的论文《建筑学》（*Architettura*）（1554 年）。

潜在的意图。在他忏悔忽略了修辞学、希腊语和希伯来语之后，这个"谦卑的手工匠人"为他的防御工事设计辩解，反驳批评说他是缺乏军事经验的人。他认为军事艺术更多是从自然而来而非实践。接受了来自上帝赐予的理解大地的艺术能力，他当然能设计一个筑防城市，其"主要是由几何线条和轨迹构成。"[7]

帕里斯认为现存筑防市镇是失败的，因为它们的保护墙不真正是这个市镇建筑中真正的一部分。他试图在过去大师的论文中发现更好的办法，但很遗憾失望了。绝望中，他转向自然，在穿越了森林、山峰和峡谷之后，他到达海边。正是在那里，他观察到了"神奇软体类动物如牡蛎和海螺的防护方式。"[8] 上帝给这些软弱的动物建造自己的家的能力，"用了如此多的几何学和建筑学来设计，就是所罗门王（King Solomon）应用他所有的智慧也造不出类似的东西。"[9] 面对如此惊人的发现，他转向崇拜上帝，"上帝创造了所有的事物，为人类服务。"[10]

对防御城市而言，海螺很明显是最好的雏形。为了防止被围困，只需一次放弃一个区域，使城市能够实际上牢不可破。海螺平面的断面不仅美丽而且有用，就像外部的墙垛一样，而在和平时期，那些墙能够用来做住房。帕里斯相信只有上帝自己在自然中的防御工事才能比这个模式还好。他称赞他的灵感为"至高无上的建筑师"，并且相信能引导"几何艺术和建筑学"。

这种上帝赐予自然的几何学被帕里斯和其他人在他们自己的技术尝试中复制，以确保他们作品的意义。雅克·佩雷·德·尚伯里（Jauques Perret de Chambéry）的《防御工事》（*Folio of Plates*）（1594 年）展示了那种被从新约赞美诗中提取的铭文包围的多边形和星形防御工事。[11] 佩雷甚至感谢上帝允许他构想了如此多的神奇的战争机器。而战争本身，预示着人类对权力的迷恋与执着，在超验之光中被察觉，它本身就好像仪式典礼一样，其目标是建立秩序。军事建筑由此能代表一种秩序，"所有的国家都将赞美上帝而且根据他的法则生存。"

在一些 17 世纪早期论文中，几何学中的魔幻和自然主义方面常常似乎有重申古老的文艺复兴的意图。这样的例子有 P.A.巴萨（P. A. Barca）的《规则与警告》（*Avertimenti e Regole*）（1620 年），在这本书中推荐使用方形、五角形或六角形的防御工事，因为这些形状代表着人类与宇宙之间的联系符号。上帝，这个神圣的建筑师，用重量、数字和测量创造了天堂和大地，将任何事都遵从圆形这个最完美的图形规则。人类，在另一方面，"是一个小世界……他的肉身是大地，他的骨骼是山脉，他的脉络是河流，而他的胃是大海。"[12] 相似地，P. 萨尔迪（P.Sardi）的《军事建筑的皇冠》（*Couronne Imperiale de l'Architecture Militaire*）（1623 年）利用人体作为象征，描述规则的防御工事。这同样强调了在传授实践几何手法时图像的重要性。[13]

　　加布里埃尔·布斯卡（Gabrielo Busca）的《军事建筑》（*Architettura Militare*）（1619 年）则较少关注实用几何学。布斯卡对军事建筑的历史更为感兴趣，它们重要的地理位置，与市民和统治者的关系等。他尤其关注源自古老传统的奠基仪式，这被认为是对防御工事发挥效力必不可少的。这些仪式包括互相垂直的道路，它们把城市分为四部分（罗马正交），分别对应着天空的四块区域，由此模仿宇宙的秩序。[14] 在马蒂亚斯·多根（Mathias Dogen）的《现代军事建筑》（*L'Architecture Militaire Moderne*）（1648 年）中可以看到相似的关注点。[15] 尽管在多根的信仰中，更为关注防御工事中几何处理所具有的关键作用，但他对在这些建筑中发生的英雄事迹的描述也同样重视。他的书中包含长长的取材于圣经的"法则"内容，对如何攻占城市进行了详尽的说明。

　　一些杰出的早期论文显示出对军事建筑工程更为实用的理解。让 - 埃拉德·德巴尔 - 勒杜克（Jean-Errard de Bar-le-Duc）的《要塞》（*Fortification*）（1594 年）[16] 鼓吹个体对防御工事或城市防御负责，不仅仅是有军事权威的士兵的事，还包括好的几何学者。这将促使他们发明有用的机器，而且还能使他们理解怎样正确使用比例而能节省不必的花费。相应地，一个军事工程师也不得不在建筑和石工术的某些方面很在行。[17] 埃拉德·德巴尔 - 勒杜克相信防御工事的艺术包括决定墙体基础的斜坡和角度。但是尽管提及了几何学的方法来描述规则多边形，他还是花了大量笔墨在作品中解释非常规的防御工事。这是合乎埃拉德信念的合理延伸，埃拉德相信，在设计一座防御城市之前，得重视位置和实际考虑的因素。只是简单地把一个任意的几何图形放在一块地形之中是不够的，必须考虑地形和其他特殊性。同样，博纳托·洛里尼（Bonaiuto Lorini）在他的《德拉要塞》

（*Delle Fortificazioni*）（1597 年）中区分了数学中的点和线与"实践技工"碰到的真实问题的不同，"实践技工"的能力包括知道如何预见到他必须使用的各种材料特性的不同困难。[18]

　　不管这些早期关于有效技术知识重要性的讨论有多少局限性，这些论文常常被一种潜在的对人类行为超验层面的认可所鼓动（在帕里斯的作品中可以清楚地看到），这点与 17 世纪对规则多边形和几何方法的痴迷形成鲜明对比。例如，肯特·佩根（Count Pagan）能够在 1645 年辨别出"防御工事的科学"不是"纯几何学。"[19] 因为它的目标是"材料"，并且是从经验中得到灵感，"它最基本的先决条件只是依靠猜想。"然而佩根只是提供了简单的方法来描画"小的、中等的或大的"多边形防御工事，而且在他的论文中只用很简短的一个部分介绍非规则的防御工事。他典型的巴洛克几何与现实的关联出现在另外两本著作中，分别于 1647 年和 1649 年出版。在《行星理论》（*Theorie des Planetes*）中，佩根吸收了哥白尼学说的行星系统。然而第二部著作却是关于占星术；它的目的是"在几何学与自然的原则中建立起这门科学"——同样的原则存在于天文学的核心。读者也许还记得技术和象征之间的合成在巴洛克时期如何鼓励了对几何学手段的使用，这在瓜里尼作品中最为凸显。佩根的《防御工事条约》（*Trattato di Fortificatione*）（1676 年）似乎是最后一本关于军事建筑的书籍，清楚地阐明了几何象征性的或神奇的意义。

　　不可避免地，认识论的革命影响了军事建筑简化成为技术规则；也就是说，在这种情况下，技术规则转变为实践几何学规则。在 17 世纪的后半叶，像老布隆代尔和特奎特（A.Tacquett）这样的作者，写了关于防御工事的"方法"并且讨论了它们的不同。[20] 奥赞南的《论防御工事》（*Traite de Fortification*）（1694 年）在巴洛克世界之外推进了非常重要的一步。尽管奥赞南没有讨论弹道学或者静力学，并且同时他仍然相信常规的防御工事集中体现了军事科学的所有内容，他对这个主题的阐述是完全系统的。每个问题都通过几何手法解决，没有任何碰运气或者个人经验的成分。奥赞南对所有现存的防御工事的方法进行了相当仔细的对比分析，包括埃拉德、佩根、伯姆百利（Bombelle）、布隆代尔、萨尔迪以及其至沃班等人的方法。在他的《数学，战士的必要课程》（*Cours de Mathematiques, Necessaires a un Homme de Guerre*）（1699 年）中，奥赞南强调数学优于其他任何科学的重要性，盛赞其能够提供绝对确定性的潜力。在奥赞南这本以及他的关于透视和变形的著作中，这个与克劳德·佩罗同时期的作者已经把数学看作仅仅是一种形式科学（是对数学、逻辑学，特别是数理逻辑、理论计算机科学、科学哲学以及相应的各个分支科学的总称）。他强调这个学科不像诗歌，它不向我们的"精神感受""提供精细的愉悦"，它的目标是"为人们准备更为可靠的东西。"[21]

　　然而，正是杰出的法国人沃班第一次理解了伽利略革命的结论并有效运用新科学来改变军事建筑。沃班出生于 1633 年，是路易十四时期巩固法国的重要人物。[22] 他被科尔伯特（Colbert）任命为防御工事总署署长（commissaire general des fortifications），他从一个明显对防御工事知之甚少的人手里接管了这个职务，那个人还在采用文艺复兴时期的方法，例如建筑垂直于墙的堡垒。[23]

　　沃班负责了大量的发明和技术革新。然而他总体上保留 16 世纪防御工事的所有元素，只发展佩根关于"深度防御"的观点，也就是更看重"外部工事"——那些部分在主要墙体之外。沃班真正的贡献在于表现出对待问题根本不同的态度。他确信防御工事的艺术性不在于应用规则或几何体系的概念，而是它不得不从经验和常识中提取内容。[24] 经验事实与实际适应必须与几何法则协调。

　　值得注意的是，沃班拒绝写一部关于防御工事的书的想法。[25] 他确信

六边形要塞，平面和细部，引自费利宾的《准则》（*Principes*）（1699 年）。

教条的体系在面对不同情况时完全无
用。对沃班来说，对一个地点而言，
地理学和地形学的特性是最重要的。
只是在晚年时，他才写了一篇正式的
论文讨论袭击、防守和用壕沟保护营
地，文中他总结了他的经验和结论。
还强调，要理解他的作品，不必有几
何知识，[26] 在战争中，事实比任何概
念性的知识更重要。为了包围一座城
市，得到它的平面是远远不够的。他
说，这些图纸能在任何一个书店买到。
而真正有用的是那些第一手的地形地
势以及城市的知识。

马歇尔·塞巴斯蒂安·勒·普雷斯
特·沃班，杜普思（Dupuis）的版画。

　　考虑到认识论革命与沃班对于数
学的特别爱好，这些明显直截了当的
评论十分重要。他使用数学科学很明
显没有符号含义。沃班常常使用算术
作为预算和统计工具；他的论文充斥着各种决策表格，例如火药、食物、步兵和
骑兵的数量，这些是关系到防御工事设防地区数量必须具有的内容。

　　沃班广泛涉猎多个主题，但是有一个关注点是最杰出的：大量的理性平面。[27]
在一份呼吁重建南特赦令（Edict of Nantes）的报告中，他应用算术据理力争停
止驱逐新教徒，由此避免了道德争论，以及由此引起的政治经济问题。[28] 在他研
究维兹莱（Vezelay）的人口普查时，他利用人种和人口统计学数据建立了一个更
公平税法的方法。1699 年他写了一份关于在美洲的法国殖民地的报告，专注于加
拿大的潜力，并描述了通过仔细计划的步骤安顿新市镇的方法。[29] 这里没有世纪早
期那种神秘和奠基仪式的迹象证明。对沃班而言，只有理性的、定量的考虑因素能
用来决定新城市位置的选择。没有任何进行传统问题关于场地"意义"的考量上。

　　沃班自己的项目包括他的说明书和成本预算都非常精确，有秩序、清晰、新颖而让人印象深刻。他为他的每一个防御工事所做的报告总是包括四部分：①工程的先例；②对组成部分所参照图纸的详细描述；③经过对所用材料体积仔细计算之后的费用预算；④这项工程的优点或是特殊之处。他对建筑的经济性和效率的关注能够在一项早期工程中看到，工程列出了 143 项考察项目如地基、石砌、平面布局、木工和门窗建造等。[30] 在一份讨论掌管防御工事官员功能的报告中，[31]他把这些工作的高额费用归因于他们的建设缺乏组织。他想方设法来呈现项目以及报告，试图通过合理化整个建造过程来克服这些问题。

　　在同一份报告中，沃班还提供了成为一名好的军事工程师需要的简历。想要进入军队的年轻人应该具有数学、几何、三角学、测量学、地理学、建筑工程和绘图知识。他认为对候选者能力进行测试是必需的，并且要在批准任用中被考虑进去。1699 年之后，这样的考试已经制度化。同一年，沃班被选为皇家科学院的荣誉会员。在他去世后的 1707 年，丰特奈尔赞颂了法国末期的沃班将军（译者注：沃班时任法国筑城总监）[32]，指出他把数学从天堂带到人间来解决人们的需求。这份宣言本身把沃班的成就与伽利略相提并论，而足以把元帅认定为第一位现代工程师。丰特奈尔同样强调了沃班反对老的防御工事系统的重要性。沃班通过他的实践证明不存在通用方法来面对所有状况。军事艺术的困难问题无法用固定规则来解决，而是需要天才本身的天然资源。

　　沃班还是第一个应用不同种类固定规则——各种机械——来决定防御工事墙的必要厚度的人。他的贡献代表了静力学第一次真正应用于军事工程。[33]沃班还成功地修改了与炮火线及性能相关的防护地区的形状和战略部署。这是文艺复兴时期建筑师就提出了的古老议题。然而沃班看似微小的调整却发挥出巨大的效力，这种做法在 18、19 世纪的整个欧洲被复制。因为沃班，防御工事中的几何学成为真正有效的手段，用来决定与炮兵安置位置、地形学及城市物质特性相关要素的配置。他的作品和方法完全不同于那些前辈和同辈人。对他们来说，防御工事常规的几何形状就是他们本身的目的，充满了符号含义，构成了建造过程和最终缘由的重要组成部分。

17 世纪末期，沃班在欧洲已经很有名。甚至在他去世之前，各种各样的作者都试图把他的贡献归入一个体系，而这只揭示出对于他的同代人来说理解他的思想和其所暗示的转变是多么困难。1669—1713 年出版的康布雷（Cambray）、普菲芬格（Pfeffinger）、斯图姆（Sturm）以及克里斯蒂安·沃尔夫的论文体现了上述现象，克里斯蒂安·沃尔夫在他的《数学课程》（*Cours de Mathematiques*）中复制了沃班的"系统"。[34] 在 18 世纪，各种出版物仍然把沃班的系统与其他人对比。直到 1861 年，维诺伊斯特（Prevost de Vernoist）捍卫说沃班的方法是最好的。[35] 尽管如此，启蒙时期出版的关于防御工事的论文急剧减少。特别在 18 世纪第二个十年之后，防御工事不再是军事工程中支配性的主题内容。

18 世纪的工程师在新式技术学校受教育，逐渐意识到决定防御工事的多边形平面只是一个小问题，与之相比，机械或水力学问题才更重要，只有解决这些问题，才能进行恰当和高效的建设。这些新的科学兴趣最初在贝纳德·佛瑞斯特·贝利多的著作中显现出来，他是炮兵学校的数学教授，也是三本有影响力的著作的作者。贝利多是伦敦和普鲁士科学社团的成员，也是巴黎科学学会的成员。

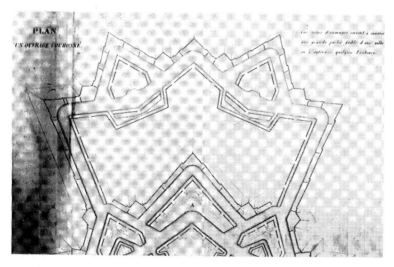

要塞工程外部细节，引自沃班的《防御之地》（*Defense des Places*）。

　　在他最重要的著作《工程师科学》（1729 年）中，贝利多分条罗列了沃班的发现和贡献。比大多数人要好的地方在于，贝利多感谢了沃班的成就。作为第一部关于军事建筑真正意义上的科学著作的作者，[36] 他批评了 16 世纪和 17 世纪的论文只是教导如何描画多边形和各部分的名称而没有处理建设中真正遇到的问题。同样，他反对佩根的书，并且明显反对那些装作揭示了沃班体系的论文，他评论说沃班本人并没有这些含义。

　　《工程师科学》被编辑成多个版本，包括 19 世纪纳维（Navier）注释的两本，纳维是巴黎综合工科学校的著名结构设计教授。该书被分成六章，内容和意图解释了工程师的 "科学"。第一章是关于石砌体的挡土墙的尺寸（也就是防御工事外部墙体），与泥土的推力和两个扶壁之间的空间相关联。在第二章，贝利多测试了拱的侧推力，确定了垂直结构元素的尺寸的一般规则，这些垂直结构元素主要是针对民用和军事建筑中拱的形状和用途。第三章分析了材料的质量和它们的恰当使用方法，描述了建造一处防御工事最重要部分的建造程序，"跟踪项目直到它完全使用。"[37] 第四章和第五章，显然将重点集中在民用建筑上。处理技术问题，提供一些建筑实用规则，还包括经典五柱式的横断面。第六章也就是最后一章，是设计举例：把科学应用到一处特殊项目中，这需要用沃班在为新布里萨什（Neuf-Brisach）所做的报告中提到的精确详尽的说明和费用估算的方式。

　　故意把艺术视为技术规则的理论和实际的传统实践之间的矛盾从书的一开始就非常明显了。贝利多相信数学最终能使艺术完美，但很少有人能理解它的力量。[38] 艺术家和工匠更相信依靠实践解决技术问题。这种偏见，贝利多认为需要克服。理由需要能说明经验，否则，知识就是不完美的："例如在建筑中，如果忽略构成基础的特定必要要素，我们则无法观察到发展，尽管事实是这门艺术已经孕育了非常长的时间。"[39] 贝利多宣称，除了少数一些例外，如 "为了装饰的便利和品味而产生的规则"，建筑学没有关于 "所有其他方面" 的精确和准确法则（例如，用来决定结构元素尺寸的静力学原则以及避免使用过多材料的原则等）。

　　贝利多强调，强调建筑学总是依赖比例，应当通过定义而受数学支配。过去的建筑师，"缺乏机械或代数的任何知识，" 总是创造过度昂贵的作品；他们不可能节约材料因为他们不确定他们建筑物的稳定性。贝利多承认年轻的建筑师从经验中学习，但他们不应该把他们的生命浪费在重复已经做过的事。他认为用建立在几何和数学基础上的技术规则来代替经验是可行的：“这种知识与他们自己的实践一样具有教育意义。”[40]

贝利多的论文通过应用建立在静力学基础上的几何规则第一次提供了尝试有条理地解决工程和建筑中的建造问题。在他为炮兵学校写的《新数学课程》（*Nouveau Cours de Mathematique*）（1725 年）中，他拒绝讨论无用的数学知识。相反，他把动力学法规应用到“投弹的艺术”中，他总结了伐里农（Varignon）书中关于机械的规则，并且反对仅仅是应用几何规则的晚期哥特体系，这些几何规则常被用来决定拱和穹隆的垂直支撑构件尺寸（这些规则在 17 世纪时由杜兰德和老布隆代尔提倡而非常流行）。[41]

在 19 世纪早期的透视中出现一些有趣评论，被纳维加到《科学》（*La Science*）中。纳维断言贝利多对保持墙体问题的解决办法中的假设是错的，因为“它不是根据在自然中会发生的现象”来进行的假设。[42]贝利多认为墙是一片片坚固的物体而忽略它真正的砌体构造。然而，纳维对贝利多的假设做出解释指出，在 18 世纪早期，解决方式必须具有绝对确定性，才能使多疑的从业者相信。在《科学》的第二章，贝利多应用了德·拉·赫关于穹窿特性的机械假设。纳维用相应的思路增加了一条注释，宣称德·拉·赫的假设已经被广泛接受，直到很多系统观察之后，一个新的理论在 18 世纪建立起来，确切关注“自然的作用”。纳维不同的立足点的含义在后面的章节中变得清晰。然而在此要强调的重点是，贝利多论文的卓越之处在纳维看来在于它是高效的科学工程的出发点，尽管它有“错误”，但它表明了技术的益处。

在第四章，贝利多集中关注分布问题以及防御城市和军事建筑的一般特征。像 18 世纪大多数法国作家对待建筑问题一样，他认为“便利”是一项基本价值。相应地，他希望从普通意义上给建筑提供通用准则，但这些准则同时假定了通常自然意义上的比例与便利的比例之间的联系。尽管工程师不可能装作是一流的建筑师，他们应该意识到比例对建筑的“舒适和优雅”是必需的。在贝利多对建筑细部和建造体系进行描述之后，纳维增加了注释表明任何缺失的部分都能在罗代莱的《论建筑艺术的理论与实践》（*Traite Theorique et Practique de l'Art de Batir*）（1802年）中找到。再一次确定，在贝利多的《工程师科学》和第一本真正有效的建造教科书之间的联系是非常有启发意义的。[43]

第六章的主题将接收罗代莱书中确定的接近19世纪初的构想。这是精心制作的预算表，或者是对于综合性项目的建筑施工计划的描述，从概念层面来讲，包含了各种只有透过实践才能提前考虑到的因素。贝利多强调这些项目是工程理论中最重要的部分，因为它们讨论了详细的规范，工作前进必须遵循的顺序，"建造中所有的细节"，哪怕是最小的部分也有精确的尺寸，这将有助于阻止意外发生。[44]这些项目已经尝试把实际操作简化为先入的理性规划。贝利多从沃班那获得理念思想，当然也许还从皮埃尔·布勒特那里获得了想法，皮埃尔·布勒特是一位学院派建筑师，同样在17世纪晚期展示了建筑中预算表的重要性。但在他的《科学》中，贝利多精确定义这些项目的目标，坚持它们对科学建筑的关键性和重要性。

现在我们来看从19世纪和20世纪工程角度来说可能是很古怪的章节。对贝利多而言，一个工程师应该能够像建造防御工事一样建造宫殿，而第五章则与他对装饰的传统忧虑看法相悖。值得注意的是，在这部论文中他同样批评了巴洛克文章，认为它们忽略了维特鲁威、帕拉第奥、维尼奥拉或斯卡莫齐的法则，而只教一些描画多边形的方法。[45]贝利多同样批评了对"哥特建筑的混淆"和对巴洛克艺术家如瓜里尼的夸大。[46]很显然，他反对巴洛克几何处理手法中所有的魔幻和符号含义，取而代之的是，他相信对工程师而言古典秩序规则是极其重要的。所以相较尝试提高那些"已经获得了极高程度的完美"的比例的"科学性"，他选择复制维尼奥拉的规则，因为[维尼奥拉的规则]推荐的是测量时的简单规则。[47]

在重复了维特鲁威式关于柱式起源的神秘性之后，贝利多用了超过70页纸来说明他们的规则。对"分布"问题他确立了一些准则——在他的观点中，这是建筑最基本的部分，因为这解决了可用土地的高效使用问题。[48]贝利多关于这个问题的"英明评价"赢得了纳维的赞赏，纳维指出这些准则曾被迪朗在他的《简

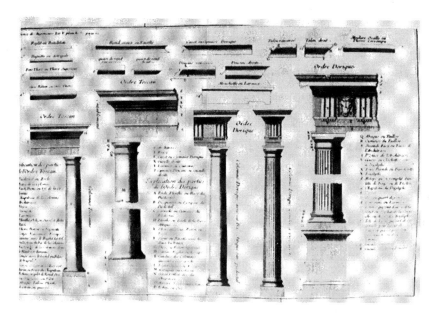

插图显示塔司干和多立克柱式局部，来自贝利多的《工程师科学》。

明建筑学教程》（*Precis des Lecons*）中视作神圣并进一步发展，被巴黎综合工科学校的学生视为宝藏。然而纳维增加的这章内容的其他方面并不如贝利多想象的那么重要。例如，古典柱式是很有用，但并不必需。纳维写道："建筑师应该知道，他们就像一个作者掌握了语言应用；然而，即便有了这个知识，一个人仍有可能写出糟糕的作品。"[49]

对纳维而言，柱式规则已经是一个形式体系，这就不需要它自己有特殊含义。在他看来，只有迪朗已经能够通过把建筑置于实在和确定的基础上而真正克服旧的偏见，认识到便利是独一无二和至高的原则："在建筑配置和它注定要起的作用之间建立一种完美关系。"[50] 纳维强调设计不是别的，而是"解决问题，其数据是建立在坚固、经济和实用的基础上的，工程必须满足这些条件。"[51] 迪朗已经展示了这些便利原则，远离互相矛盾的装饰，是唯一能给建筑赋予真正特点和优美的确认方向。[52]

纳维观察到的贝利多与迪朗之间的相似性和差异性具有重大意义，说明了两者之间巨大的差距。贝利多很显然非常重视传统建筑理论，设想它是工程科学性的一部分，认为这两部分之间没有什么矛盾的地方。按照他的思考方式，久负盛名的维特鲁威式装饰分类、排布和建造坚固性不是各自独立的价值，而是来自更基本、未阐明的和必不可少的符号意图。

在这方面，很有意思的是沃班怎样面对政府官员的批评，捍卫他的项目，美化他的防御工事的大门。当时卢瓦（Louvois）只在乎对这项目的金钱和付出，沃班则坚持入口的重要性和它的意义。这种残余的象征主义的出现，在贝利多的老师看来也许不怎么意外，1750 年之后甚至更明显了。工程师约瑟夫·德·法洛斯（Joseph de Fallois）在 1768 年出版了一部著作《防御工事学校》（L'Ecole de la Fortification），这本书的确定目标是进一步详谈贝利多的《科学》。[53] 也许这本书被期待着能够进一步发展从贝利多的书中发现的科学原则和技术兴趣。相反，德·法洛斯强调为了描绘多边形防御工事的平面几何方法的重要性，他同样复制了霍恩（Coehorn）和沃班的"系统"，并重复了一些同样的规则，这些规则关注解决在机械学中遇到的问题，这种机械学早在 50 年前就已经在应用了。更具有启示作用的是德·法洛斯尝试建立军事建筑基本的和普遍的原则。根据与劳吉耶非常相似的一系列思想，同时像许多他的同代人一样，德·法洛斯着迷于发现他行动的自然原型，他草拟了 15 条起源于原始防御工事初始特征的基本原则：人们为了保护自己抵御动物和其他人的袭击的需求。这个神话历史清晰地起到了为建立的原则进行说明的比喻作用。军事工程方面最后一本由神话故事最终建立的实践基础的书，这种推断的目的是确立军事建筑的超验性。

测量法

从这个意义上说，测试实践几何学和算术在测量法、勘测观察和建筑工艺的其他方面的应用非常重要。在伯纳德·帕里斯的《实录》中，实践几何学的象征性内容运用在了物质世界的布局中，这通过其包含于传统的人类学结构中而变得明显。这些内容是以假想与他的工具进行午夜对话方式说出来的。[54] 指南针、尺子、铅垂、水准仪、天体观测仪以及一个固定的和一个可调节角度的三角板讨论它们各自的贡献，宣布自己在建设中的角色地位以及它们体现的暗喻。例如，指南针要求高于其他工具的荣誉地位，因为它掌管着"指导对所有物体的测量……人们没有方向就会被指责，要求根据指南针的方向前行"。尺子则这样描述自己的优点："我直接指导所有的事物……如果一个人生活习惯混乱，别人就会说他过得没有规矩，没有我，他不可能正确生活。"而三角板宣称："我决定转角的正交角度……没有我的帮助任何建筑都无法站立。"天体观测仪则指出它具有最伟大的优点因为它的领地在云层之上，它决定天气、四季、土壤肥沃和贫瘠。最后帕里斯在嘈杂的争吵中介入，告诉他的工具们真正的荣誉属于人类，正是人类塑造了它们。

用实践几何学描画墙体和基础（为了保证垂直或对称）很明显就像建造手艺本身一样古老。然而只是近文艺复兴尾声时，对求体积方法和地形学的关注才占主导地位，因为这些科学的理论内容有更多独特性。最初试图让测量过程系统化的尝试出现在莱昂·巴蒂斯塔·阿尔伯蒂（Leone Battista Alberti）的《数学游戏》（Ludi Matematici）中，[55] 但真正第一次以长系列书籍方式阐述这个主题则要到科西莫·巴托利（Cosimo Bartoli）的《测量距离的方法》（Del Modo de Misurare le Distantie）（1564 年）中才出现，之后 1565 年西尔维奥·贝利（Silvio Belli）在其《瞄准测量法之书》（Libro del Misurar con la Vista）中继续这些内容。贝利传授如何使用一种几何矩形工具测量距离，其使用了相似三角形的原理。[56]

军事工程师 G. 卡塔内奥（G.Cataneo）在 1584 年同样出版了一本关于测量的书。[57] 他的著作并不系统，在实践中很难应用。但是测量各种区域面积或者体积的基本目的与提供测量学的方法已经明确，并且在随后百年间在相似的论文中得以讨论。西蒙·斯蒂文在他的《数学作品》中包含了关于实践几何学的内容。[58] 斯蒂文强调这门科学的重要性，解释在延伸和数字之间存在特殊的对话："一个能做的内容，其他也可能做到。"[59] 他用加、减、乘、除、线条、面积和体积的方法来处理测量问题。他的算术几何不仅是笛卡儿分析几何的先驱，而且展示出设想数学为一门抽象科学有多难，缺乏数字图像并且远离现实。

在巴洛克时期的新知识氛围中，关于实践几何学的论文激增并且被简化。但是这些著作的作者似乎从不特别在乎他们理论的有效应用。17 世纪的几何学甚至在这个层面，还从超验的抽象气氛中获得满足。一些内容，像在斯蒂文的例子中有部分就是宇宙几何学系统。米利特·德查理斯在他的《蒙杜斯数学》中包含了对实践几何学的专题论文，里面满是精心的三角学和求积法。[60] 其他一些作者描述测量法的工具，例如卡萨提（Casati）的"比例罗盘"和奥赞南的通用"方形几何"，这些都能解决实践几何学中所有的问题而不需要计算。[61] 奥赞南在 1684 年同样写了一部关于实践几何学的综合论文，在论文中提到计算面积和体积的方法精确又简单可用，但这仍然不是他书中主要关注的内容。为了避免阐释理论原理，他展示了几何训练的魅力。在这我们只需要记住瓜里尼在他的《房屋测量的方法》中把所有的建筑元素都简化成了几何图形。[62] 所有的建造技术都被归入一种超验的、通用的几何科学中。

只有在迈向 17 世纪尾声时，实践几何学的论文才开始展露出对把其与建造中的真实问题直接并有效联系起来的兴趣。与此同时，这一时期随着认识论的改变，利用几何学和数学解决建造中的问题被认为空前重要——之后对于任何建筑任务的成功它都变得至关重要。几何学和测量法就它们自身不再是一个结尾，而是开始仅被当作工具应用，用来精心制作建设项目计划和费用估算。这种转变毫无疑问开始于皮埃尔·布勒特的著作，布勒特是第一批被选为皇家建筑学会的成员之一，他的名字经常与讨论技术问题联系在一起。[63] 1675 年他出版了《论万能测角仪的使用》（*Traite de l'Usage du Pantometre*），书中解释了应用工具来测定各种各样地形角度和可达及不可达地点的测距问题；1688 年他出版了《关于水平仪的讨论》（*Traite du Nivellement*），这本书提供了另一个他发明的水平工具的理论和实践。在德·拉·赫之后，布勒特发现了给建筑学提供机械法则的可能性，并针对这个主题，他写了几篇论文。[64]

然而布勒特最重要的著作是《建筑实践》（*Architecture Pratique*），最初于 1691 年出版，然后在 18 世纪中不断再版。这是第一本提供了具体的数学应用方式来解决测量问题以及在各种建筑中测定体积的方式。[65] 布勒特宣称当他意识到并没有论文讨论这样的主题"一个绝对独立的科学，用来测算出精确的建筑成

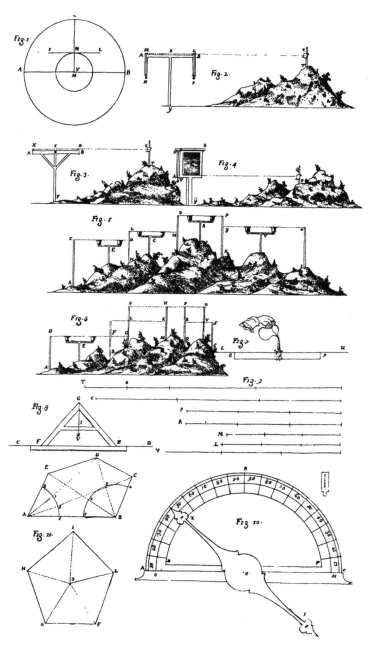

测量操作，引自瓜里尼的《民用建筑》。

本"时，他被震惊了。布勒特对杜塞尔丘（Du Cerceau）和路易·萨沃特（Louis Savot）的早期作品非常熟悉，这些作品中包括了对他们图示说明的建筑的测量以及一些对决定材料体积的观点，但这些处理手段都不系统，没有真正的方法。[66]

布勒特承认建筑理论包括了比例原则（对和谐与端庄而言是必需的），好的判断、绘画、阅读重要作者的书籍，学习古代和现代建筑，学习数学（主要是几何学）等。[67] 但他同时坚持要成为一名建筑师，实践是必不可少的；成为纸上谈兵的人远远不够（homme des lettres）。[68]

布勒特的《建筑实践》开始是一个对实践几何学的普通介绍，然后通过解释测量方法对一个建筑中典型部分的建造做出了细致的说明。提出了一个机械学基础上的规则，作用是为了测量挡土墙厚度，它与墙的高度和对地面的推力有关（沃班也关注了这个问题，并且他的解决方法将在后面被贝利多复制）。布勒特同样考虑了决定木梁尺寸的方法并提供了一系列找到与负荷相关联的木梁厚度尺寸的规则。但是他总结道，由于各种木材类型无尽的性质差异，这些规则不是绝对的。[69] 之后他提供了细致的方法，来确定在每个建筑交易中必需材料的精确数量：木工、石工、水管工、玻璃工、锁匠、铺路、屋顶等。布勒特讨论了法律问题，解释了建筑规则，用图示预算表的方式完成了他的著作；也就是说，用一个特殊的例子进行详细细节说明并包括费用估算。

布勒特的建筑意图与沃班和贝利多对军事工程的关注基本相同。这种将实践简化为概念项目暗含的意义应该很清楚。《建筑实践》代表了首次尝试传授方法从而在定量数据基础上建立精确的建造项目，包括成本、通用和特殊说明以及建筑体系。

在土木工程领域，H. 戈蒂埃（H.Gautier）在他的《论桥梁》（*Traite des Ponts*）（1714 年）中表达了相似的兴趣。精确设计和综合预算表被认为对成功建造桥梁极端重要。[70] 读者也许能回忆起这种关注事实上是如何促成了佩罗内办公室成立的。[71] 在 17 世纪后半叶，佩罗内自己的项目被认为是代表精确性和考虑了多样各种因素的典范。

在启蒙时期，数学被视为仅仅是一种关于建筑技术的课本中的实用工具，它在建设项目中的工具价值被大部分法国建筑师认识到了。贯穿整个 18 世纪，对技术问题以及解决问题所需要的定量方法的普遍兴趣大幅增加。弗雷齐耶、帕特以及波坦的著作，还有德·阿维乐（D'Aviler）的《建筑学课程》（*Cours 'Architer*）（1696 年），小布隆代尔的《房屋分布》（*De La Distribution des Maisons*）（1737 年），简伯特（Jambert）的《现代建筑》（*Architecture Moderne*）（1764 年），以及另一本出自布里瑟于格写的同样标题的书（1728 年），只是众多关注土木建筑中建造材料、基础、规范、建筑体系或结构稳定性和效用方面论文中的很少一部分。[72] 在狄德罗的《百科全书》中有许多文章涉及建筑交易，17 世纪晚期开始，科学委员会持续系统学习工艺。

值得注意的是，实践几何学和数学在法国之外并不使用相同的系统建设项目方法。几何处理总是保留一些象征维度的力量。[73] 在整个 18 世纪，意大利出版的关于勘测和测量的新论文，其内在精神和内容上都与巴洛克时期的书非常相似。[74] 尽管 G.A. 阿尔伯蒂在他的《工厂测量条约》（*Trattato della Misura delle Fabbriche*）（1757 年）[75] 中处理了更为复杂的问题，他对把理论用于解决实际技术问题却显然没有什么兴趣。在这些书中，传统的几何学含义仍然常常松散地出现。例如，G.F. 克里斯蒂亚尼（G.F.Cristiani）出版了一部关于"有效和让人愉悦"的军事建筑模型的书。在提及了贝利多、伽利略、莱布尼茨、笛卡儿以及其他几何计算和物理实验的长处之后，克里斯蒂亚尼强调 [就像里卡蒂（Ricatti）那样] 和谐的知觉结构和人的身体，然后他倾向认为在防御工事中"必须"用有比例的模型。[76]

在英格兰，威廉姆·哈弗潘尼（William Halfpenny）在他的《完美建筑艺术》（*Art of Sound Building*）（1725 年）一书 [77] 中利用几何投影来决定各种拱和穹隆的结构。哈弗潘尼抱怨在实践中不断地出现一些常见的错误，他提供了一份仔细的砖建构的说明。在《现代建筑辅助》（*The Modern Builder's Assistant*）（1757 年）一书中，他列出了包含详细工程说明的目录，但是他关于成本估算的内容非常一般，就像 16 世纪杜塞尔丘提出的那样。[78]

在 18 世纪后半叶，法国技术学校中开始传授像正确测量的应用方法以及几何面积和体积更准确测定的科目。这产生了大量预算表，使其逐渐变成建筑和工程中非常有效的技术控制工具。最后，理性的平面布局和建设项目程序编排在工业化的世界里变成了基本的建造手段。然而这个过程的顶点只可能发生在19世纪早期，那时科学测量法和几何绘图这两门学科可将现实中建筑实践缩减变为两个维度，学科也变得足够系统化。

石块切割术

　　石头切割术，就是应用几何投影来决定拱、拱顶、桁架、楼梯和穹窿中石头或木材元素的形状与尺寸，这是法国人特别关注的事。一开始石头切割术是包含在菲利贝尔·德·洛姆的《建筑》（*Le Premier Tome de L'Architecture*）（1567年）一书中的内容，这是在那个国家出版的建筑论文中最早展示出文艺复兴的影响。德·洛姆在他的书中用了几章内容来说明应用水平和垂直投影在二维中确定建筑中复杂部分的精确尺寸布置。在文艺复兴之前这种同时投影方法从未使用过。丢勒（Durer）在1528年对人的身体和1525年在对圆锥剖面的研究中使用了相似技术。[79] 然而一般而言，在16世纪石头切割术并不是一个有效的技术方法。例如德·洛姆研究了所有的问题，由于解决方法特性太强，根本不可能仅仅在概念层面上理解它们。基本层面仍然是哥特工匠们的经验。没有这些经验，理论基本无用，而且就算有这些经验，理论实际与技术无关。德·洛姆的著作《建筑》中的图示说明并没有包括方法；它们不是源自通常的几何理论，不能够针对个别问题产生特定的解决方法。

　　在17世纪出现好几本关于石头切割术的著作。1642年马图林·朱西（Mathurin Jousse）出版了《发现建筑几何特征的秘密》（*Le Sectet de l'Architecture*）一书，在书中他宣称尽管他尊崇古代建筑，但它们大部分不能满足人们的期待，因为建造它们的工匠们忽视为了石头切割而进行的几何描画的必要性。[80] 他发现既不是维特鲁威也不是文艺复兴时期的作者对这个主题进行了写作，他还认为德·洛姆的两章内容对工匠来说太过复杂。他自己的著作因此刻意简化，对每个问题减少至最少的元素，设计的线条也最少。但在他尝试为木匠和石头切割工匠提供严谨有用的技术工具时，事实上他制造了一部根本无法面对真正复杂问题的著作。

与他对与建造相关的技术问题的兴趣相一致，朱西鼓励年轻的建筑师学习算术、几何、动力学和静力学。在《木工的艺术》（*L'Art de la Charpenterie*）一书中，朱西提供了对所有的桁架、定中心点和屋顶以及所有木建造已知元素完整几何目录式的描述。尽管朱西在使用实践几何学时并没有明确的符号倾向，但他认为木匠提供的是建筑装饰艺术的源头；并且他确信，揭示工匠们的几何就好像上天暗示的超自然秘密：就是基本的建筑手法（Modus Operandi' of Architecture）。这些中世纪晚期世界的回音很明显与巴洛克几何化宇宙的含义完美契合。

耶稣会信徒弗朗索瓦·杜兰德在 1643 年出版了《拱顶建筑》（*L'Architecture des Voutes*）。比他前辈的著作更广阔、专业和有雄心，这部论文意在同时针对建筑师和工匠。杜兰德坚持研究石头切割术，实践必不可少。仅仅阅读是不够的，因为在机械艺术里，"实践不是固定不变地与严密的几何法规相关联。"[81] 他的书包括对各种石料工作的描画以及几何投影。杜兰德使用了比之前的作者更为专门的技术语言。理解他的著作需要几何知识，仔细和系统地阅读以及坚持地实践。不过，问题的解决方式与德·洛姆提出的那些内容非常相似，德·洛姆的《建筑》一书常被杜兰德引用。

作为对宇宙几何学超验秩序更为严格的学科，德查理斯（Dechales）同样在他的《蒙杜斯数学》中介绍了石头切割术。[82] 关于这门科学相当多的部分是瓜里尼的《民用建筑》一书中的重要组成部分，并且基本都是从杜兰德的论文中提取的。暗含在瓜里尼对石头切割术的兴趣之中对符号的关注现在变得明显。同时，老布隆代尔将石头切割术的问题，涵盖于建筑中最难和最基本的问题其中。[83]

在 17 世纪，没有独立技术宣称可以从效率中获得价值或应用它们的专门参数来影响建筑决策。拱顶建造中所蕴含的几何学以及其他石头切割的奇迹构成了作品的结构同时也是它意义的首要来源，如同赋格曲的数学秩序一般。论文中对几何投影的描述是对不寻常的符号（也就是诗意）手法的解释。

也许并不令人惊讶，这个规则的伟大例外，出现在领先于时代的笛沙格的作品中。石头切割术是他作为通用几何方法基础的几条规则之一。他为他在《项目草案》（*Brouillon-Project*）中的"通用方式"建立了理论原则，那是一本 1640 年出版的小册子。随后产生了对石头切割更广泛的著作，在 1643 由博塞出版。[84]

尽管杜兰德的《拱顶建筑》在 1743 年和 1755 年仍被出版，但直到 19 世纪，人们仍不知道笛沙格包含了投影几何学基本原理的《项目草案》。很明显，石匠和建筑师不能理解笛沙格用接纳所有通用理论代替实践的尝试。在《石块切割的实践特色》（*La Pratique du Trait...pour la Coupe des Pierres*）一书中，笛沙格宣称"做事的方式"是任何艺术的基本部分。在他的观念中，理论不得不包含对这些技术方式的解释而不仅是对艺术物体的解释。这些技术方式可以是"精确的，由探索原因"而来，或者不确定，从工匠的直觉和近似处得来。笛沙格是第一位如此强烈争论需要实行精确技术方式的人。

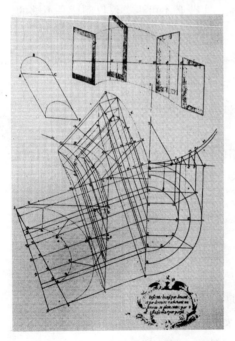

几何投影应用于拱顶石头切割计算，
引自杜兰德的《拱顶建筑》（1643 年）。

他相信为了发明任何艺术规则，一个人应当知道它的"理由"，但并不总是必须要成为一名工匠。这个主张与由朱西或杜兰德提出的被普遍接受的实践所具有的地位形成尖锐对照。笛沙格承认在任何行动中三方面内容都很重要，但是顺序有等级先后：首先，理论——框架，建立和发明实践的规则；其次，它们自身的规则，这直接来源于理论；第三，实践——执行这些规则，某种程度上比较低级，应当严格遵循理论描述。

笛沙格清楚地知道在他之前，没人把石头切割艺术简化为一套方法和通用原则。他指出其他论文只是解决与他们写作当时相关的专门问题。笛沙格提醒

凡尔赛宫橘园（orangerie）拱顶石头切割术的高超技艺，由孟莎（J.H.Mansart）设计（1681—1686 年）。

他的读者，不久前每个设计和描画都"被认为是秘密，不得不用心学习……"[85] 借此影射朱西，他提议用一个简单和独一无二的方式去代替，能够用来解决任何问题。这足以让人根据一套规则一步一步去解决问题，而不用管应用者是第一次接触工匠知识。笛沙格认为建筑师应该给工匠提供精确的石头切割描图，能够砍削每一块石头，就像提供平面图、剖面图和立面图一样。建筑师不该任由石匠发明那些描摹图，因为他们除了自己的经验，没有什么可以指导他们进行这项工作。

在 17 世纪最后 10 年和 18 世纪初，在学术上有些关于石头切割术的讨论。[86] 但是总的来说，启蒙时期的建筑师与他们巴洛克时期的前辈相比，对几何投影没什么兴趣。18 世纪期间唯一一部关于石头切割术的重要著作是弗雷齐耶的《石材与木材切割的理论与实践》（*La Theorie et la Pratique de la Coupe des Pierres et des Bois*）（1737 年）。弗雷齐耶是一位受人尊敬的军事工程师，1712 年被委任负责几个法国在欧洲的防御工事的建造。德·艾斯菲尔德（D'Asfeld）在梅齐耶把他的文章推荐给学生，作为教科书之一。

　　弗雷齐耶的著作认为理论是艺术和科学的"灵魂"。他的兴趣是说明"应用在建筑中描画几何的缘由"，因为这是处理实践中最难的部分，也就是说，对所有拱顶类型而言的"精确、坚固和恰当。"[87]三份初步论文首先进行了这项工作量巨大的工作。首先，弗雷齐耶通过使用与贝利多在他的《工程师科学》一书中相似的观点论证了"与建筑相关的艺术理论的用处。"他强调理论作为技术工具的重要性以及其在实践中的有效性——这是被大部分他的同代人否定的。弗雷齐耶强调我们不应该等待实践来教导我们，而那些反应和理论加速了问题解决之道。他的目标是提供一条与其他作者不同的路线，那些作者思考石头切割术的立足点"太接近"实践了。

　　不像 17 世纪的建筑师，弗雷齐耶感到他不得不为他对几何的兴趣做出辩解，他从机械学中引用例子。弗雷齐耶宣称在几何和机械学应用到建筑学之前，拱顶结构上的稳定并不能得到保证；它们只能持续很短的一段时间，然后不得不被拆毁，外表看起来并不令人愉快；或者，因为它们的支撑的尺寸被夸大，成本无谓的昂贵。[88]关于建造，弗雷齐耶接受了德·拉·赫的假设，由此展示他懂得如何把静力学应用于建筑学和工程中。他反对 17 世纪用几何方法来决定墙墩的尺寸，他强调把机械学作为真正高效和必不可少的建筑理论的例子的重要性。弗雷齐耶建立了被视作技术规则的理论与静力学几何理论之间的联系，强调了他将机械学理解为现代科学范例。他对几何学的兴趣来自他把机械学视为一种能够控制事物的工具，而不是像他的前辈已有的许多例子那样，来自于对几何手段内在的符号属性的信仰。

　　弗雷齐耶强调当军事工程师规划设计他们的进攻或建造防御工事时，必须知晓几何学、机械学和水力学。石头切割术不仅对他们必不可缺，对建筑师也一样。他批评早期的论文没有足够的方法支撑，仅将内容呈现给匠人，不过在这点上，杜兰德的书是个例外。真正需要的是那种针对已经知道一些几何学知识的建筑师和工程师的书。值得注意的是，弗雷齐耶不得不在他的第一本学术论文中得出结论，接受工匠们的"自然的几何学"通常足以解决石头或木头切割中大部分的问题了。他的受力的理论性探索被传统实践认为无效，而这些传统实践本身大部分都是成功的。事实上，这是大部分18世纪的理论家都会遇到的两难境地。尽管如此，弗雷齐耶相信提供方法的重要性，这样建筑师能够解决任何石头切割问题，无论它多复杂。这再一次证明了建筑师对技术控制的兴趣最初是由认识论革命所激励起来的，它先在理论领域出现，远远早于它在19世纪有效应用之前。

因此，弗雷齐耶的目的是假设一个石头切割的通用理论作为独立的技术可以在建造时指导工匠，在任何建筑结构部件中执行，使它可以被当作各个更小部件的总体。而且它的原则必须从几何、机械学和静力学得来。弗雷齐耶的第一份著作献给了几何理论，讨论了二次曲线的剖面，实体的

使用几何，弗雷齐耶关于石头切割术论文封面页上的寓言[感谢代达罗斯（Daidalos）提供，柏林]。

相交，各种类型曲线的性质，拱和拱顶在球状与平坦表面的投影，以及找到拱顶石角度的方法。文章中充满了新词和技术用语，常常批评以前这个主题的著作缺少基本原则。然而值得注意的是，弗雷耶只是很简短地提及了博斯的《定线的实践》（*La Pratique du Trait*）是一个完全不同的体系，这个体系从笛沙格那得来，并且从未流行过。[89]

事实上，满满两本弗雷齐耶的论文是献给实践应用的。但是不管他的目的如何，他的理论并不真正系统化和通用；该理论从未超越欧氏几何，由此受制于细节。每个例子最终还是依靠直觉和涉及图片或实体的特殊特征。在欧氏几何框架下，对待这些图像或实体的复杂处理方式是死路一条。而且因为那些练习很难与常规实践中更简单的问题相关联，他的书很少被建筑师、工程师或者工匠使用。

在 1760 年德·阿维乐所著的很受欢迎的《建筑学课程》中，就在文中包括了很少一部分石头切割术内容，在其中，他批评了笛沙格，"他把他真正想教的东西都藏起来，"还批判了弗雷齐耶的书，因为他觉得极端复杂。相反，他推荐了杜兰德的《拱顶建筑》，因为对石头切割术而言，实践比理论更适合。[90]

弗雷齐耶的书似乎是要得到某些想象中的大师（Virtuosi）精湛的技艺，他似乎能从数学的复杂性中得到愉快。在任何情况下，从弗雷齐耶对比例和经典柱式的兴趣来看，从他在争论中支持帕特对舒夫洛数学决定主义的批评来看，很明显，尽管模棱两可，他仍然认为，数学不仅仅是稳定性或是持久性的来源，更是最终美的来源。[91] 所以我们可以总结得出，除了笛沙格的著作是个例外之外，石头切割术的理论和实践之间的关系在 17 世纪和 18 世纪没有真正有效地改变。投影的问题确实由不同作者通过不同方式得到解决，他们每个人都使用了多种多样的图解系统。但是这些技术不足够精确；三维物体简化至二维平面并不能真正足够全面提供一个有效的、理性的控制方法来解决木材或石材的切割问题。

第 7 章　静力学和材料力学

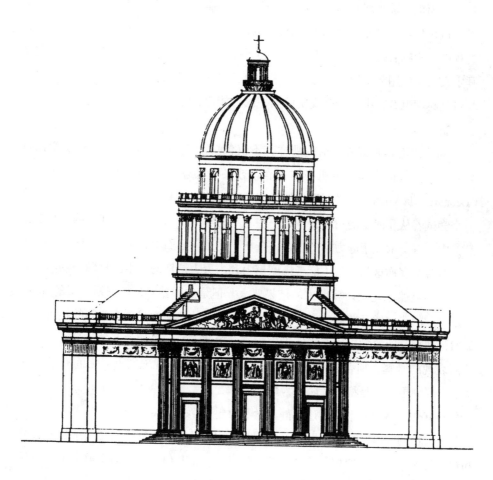

由哥白尼和伽利略进行的天堂重构，不仅改变了西方人们的知性感受，还使他们在现实中的位置产生了混乱。最基本的精神空间先决条件被颠覆了。日常生活中的简单事件，特别是运动，开始被认为是相当复杂的现象。罗伯特·波义耳（Robert Boyle）定义自然为"根据目前的状态构成世界的身体存量，由于它们或积极或消极，被当作基本原则，遵循造物主所描绘的运动法则。"[1]对莱布尼茨来说，这个世界同样是一个时钟（Horologium Dei）。[2]力学成为自然知识基本原则的程度，影响着认识论中神性部分的必要性。而且在力学领域精确地——由波义耳定义为"应用数学制造或修正身体中的运动"——数字被认为是一种技术工具，与自然科学融合，由此产生现实的第一次功能化，并且赋予人类头脑高效的力量去控制事物。[3]

力学，正如大家所知道的那样，不仅包括动力学，还包括（对建筑学而言兴趣更大的）静力学：分析身体在静止或平衡状态。除了莱昂纳多·达·芬奇（Leonardo da Vinci）对作用于结构元素的力量的罕见的猜想，西蒙·斯蒂文是第一个尝试着从几何学的角度去理解一些基本力学平衡问题的人。在他的《数学作品》中，有一章关于静力学的内容，分析了在倾斜平面上，施加在实体上的作用力。斯蒂文宣称这门科学不能考虑摩擦力和内聚力这样的因素。移动一辆马车需要的力很显然比理论计算得出的结果要大。但是这种差异，根据斯蒂文的说法，不是科学的错。像开普勒一样，斯蒂文接受传统的几何学与现实之间的距离。很显然，他把这门科学应用在现实世界中是一项革新，但是他的著作仍是对现实中几何表现的阐释。斯蒂文不相信几何假设和易变的客观现实世界之间有必要联系；必要性更小的是将后者简约为数学运算。

只有伽利略很清晰地阐述了静力学和材料力学作为将人类空间整个几何化的一部分存在的问题。这个问题是，要用几何假设的方法来确定与结构承受的重量和建筑材料的定量特性相关的结构部件的尺寸。把几何应用于力学揭示了从一开始就有的技术控制意图。因为世界被转变成了数字和图像，人们发现了其理性头脑的力量可以用来控制和探索自然。

在17世纪，静力学是哲学家、科学家和几何学家关注的基本，特别是17世纪 60 年代之后成立了科学学术研究之后。在一篇对出版于 1798 年关于材料力学论的历史介绍中，吉拉德（P.S.Girard）把这门科学第一份定量的实验归功于瑞典人 P. 乌尔齐乌斯（P. Wurtzius）。他说他已经从 1657 年乌尔齐乌斯邮寄给老布隆代尔的信中得到了这方面的信息。吉拉德推荐了布隆代尔的标题为《推广伽利略》（*Galilaeus Promotus*）的著作，并且暗示这个法国建筑师是继伽利略之后第二个对这个主题进行写作的人。

就皇家建筑学院创始人和其第一个教授身份而言，有这部分兴趣本身就有重大意义。老布隆代尔对伽利略假设的观察出现在他第四个建筑"原则"问题中，在决定梁的尺寸上提供了几何学方法。[4] 然而在同样的问题上，他还讨论了帕普斯（Pappus）在和谐比例上出的错。老布隆代尔用几何轨迹方法来决定拱或穹隆的扶壁及飞扶壁尺寸的方法取自杜兰德的《拱顶建筑》，尽管这个几何轨迹方法与正被谈论的拱的构造有关，但它不是建立在力学假设之上的。[5] 应当铭记的是，老布隆代尔的几何从根本上讲仍然是巴洛克式的科学。

在这方面，看看《梵蒂冈教堂与它的起源》这本书很有意思，这本书于 1694 年由成功的建筑师卡洛·方塔纳出版。[6] 方塔纳确信保证穹顶稳定的唯一方式就是通过复杂和精确的几何轨迹来确定它们的剖面。讨论圣彼得穹顶的结构问题时，方塔纳在剖面上附加了他的理想几何轨迹来"证明"穹顶的坚固。方塔纳把相似的几何轨迹应用于门和正面设计。这个几何轨迹并不遵守力学逻辑，而是遵循建筑师想象中的秩序，这确保作品的意义：优美和坚固。这个几何轨迹的发现暗含在圣彼得教堂设计中，仍然显露出神

悬臂梁原理，引自伽利略的《新科学讨论》（*Discorsi Intorno a Due Nuove Scienze*）（1638 年）。

圣的特征；它支持天主教教会最重要的价值，也就是方塔纳同样揭示出的传说源头。

尽管静力学的大部分理论已经由科学家和几何学家在17世纪进行了发展，[7] 但直到17世纪80年代才第一次出现了真正的建筑学和工程中的静力学应用。我已经提过沃班和布勒特决定挡土墙尺寸的尝试，以及德·拉·赫在1688年建筑学会对这些问题的讨论。带着这种意识，那就会注意到德·拉·赫是长久以来在建筑师－几何学家中第一个尝试将伐里农关于求分力的通用理论应用于解决拱和穹顶的稳定性这一基本问题上。[8] 实际上，正是德·拉·赫做了第一个关于这个问题的真正的力学假设。

与前述提到的关于力学和自动操作[例如德·高斯的《动力原理》这本著作]相比，德·拉·赫的《论机械》(*Traite de Mecanique*)(1695年)赞扬了伽利略的发现，并且避免所有对力学效果或神秘及超自然特质的影射。德·拉·赫意识到物理现实不像几何那样表现僵化。尽管如此，他强调所有的艺术都需要力学科学以确保他们的成功。[9] 因为关注拱，他鼓励用几何方法来决定荷载，这些荷载应当被每一块拱石承载，假设在表面和支撑之间没有摩擦，以完成各种情况下的平衡。这很明显是从伐里农解决实体间的平衡问题处衍生而来，涉及方向的分解，独立于内在关联的其他外部因素。1712年德·拉·赫在建筑师学术会议上提出他的假设，概括了简明的几何方法来对一个拱的推力所产生的压力进行定量。考虑了墩子的高度和半径、最大的高度和拱的最大重量，[10] 这些计算将决定支撑墩子的必要尺寸。

尽管德·拉·赫相信对所有的建筑处理手段而言，几何都必不可少，但是他的立场也没有摆脱模棱两可。例如，他公开推荐弗雷德关于比例协调的论文，并在1702年向科学学术委员会提出论文，文中他尝试证明许多建筑师凭直觉使用的拱事实上是抛物线，在比例上比圆或椭圆断面更令人愉快[11][编辑这份论文，丰特奈尔注意到几何如何修正了一项"发明"，其唯一的目标就是愉悦双眼，尽管几何自身"枯燥乏味"]。

类似的模棱两可出现在皮托(Pitot)的论文《关于脚手架的力》(*Sur la*

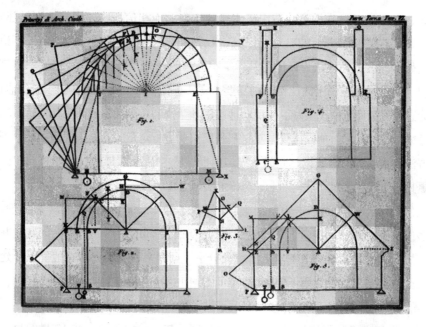

图示说明德·拉·赫的假设适用于拱设计时的各种问题，引自弗朗西斯科·米利奇亚
（Francesco Milizia）的《民用建筑原则》（*Principi di Architettura Civile*）（1781 年）。

Force des Cintres）中，这篇论文 1726 年提交给了科学学院。利用关于抵制木材
的数据和伐里农的理论，皮托发现了木质脚手架部分对应的压力并且能够根据它
们的角度决定它们的厚度。他的目标是定量"正确比例"，减少数量，改进它们
的连接。然而皮托也相信静力学几何，能同样产生一种更乐意满足视觉的配置。[12]

　　戈蒂埃（H. Gautier），是一位建筑师、工程师和近期成立的路桥组织（Corps
des Ponts et Chaussees）检查员，是第一部由"专业人员"写成的桥梁类专著的
作者。第一部分是传统性质，它列出并对比了著名的老的和现存的结构以及阿尔
伯蒂或帕拉第奥提出的模型。他的建议通常是经验主义的。其中有技术名词的解
释以及路桥组织的规则，预算表的示例，以及沃班对决定挡土墙尺寸的规则。[13]
但在关于墙墩、拱石和桥的推力的论文则附加到了他的论文《论桥梁》（1727 年）
第二版中，他讨论了静力学和材料强度问题。[14] 由于对这个领域的近期发展非常

熟悉，戈蒂埃尝试在桥梁建造中应用这些知识。他相信那些艺术，特别是建筑，是"建立在力学基础上的"，而且是数学的一部分，易于得到严谨证明。不论它的初始如何，戈蒂埃认为，比例是建筑中最难的部分，仍然缺乏一致性。尽管他意识到建立建筑中确定的比例规则需要力学，但他仍公开拒绝德·拉·赫的假设，认为它太复杂而且脱离实践。相反，他应用杜兰德和布隆代尔的简单几何轨迹来决定桥梁墩子的尺寸。他同样强调对材料强度需要进行定量实验，但似乎不能区别几何方法与真正的力学假设之间的不同。他很显然考虑到了 17 世纪的轨迹对工匠而言更具有实践意义，并且实际上，与传统实践更加一致。

然而，大部分启蒙时期的法国工程师和建筑师都接受了德·拉·赫的理论，或多或少意识到了那些由于几何假设与真实现象之间的距离而产生的问题。并且德·拉·赫的发明事实上基本被所有人分享。贝利多和弗雷齐耶在他们关于建筑和石材切割的文章中利用了他的假设，而像帕伦特（Parent）和卡普利特（Couplet）这样的科学家，在 18 世纪头 30 年在关于拱平衡的论文中，也吸纳了他的内容。[15]

18 世纪上半叶同样见证了关于材料强度系统实验的开始。在 17 世纪里，马里奥特（Mariotte）公布了一些孤立实验，帕伦特随之在 1707 年给科学学院提交了一份关于木材强度的报告；1711 年，雷奥姆尔（Reaumur）则阅读了一篇关于钢丝持久力的报告。[16] 贝利多的论文是关于建造的第一本书籍，包括了通常用作梁的木材强度实验的定量结果。受到牛顿新经验主义方法的启发，穆沙恩布雷克（Musschonbrek）在 1729 年出版了《物理实验与几何》（*Physicae Experimentales et Geometricae*），其中包括了一些他自己发明的机器，用来测试各种材料的压力。文章揭示了他比他的前辈们更有方法，更精确。近似地，布丰测试了所有尺寸的木梁，包括全比例的样品。根据吉拉德的观点，布丰是第一位考虑所有影响木材力量重要因素（例如，一棵树倒下的方式或它的湿度）的人。这种系统观测在 18 世纪下半叶呈现出对建筑学和工程学更重要的意义。

1750 年左右，在那些关注结构问题的建筑师和工程师思想中，实验的定量结果似乎已经取代了几何假设，占据了优先地位。路桥学校（Ecole des Ponts et Chaussees）的奠基人让·鲁道夫·佩罗内的著作在这方面具有极高的重要性。

他对于桥梁结构行为定量的观察以及其他系统的建造方法对他的同代人有巨大影响力，并且在 18 世纪末成为纠正旧的静力学绝对不可缺少的内容。他自己的桥梁项目则首次试图考虑材料强度表现。《项目说明》（*Description des Projects*）（1782 年）是一本较好地收录了佩罗内作品的合辑，其中他精确地描绘了在纳伊（Neuilly）著名桥梁的详细建造细节。这项工程实际是一项杰作。没有什么是碰运气；每个建造步骤都仔细规划过，包括材料特性、特殊机械、每个细节的尺寸，甚至在每个阶段需要雇用的工人数量。

佩罗内在工程中明确了观察的重要性并吸收了自然科学方法论的精神。因此，这与佩罗内通常给他学生的建议都显得比他前辈更保守这件事几乎相矛盾。随着他广泛的讨论，他最终认定他自己的经验比计算结果更有价值。他写道，理论，是不充分的；一份成功的实践才是最确定的指导。[17]

佩罗内的《项目说明》不是一部分析桥梁建造的论文。它基本是一种尝试，尝试用实例进行教学，它像在路桥学校中使用的学究式方法。其文章是一种将作者经验和定量数据系统组织的混合物。也许注意到佩罗内对皇家科学院的贡献非

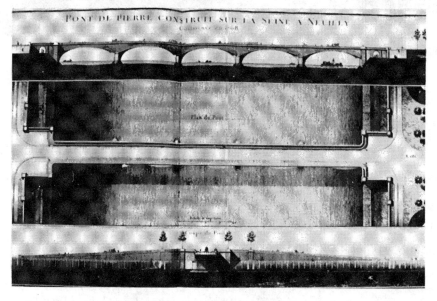

佩罗内的纳伊桥项目平立面，引自《项目说明》。

常有限是有意义的。[18]因为尽管佩罗内表明了对机械效果的全面理解，如墙垛作为扶壁的作用，有减少体量的优势，可以使得水自由流动和节约材料，对低的篮形拱有更大的推力。然而相对于传统的半圆形拱，他对后一种类型的拱众所周知的偏爱原因只是通过常识来判断。[19]当他承认石材强度的实验结果，"如舒夫洛在塞兰古（Saillancourt）中实现的那样"，其结果暗示了人们可以大幅地减少支柱尺寸的可能性——直至传统的五分之一的跨度——佩罗内没有提供在现实中使用的几何方法或公式，以在结构设计中应用从实验中提取的定量数据。相反，他相信建立在他自己经验基础上的规则更高级。由此无论"石头多么有力，"他建议他的学生继续使用简单的算术比例来决定一座桥梁所有部分的尺寸——这种方法使人联想起最传统的文艺复兴经验法则。[20]

（左图）许多插图中的一张，显示在纳伊的建造过程。1768年11月奠基和初始处理显而易见，引自《项目说明》。

（右图）1770年间纳伊一座桥的拱脚手架视图，引自《项目说明》。

佩罗内在其他学术论文中强调定量实验的重要性。[21]考虑到建立基础方法，他提到了穆沙恩布雷克、布丰、帕伦特和戈蒂埃的实验，但却提供了最简单的方法收尾，以2倍、3倍为单位，或者根据它们的重量和其他结构尺寸对桩的直径进行划分。尽管他的推荐与实验观察相关联，但是定量的结果并没有被转换成数学分析。每件事都以惯用的论述进行总结，在这些论述中，那些实验结果只是他自己工程经验的附属物。

意大利建筑中的传统与机械

　　欧洲其余国家对法国科学家、建筑师和工程师在 18 世纪早期对于静力学的应用也不是一无所知。特别是在意大利，出现了值得关注的原创解释。1748 年勃列尼出版了他著名的作品，在其中他总结了对于梵蒂冈圣彼得巴西利卡结构问题的争论。[22] 正如方塔纳指出的那样，穹顶已经破损了一段时间，但是那些裂口在 1742 年之后才变得更加引人注目，许多数学家、建筑师和工程师都写论文尝试诊断和解决这个问题。在提交了一份教堂历史报告之后，勃列尼发展了他自己对机械学的思想。

　　他宣布把机械学应用于建筑学如果没有数学是不可能的，并且提出在建造时拱和穹顶是最难的部分。在提及杜兰德的"几何方法"及布隆代尔和方塔纳"神秘的几何规则"时，他驳回了他们的作用，因为他们"没有适应建筑材料机械特性。"[23]由此，勃列尼辨别了在 17 世纪论文中出现的传统几何学的应用，与它在机械学假设中作为技术工具的潜力之间的区别。勃列尼同样还提到了德·拉·赫、帕伦特和卡普利特，像 1697 年在伦敦出版的格里高利（Gregory）的悬链线分析那样作用。格里高利的著作是建立在罗伯特·胡克（Robert Hooke）关于曲线在理想静止状态下的发现以及一个直接作用力作用在拱石无摩擦传递状态的假设之上。自由悬浮的

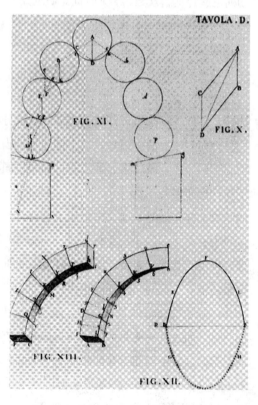

勃列尼《纪念伊斯托里切》（*Memorie Istoriche*）中的插图显示悬链线假设。

链条形状则将成为石拱或券理想结构，而且勃列尼还叠加了一个在圣彼得穹顶断面上，相信由于结构体量的跌落轨迹，穹顶的稳定性将得到保证。[24]

勃列尼在讨论其他各种作者的分析报告之前，描述了其他著名穹顶的结构问题。特别有意思的是，他仔细考虑了数学家莱苏尔（Le Seur）、雅吉埃尔（Jacquier）和博斯科维奇（Boscowitch）的思想。[25] 这些作者已经应用几何假设来针对圣彼得巴西利卡穹顶侧推力问题，由此获得了非常高的价值，而据勃列尼的观点，这明显是虚假的。勃列尼相信，因为穹顶由米开朗琪罗（Michelangelo）创造出来且没有机械或数学的辅助，那么它就应当有可能并不需要这些科学来解决问题。[26] 勃列尼解释他喜欢数学，并且同意威尼斯无名氏哲学家说的，它们对建筑学有用，然而他并不认为数学在建筑师做决定时有优先权："尽管他们自己很优秀，他们不应该在实践中被滥用。"[27]

勃列尼批评了由三位数学家提出的解决方案，因为它们极端理论化。他把结构问题归结于"内部"和"外部"自然缘由。这两方面总是倾向于削弱建筑的坚固性，它们并不是由设计错误或缺乏结构分析导致。勃列尼将原因归结为材料的质量，如制造有瑕疵或者建造中使用不恰当，加热、湿度，由几种力量同时作用引起不同压力，风、雷、地震等。勃列尼同样对材料强度的实验感兴趣。他提到了穆沙恩布雷克的漏斗（machina divulsoria）并报道了他自己对钢材耐久性实验的结果，并在最终的建议中引用了这些结果：利用钢加固翼去释放圣彼得穹顶的拉应力；这将有助于避免任何进一步的毁坏。[28] 此后，相对于任一静力学的几何理论来讲，勃列尼对自己的经验观察有更强的信心。无论他在哪引用理论或自己定量的结果，他的结论都被包含在传统实践中的经验所改良。

在其他的技术科目例子中，理论与实践间的张力在 18 世纪意大利语境中更加明显，而这理论应是可以被转换成一种支配物质世界的工具，其实践仍是在形而上学的框架中调整。在他的《关于绘画艺术的三个对话》（*Dialoghi sopra le Tre Arti del Disegno*）中，乔瓦尼·博塔里（Giovani Bottari）预见了之前那些世纪中两种知识渊博的人之间的争论：彼得洛·贝洛里（Pietro Belloni）和卡尔洛·马拉塔（Carlo Maratta）。[29] 勃列尼断言为了设计坚固和稳定的建筑，建筑师需要更多的实践。马拉塔回复说研究个别的例子不够，因为当环境变化时这种情况就变得没用了。马拉塔强调建立通用规则的必要性，其能够引导年轻的建筑师，教导他们如何测量拱和券以及挡墙的压力。他相信这样的知识只能从几何学中获取，只能从测量学、材料力学和机械学的论文中发现。贝洛里则尝试通过强调过去的伟大成就来驳斥这种争论，所有那些伟大成就的创造都没有利用几何假设。这种讨论是不确定的，但很可能是有意义的，在最后，马拉塔同样表扬了文艺复兴的艺术成就，并呼吁在普通人中对艺术进行新的综合，他们与画家、雕塑家和建筑师一样有能力。

埃尔梅内基多·皮尼（Ermenegildo Pini）在他的《建筑对话》（*Dell'Architettura, Dialogi*）（1770 年）中探索了同样的议题。在这部著作中，假想的数学学生讨论各种困难，包括在建筑和建造中应用几何理论。第一个学生提出需要知道哪些规则以能够决定推力和结构压力（来自"牛顿通用数学"，莱布尼茨理论和伯努利（Bernoulli）的算法）。[30] 但是他承认在实践中应用这些规则会遭遇很多困难，因为拱顶并不规则，而且作用在其上的力量也各式各样。第二个学生提到那些最伟大的建筑师从来没有在他们的建筑中应用力学。在他的观念中，有实质性的知识更为重要，如材料特性；代数方程式和理论力学以及微积分的细微差别并不能确保建筑物的稳定性。出人意料地，他的结论是建筑师应该设计简单的建筑，这样他们能够通过静力学的几何规则很容易地理解和分析他们的建筑。这样的建筑不仅结构是好的，而且也是美的，因为"根据的是自然界中的连续性法则"。这种主张暗指牛顿的通用经验主义，很显然让人想起在法国的晚期新古典主义建筑项目，并且很明显针对的是几何和数字在 18 世纪建筑理论和设计中的模棱两可的角色。

弗朗西斯科·里卡蒂（Francesco Ricatti）1761 年在他的《围绕民用建筑的论文》（*Dissertazione intorno l'Architettura Civile*）中对"比例学"进行了写作。作为一门人文学科，在他认为，建筑学应该拥有真实和积极的规则，能够保证建筑的坚固和稳定，而不会损害它们的比例和优美。[31] 里卡蒂强调建筑师应该在他们的投影中使用光学，结合在不同尺寸的结构拱上使用几何学，通过"音乐与分析"同步考虑，来解决方式和谐的问题，并由此制造一种稳定且通用的法则。

同样的"混乱"也出现在尼古拉·卡莱蒂的作品中。受到克里斯蒂安·沃尔夫的影响，卡莱蒂假定建筑理论更几何化，并在他的《民用建筑说明》（*Istituzioni d'Architettura Civile*）（1772 年）中用了一章来讨论对待比例的传统观点，并在"考虑"材料强度的情况下确定墙墩的尺寸。[32] 在列举了建筑中使用的不同类型的柱子、墙和墙墩之后，他用静力学来描述他的"经验"，提及了材料的重量以及决定墙厚的规则。但是卡莱蒂却又迅速转到那种把人的身体当做比例原型的传统观点，宣称这种"假设"能够通过"实验"得到证明。同时出现的符号几何和技术数学的共鸣制造了模糊性，技术的数学性在后面的学术中更为明显，在那些批注中，卡莱蒂（重复了沃尔夫的一份声明）宣称如果静力学或几何学的规则没有与"建筑机构"相呼应，那么经验将优于理性。

在他折中主义的《民用建筑原则》中，弗朗西斯科·米利奇亚坚持比例是建筑重要的基本内容的观点，但是还没有人发现令人满意的规则。参考了弗雷齐耶和帕特以前的观点，他评论说建筑比例不是"算术、几何或和谐"，而是从观察自然得到的后验，并且与它们提供的稳定性和坚固性紧密相连。[33] 在他的《民用建筑原则》的第三部分，米利奇亚争论建筑师必须要懂得一些物理和数学实验。对于实践这是基本的，要在脑海中记住所感知的这些理论而能够"反映、观察、面对甚至实验这些理论"，并由此建立确定的规则，对艺术的进步有所贡献。[34] 米利奇亚在他著作的表格、规则和实验结果之中展示出了对法国建筑师、几何学者作品全面的了解。他在众多人中引用了穆沙恩布雷克、贝利多、德·拉·赫、弗雷齐耶和加缪的著作。然而他同样认为在建造中应用静力学是有局限性的，并且到最后，假如他认为几何学和数学对建筑学不可缺，那是因为他同样意识到它们作为符号的重要性。米利奇亚强调凌驾于其技术应用之上的，是几何对于"正确理解比例教条的重要性"的必要性。[35] 由此，虽毫无关联地，但仍像他们的前辈一样，18 世纪的建筑师秉持着几何和数字比例控制的美学价值和坚固性、稳定性以及耐久性之间的关系。

严格主义者（The Rigoristti）：作为暗喻的结构功能

　　对这个新古典主义建筑学问题范式最原始的意大利译本也许将在严格主义者（Rigoristti）[首次提出功能主义的威尼斯理论家卡罗·洛多利的追随者们的称呼]中发现，洛多利的弟子们是威尼斯的"建筑学的苏格拉底。"历史学家已经研究过洛多利对于维特鲁威权威和古典柱式、经典秩序的批判，历史学家把他称为真正的"现代"。而且近来这种感知已经被认可了。[36] 在许多方面，洛多利对建筑和历史的理解似乎比甚至大部分 19 世纪和 20 世纪的理论家都深刻。这可能归因于他与詹西蒂斯塔·维柯（Giambattista Vico）的友谊，一位杰出的那不勒斯哲学家，他的著作预见了当代现象解释学的某些洞察力。

　　洛多利的作品没有留存下来，并且就像苏格拉底的教学一样，他的思想只被他的学生记下来。在他的著作《洛多利建筑要素》（*Elementi di Architettura Lodoliana*）（1786 年）的第 1 章，这也是在洛多利去世后出版的现存最可靠的来源，安德烈·梅莫（Andrea Memmo）感到需要证实洛多利理论的重要性，提醒读者因结构问题导致了许多失败的建筑——这种失败包括了经济上的灾难。[37] 大量这样不同寻常的论文由历史批判主义的章节组成，其中梅莫以同样启迪的心态讨论了希腊和罗马建筑，维特鲁威的理论，以及文艺复兴和当代作者。梅莫冒险提出了由他的历史研究支持的结论：尽管维特鲁威已经定义建筑学是一门科学，这门艺术仍然缺乏固定不变的规则。甚至讨论这点都没有必要。认识到对建筑本质仍存在各种各样的理解，就足以使我们相信，"我们仍在黑暗中。"并且既然最著名的作者都没有提供一个清晰的思想，"那我们至少可以有勇气怀疑。"[38]

　　所有严格主义者之前在理论中进行的基本批判已经在弗朗西斯科·阿尔加罗蒂（Francesco Algarotti）的《建筑文集》（*Saggiosull'Architettura*）（1753 年）中出现。[39] 争论的基础是建筑应与建筑物中使用的材料本质或特性相一致的观点。没有什么比用某种材料来表现另一种材料更荒唐的了。阿尔加罗蒂强调谎言是其中最丑恶的部分。建筑形式因此应该与它使用的各种材料的特性如坚硬度、灵活性或者耐压强度兼容。被现代模仿者普遍接受的古典建筑的"原始"错误，事实是用最初使用的木结构转换成了石材或大理石。梅莫强调即使不考虑它们各自的特性，这种材料的多样性也使得建立确定绝对的比例规则变得不可能。[40]

梅莫指出只有两个意大利作者，即米利奇亚和兰博蒂（Lamberti）讨论了建筑关于坚固性和稳定性的问题。[41] 在他的观念中，洛多利应该已经考虑了静力学、材料力学和建造，把它们作为建筑学的基本问题。维特鲁威和其他作者在过去写过关于建构（de re aedificatoria），但没有想过量化材料强度或计算荷载和压力。[42] 在证明洛多利已经熟知了关于这些主题的法国最著名的建筑师和几何学家的作品之后，梅莫告诉我们洛多利自己花了很多时间和努力精心制作表格来总结他自己关于木材、石头、大理石和其他材料的实验结果。

同样，梅莫驳斥了和谐比例的有效性，批评维特鲁威对这个主题的著作，并且展示希腊人自己如何没有尊重那些柱式最初的尺寸。这些尺寸，他宣称，并不是像一些人认为的那样，从"美丽的自然"中，从人类"不变"的身体中，从树中产生，而是习俗和盲目的对古代权威信仰的产物。梅莫强调总结维特鲁威和他的追随者已经不能建立关于正确比例的理论了，因为他们已经忽视建筑材料的不同，特别是忽视与它们相关的"或多或少的内在凝聚力"[43]。

不像启蒙时期大部分的法国建筑师那样，梅莫不仅能够质疑维特鲁威风格，还质疑先验的自然。然而，我们不应忘记对严格主义者而言，材料强度的实验和物质几何表现的实验，只是技术工具手段。相反，这些关注点被融合进他们发现建筑材料本质现象的兴趣之中。新的建筑学将是看起来正确的，并且通过建筑形式构成代表材料固有的特点。这正是洛多利在他自己的作品圣弗朗西斯科教堂（San Francesco della Vigna）中的意思；这一点在那著名的有像垂曲线过梁的窗户中，并且通过合成他教学的"推论"（这种推论被诠释成一种很自相矛盾的 19 世纪和 20 世纪功能主义的结合）得到了诠释。[44] 甚至洛多利的同辈人，包括阿尔加罗蒂，都误解了他的思想，把他的想法理解为一种对所有的建筑装饰绝对的拒绝。[45]

梅莫写道："直接的功能和表现是民用建筑两个最终的科学目标。"[46] 以下这些目标被认为是平等的："坚固，类比以及有益，他们是表现的基本特征……装饰不是必需的。"严格主义者与维柯分享的历史新视野使得他们能够理解建筑价值的综合性和不可或缺性。在维柯的观念中，历史被假设成为人类真正的科学，一门"新的科学"，与自然科学性质不同，能够阐明人类的起源。[47]维特鲁威的坚固、实用和美观不能被认为是独立的、不变的抽象概念。梅莫通过使用历史批判，揭示人类最初神话结构的绝对首要地位，质疑传统的维特鲁威式神话。这种现象学的先验证实了"恒定不变的身体"的观点，需要在建筑学领域表达出来，以创造一个真正有意义的人类世界。就像对 18 世纪晚期的法国理论家一样，意义对严格主义者也成为一个明确的问题。但是维柯已经强调了人类的人性依赖于他的诗意存在。原始的人们首先通过实现他的诗意力量在世界上安顿下来；他最初完全是诗人而不是科学家。而诗歌创造最初最基本的形式，是建筑。

由此，梅莫争论到，尽管建筑学的价值应该从正确使用材料，考虑它们内在的特性或本质（精确地说是指数学和几何学）以及特殊的建筑功能而来，然而形式和物质之间的关系应是隐喻性和富于想象力的，而不仅仅是理性的。这事实上远离了 19 世纪结构决定论或对于还原论的功能主义的着迷。对严格主义者来说，功能保持了抽象的数学（数字）与可见的表现（质量）的双重且模糊的内涵。因此它能是人类秩序的一种符号。梅莫自己写道，表现是"当事物由几何—算术—光学组成时，个体和整体表达作用的结果"；这么做是为了完成一个既定的建筑目标。

应该记住的是，文艺复兴或巴洛克建筑师从未把装饰看作奢侈的事。[48]不管理论上怎么讨论结构和装饰的特殊性，装饰总是被认为是建筑意义完整的一部分。调和结构和装饰的脱节问题成为了 17 世纪认识论转变后明确的事，并且在克劳德·佩罗的作品中表现出来，在洛可可中出现，并且受到技术自治领域的影响。洛多利在他的"推论"中尝试调和结构和装饰，这已经超越了阿尔伯蒂最初的区别，他的那种区别很明显依赖于传统的信念，认为古典柱式具有绝对的价值。

受到维柯把历史理解为人类科学的原型的刺激，洛多利制造了早期对维特鲁威理论的批判，同时假定建筑中对符号有意地需要。意识到建筑的意义作为早期宗教建筑物，是一种调和人类和外部现实的特殊形式，他反对应用古典柱式是因为它们不适用于使用砖石建造。建筑学作为建造物不得不对材料的诗性潜力做出回应，这意味着拒绝建立在自然科学和数学逻辑上的理性建筑理论，例如 18 世纪流行于欧洲的那些理论。像维柯一样，洛多利拒绝理性的简化论并提出一种早期的解释批评学形式作为建筑学理论最恰当的方式。因此，他能理解文艺复兴时期建筑因为理论的开始及设计和建造的分离而"丢失"了什么。建筑师的基本角色是制造诗意，而不是设计。洛多利的理论很显然被工业革命之后制造业的新进步所征服，并且他深刻的批判仍然被从业者所误解，他们把他的理论简单理解为反对装饰。事实上，他对结构与装饰的调和是如此前卫，乃至其仍能适应于对过于简单化的"后现代主义"的批判。

也许唯一一个能真正完全理解洛多利的理论的建筑师就是皮拉内西了。皮拉内西意识到通过落实结构分析和系统化来简化建筑设计会给绘图带来限制，更由此注意到传统建筑实践变得越来越没有意义。历史上第一次，皮拉内西的建筑完全在他的绘画和"视觉"中实现（而不是在他非常有限的实践中）。他对废墟和一处虚构的罗马往事的描述是对于揭示建筑意义绝望的尝试，永不可能被建造。诚然，这关系到意义，类似于一种已经证实与18世纪晚期法国建筑师相关，试图用理论项目还原世间的意义。因此，皮拉内西对建造的强烈兴趣和他倾向于罗马的"建造者"而不是希腊的"设计者"，是与他这些关注点互相呼应的。罗马人似乎更理解石头的诗意，而不像希腊人那样仅仅翻译木质庙宇的理想形式。皮拉内西相信罗马建筑从埃及和伊特鲁里亚人而来，从严格主义者的角度说，更接近于神话建筑。但仅仅重建罗马建筑是不够的。皮拉内西的"罗马"建筑是巨大的、势不可挡的，经常是墓葬建筑，神秘的、倾斜的、将要毁坏的。意义无法通过惯常的古典建筑得到，也无法通过模仿自然的几何来实现；图画或者版画是符号意图的体现。如果将描绘的建筑放置在工业世界的语境中，放置在一个否定建筑其符号性、主观性的城市中，几何或者传统形式很明显会贬值。

在那些著名的卡瑟立（Carceri）版画中，皮拉内西试图理解石头和木材建筑的现象学本质。这种基本的建筑在那种远离透视简化主义的空间中产生。皮拉内西主导了透视表达的方法以及加里 - 比比恩纳的场景（scena per angolo）。但是他的这种卡瑟立版画不是巴洛克式的场景魔术师。他没有兴趣制造那种将会意识到事实在图像之外的建筑图像。仿佛城市变成了透视图中一幕乏味的景象，并且透视被事实认证，他利用几何方法来创造一种故意模棱两可的现实，创造一种建筑，在那里人们将要面对他们自己荒谬的抽象能力。他的卡瑟立是一种对立体主义和超现实主义的期待；通过透视显现，他们否定透视简化主义，强调实体感受的重要性。但是这些并不是通过常规方法达成的，不是通过三维的建筑，而是通过绘画事实本身去实现。这幅画不再是一种通过在超现实建筑中实现目的的意图符号，就像巴洛克建筑那样；而是绘画本身就具备了一种建筑的几何本质，它有意地避免外部世界，因为在那些外部世界中，数学变成了技术的工具。

舒夫洛、帕特与圣 – 吉纳维芙的柱墩

在 18 世纪后半叶的巴黎，舒夫洛与皮埃尔·帕特之间，产生了一场著名的关于应用静力学于建筑项目的讨论。他们争论的是关于支撑圣 - 吉纳维芙穹顶的侧墙墩的尺寸，清楚地揭示出启蒙运动时期建筑的矛盾性和模棱两可。因为相信经验主义是通向真实的唯一方法，大量的数据积累下来，最终将静力学的几何理论转化为有效的结构分析。然而这种经验主义同样要对传统的建筑视角负责，这里的传统是相对于 18 世纪上半叶理论与科学文章中所表达的意图而言的。

我已经展示了帕特如何通过用经验论方法解决古典柱式和它们的比例问题，从而反对出自克劳德·佩罗理论的价值相对论。1770 年帕特出版了《对于圣 - 吉纳维芙圆顶项目的回忆》(*Memoire sur la Construction de la Coupole Projectee de ... Sainte-Genevieve*)，在这本书中，他争辩道，由舒夫洛提供的侧墙墩的尺寸不足以支撑大穹顶的重量。[49] 很明显，两方建筑师都对技术问题非常感兴趣。舒夫洛一直关注地质学的最新进展，关注物理实验和化学实验，他自己本人也献身于工业之中。而帕特相信，"建筑最重要的方面（暂且不论古典柱式）是建造的技术问题，例如决定立方体的体积、费用预算和说明，以及好的地基或者由铁拉杆加固的檐部。"[50]

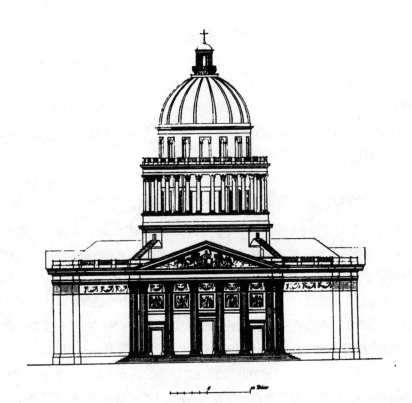

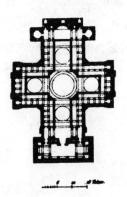

　　舒夫洛设计的圣－吉纳维芙。示意平立面显示出巨大的穹顶体量以及鼓座与建筑其他部分的关系，引自夸特梅尔·迪·昆西的《著名建筑师建筑生平与作品》。

两个人都了解前辈们在静力学和材料力学领域的著作。帕特的《回忆》中提到了布勒特、弗雷齐耶、德·拉·赫以及贝利多，而帕特实际是小布隆代尔《数学课程》最后两卷的作者，这套书是针对技术问题的。[51] 他推荐给古典柱式的比例不是从视觉角度考虑而是从它所需承担的荷载来考虑。[52] 像舒夫洛一样，他崇拜哥特结构的轻盈，[53] 并由此赞美综合了这种品质与横梁式古典建筑的圣-吉纳维芙和康泰特（Contant）为玛德莲教堂（La Madelaine）做的项目。[54] 两位建筑师的美学标准最终都用主观品味和数字比例来作为标准。

因此，帕特与舒夫洛之间的不同应该更仔细地去辨别。已经有人指出，帕特代表了对静力学问题的传统经验主义方式，而舒夫洛和他的支持者——佩罗内、罗代莱、博苏特和加西——尝试着建立一种在实验和计算基础上的真正的结构理论。尽管这种观点并不完全错误，但它应该被证实。在帕特的《回忆》中，他提出数学和机械学的辅助手段，这在他的观念中，于科学的发展是不可或缺的。但是在引用了帕伦特、卡普利特和德·拉·赫的著作之后，他认为方塔纳在他的梵寺（Tempio Vaticano）（1694 年）中提出的苛刻的几何规则是决定穹顶比例最好的方式。事实上，帕特不能接受的是舒夫洛的信念，他相信数学公式和由测试建筑材料抵抗力的折断实验得出的定量数据绝对正确。相反，帕特认为设计决策应该与日常实践的经验相对应。他比较了由舒夫洛和那些在相似情况下由过去的伟大的建筑师提出的尺寸：在梵蒂冈的圣彼得，在伦敦的圣保罗，以及在巴黎的索邦（La Sorbonne）、残废军人院（Les Invalides）和恩谷（Val-de-Grace）教堂。从这些比较中，他总结道，圣-吉纳维芙的侧墙太柔弱了，如果像设计的那样去建造，将不能承受穹顶的荷重。

帕特也许被认为很传统，因为他接受方塔纳的简单几何规则，这种规则缺乏机械学或物理学基础以及他相信留存下来的古代杰作证明了这些规则的有效性。另外，帕特意识到应用数学和几何学在物理问题中的局限性——这种局限性舒夫洛曾试图忽略掉。与弗雷齐耶或贝利多的观点相反，帕特强调在解决结构机械问题时实践的重要性。在小布隆代尔的《数学课程》第六卷中，帕特断言实践总是优先于理论，建造的艺术事实上在理论介入前就已经取得了极大进步；令人崇敬

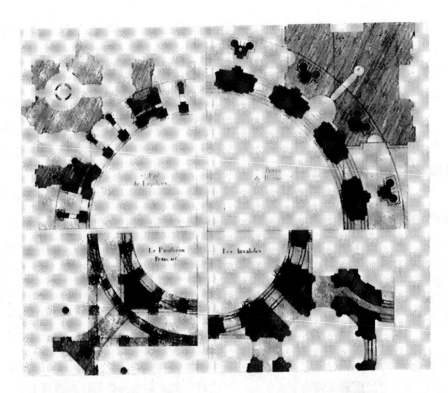

　　欧洲支撑巨大穹顶结构的墙墩尺寸与圣－吉纳维芙的对比，在帕特的《回忆》之后（1770 年）。

　　的建筑通过简单的路径和经验已经建造起来了，并不仅仅是在"无知时代"，在他自己的时代也如此，当工匠们执行困难的任务时，只是在对照过去相似建筑的基础上进行建造。[55]

　　不像他的同辈人那样着迷于结构分析的潜力，帕特并不对传统建筑的成功感到惊讶，虽然那些建筑并没有通过机械理论的帮助建造起来。毕竟，建造，只是把一个物体举过另一个物体的简单艺术，垂直加工，通过不同的结合方式布置，建立在少量静力学规则基础上——那些规则是日常经验的一部分，也因此是常识的一种延伸。例如，脆弱的必须由强壮的支撑，坡度对堆积物体的稳定性很重要。不能被表面的简单性所迷惑，诸如此类的知识都得从经验和实践中得来。只有以这种方式，建筑师才能决定恰当的结构尺寸而不用担心危及它们的稳定性，同时也避免材料的浪费。[56]

据帕特的观点，那些伟大的历史纪念物证明了那些通过惯常路线和实践建立起来的规则不应被忽视。他不反对近来建筑师和几何学家在建造中应用机械理论，因为他觉得这意味着用建立在"重量和平衡之间"基础上的固定法则来替代惯常路线。[57]他相信这些绝对的几何法则的探索是重要的，但他强调这种法则应该时刻考虑到实践中的真正问题。当处理简单的拱顶推力问题时，科学家们经常会遇到不可逾越的障碍，这是因为他们缺乏实践知识，这部分无法替代，[58]他们对建造进步的贡献很小。在帕特的观点中，这种状况已经造成了，"规则和假设"并没有依据事实"发明"，"总之，只有再次把实践和理论结合起来才能用深刻的方式处理与建造有关的话题。"[59]

综合理论和实践很显然并不像一个保守的实践者拒绝静力学那样简单。帕特很熟悉科学的经验主义方法，了解它们能够通过实验提供不变的定量结果的潜力。在他的著作《最重要建筑项目回忆》中他引用了布丰对钢的耐久性测试，[60]并且在《课程》中，他强调关于不同类型石材能够承受的荷载的精确知识非常有用。[61]帕特还抱怨建筑师常常仅靠大概估测而不是应用平衡规则来决定他们建筑的尺寸。[62]帕特区分了德·拉·赫关于拱顶推力（他曾赞扬过）的机械假设与 17 世纪仅仅具有几何特点的规则的不同。事实上，他相信德·拉·赫与弗雷齐耶代表了数学在建造中各种可能应用的最高峰："这门艺术的局限性似乎已经被固定了，因为受过教育的人们现在开始能够提前欣赏和计算哪些能被执行而哪些不能；在这方面不再有无法预知的事，而只有无知。"[63]

那时帕特对圣-吉纳维芙项目的批评很可能是由相冲突的考虑激发的，这种冲突直到 18 世纪才得到和解。一方面，在经验主义科学严格的理性指导下，帕特揭示了仍然存在于静力学中的几何理论与实践中真实问题之间的距离。另一方面，他保留了一种对建筑价值的传统理解，由暗含在其经验主义方法中的形而上学这一维度得到验证。因此他像舒夫洛一样相信由同样的数学规则提供稳定性和美。但是对于帕特，这些规则都是从经验主义的观察和历史先例那得到的，也就是说，都是全部从建筑师个人经验那里得来的，这种经验在他看来作为有意义的设计源头方面要优于理想的计算。

辩论持续了 30 年。最后，因为常见的建造工艺缺陷，圣 - 吉纳维芙的墙墩倒塌了，这种缺陷是舒夫洛把他的计算仅仅基于对石材的抵抗力实验上所造成的。墙墩上有警醒意味的裂缝导致了在舒夫洛去世很久之后有关讨论仍然活跃，并且在 1798 年时帕特仍在《回忆》中写到关于对这个项目的思辨。[64]

埃米兰·加西是一个路桥方面的天才建筑师和工程师，把自己献身于捍卫舒夫洛。他的名字作为一篇混合了劳吉耶理论的文章的作者而被提及，还被作为一种用来测试石材强度的机器的发明者被提及。1771 年他发表了一篇论文指控帕特在他的计算中错误地使用了德·拉·赫关于无摩擦拱的假设，因为他忽略了灰泥抹灰的黏结力。[65] 帕特在他的一封信中承认他的一些计算完全建立在舒夫洛已经使用过的理论基础上，但是他自己的结果总是由实践和历史先例进行检验。[66] 加西批评帕特对旧纪念物的尊崇，对弗雷齐耶理论的赞同以及特别是对方塔纳原则的采纳。最后，加西同样应用了德·拉·赫的假设，但是他的结论刚好与帕特的相反；在他的观点中，舒夫洛设计的墙墩能够支撑更大、更重的穹顶。[67]

加西分享了舒夫洛对应用几何假设去解决建造实践问题的可能性的信心。值得注意的是，查尔斯 - 弗朗索瓦·维尔（Charles-Francois Viel），是一位 19 世纪早期的建筑师和评论家（关于他将在后面有更多叙述），对加西和博苏特导致舒夫洛放弃传统建筑规则表示谴责，而这些规则仍被他大部分同辈人关注。在维尔看来，这样的忽略对建筑学作为一个整体已经带来了相应的后果。[68]

纵观整个 18 世纪，建筑师、工程师以及几何学家，迫不及待地看着伽利略的梦想变成了现实，应用静力学理论于某些特殊的结构问题。一些人，比如帕特，更小心谨慎并且意识到这种应用相对于传统建造方法有局限性。但当他们分享共同的好奇心和对技术问题的热情时，他们的热情根据经验主义方法而调整。更进一步，数字和几何图像残余的符号特征妨碍了把极小量的运算应用于真实的人类行动。幸存的欧氏几何成了对建立一种通用理论最基本的障碍；它作为唯一的几何科学形式毫无异议地存在，一直到 20 世纪末，它都阻碍了将建造操作简化为通用的技术过程。

1770 年后，一些科学家和工程师——例如，普罗尼和拉扎尔·卡诺特（Lazare Carnot），未来的工程学院的教授，以及天才学院的博苏特和查尔斯·奥古斯特·库仑（Charles Auguste Coulomb）——开始意识到修正以前静力学理论的需要。[69] 18 世纪制造了两种类型的科学家：那些，像穆沙恩布雷克和布丰，主要对实验物理感兴趣，而其他人，像欧拉，他们的主要兴趣在几何学和应用机械学，经常被那些潜在的形而上学关注所激励，因此他们的科学关联仅仅是为了证明数学的力量。尽管建筑师和工程师的愿望是在技术问题中把理论和实践联合，然而直到 1773 年，物理现实的主要因素才进行明确的数学化，才有足够精确的数学用于分析解决结构问题，那时库仑将他的论文"关于应用最大和最小值规则于一些与建筑相关的静力学问题"提交给了皇家科学学会。[70]

作为一个军事工程师，库仑有着一份成功的事业，先在梅齐埃学习，之后转而学科学。顾及对结构问题中摩擦力和内力的考虑，他提议一种代数解析方法，这两个基本方面或者在之前的理论中被忽略或者仅仅是被实验性的观察。库仑是第一个提出真正的科学方法来解决结构问题的人，并有效地考虑了基本的实践需求。在他著作的第一部分，他提供了对伽利略机械学源头问题的完整讨论：施加在一个悬臂梁典型十字交叉部分的力量。在第二部分，他检验了 18 世纪最流行的两个结构问题。由于出现在布勒特和贝利多书中关于挡土墙的理论是建立在严格的静力学几何概念基础之上，库仑对此十分不满，并最终将挡土和石墙的物理特性简化至概念化数学的水准。他对挡土墙设计的公式直至今天仍然有效。

考虑到弧形拱和拱顶的稳定问题，库仑克服了难以有效应用德·拉·赫理论至实践中的困难。他的分析方法使用了摩擦力和内在黏结力的定量值，并认定事实上折断并不总是在穹顶上发生。就像彭赛列在 1852 年写到的那样，"在库仑之前，关注拱顶平衡时，人们只有数学方面的考虑或者非常不完善的建立在有限假设之上的经验主义规则，这些经验主义规则大部缺乏精准和确定的特征，而这种特征可以给启蒙时期的工程师以信心。"[71]

因为表达方式的问题，库仑的论文并不能简单易行地把他的发现应用于建筑学和工程实践中。这还得花几十年。尽管如此，值得注意的是，在历史上第一次记录静力学时，即在吉拉德的《论固体的抗力分析》（*Traite Analytique de la Resistance des Solides*）（1798 年）介绍章节中，库仑的理论被认为是从伽利略为起点开始的发展高峰。[72] 吉拉德认为库仑的贡献构成了一个真正的达里阿德涅（d'Ariadne），引导实践者通过迷宫到达真理。吉拉德将库仑的发现当作他自己著作的前提，撰写了第一部真正分析材料强度科学的论文，正如我们所知道的那样。

吉拉德解释在理论静力学中，运动能够被认为是绝对固有杠杆，但当静力学被应用于真实的机器或建造计算时，这种推测则不能被接受。自然并没有创造出那种物质，其各组成部分不会被分离。因此有两种平衡：一种是存在于两个相反的力之间的平衡（例如杠杆），另一种是存在于这些力的某种功能与组成部分内部粘结力之间的平衡。第一种平衡可以很严格地被确定，但第二种只能近似估计。[73] 吉拉德引用了达朗贝尔的评论，即经验不能只用于证明一种理论本质，同时还应能提供新的真理，而这些真理是理论本身无法发现的。

吉拉德的著作代表了材料强度的实验观察与理论数学结构的第一次成功融合。实验数据，通常用于折断荷载，一直被认为或多或少带有任性的作风，在整个 18 世纪，从没变成一个真正的工具来协调几何假设与经验事实。在吉拉德的《论固体的抗力分析》中，定量的观察变成了数学系数。他的理论是真正意义上的解析几何，并避免使用欧氏几何。最后，建筑现实能够被真正职能化，允许一种有效的数学规则替换从实践中产生的经验。建造实践从此变成被"理论"有效控制和支配的事。革命之后成立的国家研究所很"严肃"地汲取了一份由库仑与普罗尼签名报告中的吉拉德著作的结论。

第IV篇　几何、数字与技术

第8章 实证主义、画法几何和建筑物的科学意义

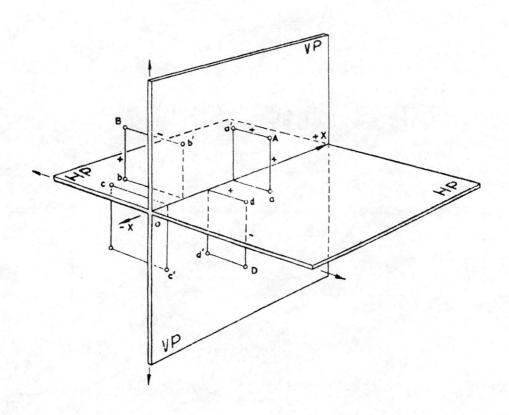

伏尔泰在他的著作《牛顿哲学原理》（*Elements de la Philosophie de Newton*）（1738 年）中写道，整个牛顿哲学导致了存在一位至高无上者的知识的必要性，至高无上者根据自己的自由意愿创造了所有物质，安排了整个宇宙："如果物体受到了吸引……那它就是从上帝那收到了吸引力。"这种宇宙学为启蒙运动的智力成就提供了背景。绝对理性的成就由一系列深深植根于形而上学的假设支撑。几何是一门不可改变的标准优秀科学，它仍然保持与具体化知觉世界紧密且根深蒂固的联系，保留着它作为符号来源的可能性。但是伏尔泰的错误在于认为牛顿学说的形而上学能够阻止无神论，而无神论已经开始支配认识论了。在 17 世纪最后 20 年，诗意和形而上学般的现实表现遭到了反对，而逻辑理性的成功诠释则受偏爱。科学家拉格朗日（Lagrange）和拉普拉斯（Laplace）开始对观察到的明显不规则的物理现象提供自然的解释，特别在天文学领域，显示出它们如何是更大一个没有被足够理解的规则体系内的一部分。事情变得明显起来，整个宇宙，包括地上世界，与完美数学法则相契合程度比迄今为止想象的都要高。因此，如果任何事都能通过数学公式进行解释而接近人的思想，那么上帝的观点就变得不那么重要了。

由伽利略和笛卡儿开创的认识论革命不可改变，理性成为人类命运事实上的主人，漠视它无法控制的那些事情。拉普拉斯在他的著作《关于概率的哲学》（*Essai Philosophique sur les Probabilites*）（1814 年）中写道，所有的事件，包括那些看上去很小的不受制于伟大自然法则的事，都像太阳公转一样依赖于这些法则。只是在对它们与整个宇宙体系的关系缺乏认知的情况下，才会使它们看上去依赖于最终虚幻的原因或机会。拉普拉斯很确信那些"虚幻的原因"是人类愚昧的表达，最终会在"实证哲学"的光辉下退出并完全消失。[1]

由此可知，哲学家的任务是发现那些统治所有现象的数学法则和它们可能的相互关系。宇宙正在失去它的神秘性，因为能够被逻辑合理地仔细检验的时候，没有什么是注定能保持神秘的。拉普拉斯描述了客观原因的特征，比如，宇宙现在的状态应该被构想为是以前状态的结果，并且是它将来状态的原因。智力能够在某个瞬间知道所有驱动自然的力量以及各自自身的位置，并且还能把这些数据进行数学分析，从而能够把最大的体量和最小的原子融合在一个公式里。拉普拉斯强调对这样的智力来说没有什么是不确定的；它将足够有能力来了解并由此控制过去与未来。

拉普拉斯由此构想出实证主义的基本原则——19世纪嘈杂的技术探索和工业化背后的哲学。实证主义制造了一种错觉：人类理性会有无限的控制潜力，支配和驱使曾威胁人类的自然力，因此鼓舞了人类认为（可能还在这么做）能够有那么一天，在他的生活或世界中没有什么能隐藏在理性之下。直到所有流动的、可变的和日常生活中必要的模棱两可的现实部分都简化为理想世界中数学公式般的清晰，价值也与生活世界分离。

拉普拉斯相信人类知识应该仿效数学天文学模型，在数学天文学领域中，力学和几何学的发现促使人们能够通过分析公式理解"过去和未来的世界体系。"这种规律性在所有现象中都存在，使人类智慧能够推断出统治人类的普遍法则，甚至能够预言这些现象。[2]拉普拉斯提醒他的读者，在并不是太久以前，那些奇特的现象比如大风雪、干旱、日食或彗星还被认为是上帝发怒的象征。但是今天人类不再乞求上天，他们通过观察已经意识到，祈祷是没用的。[3]

拉普拉斯的《天体力学》(Mecanique Celeste)对牛顿形而上学的批判有重大意义。天文学在这最终净化了其传统的神秘内涵。牛顿已经指出（根据拉普拉斯所言）行星和卫星的规律运动并非力学原因，这种"令人钦佩的和谐"是智慧而有力的个体杰作。对此，拉普拉斯以一个修辞学的问题作为回应：难道不可能行星的这种配置本身就是运动法则的影响？难道不可能牛顿的"最高智慧"已经被一种更普遍的现象所取代了吗？[4]读了《天体力学》之后，据说拿破仑询问了拉普拉斯为何没有在关于宇宙的书中提到上帝。作者的回答是："因为我已经不需要这样的假设。"

这种新认识论框架同样使得相对论被无条件接受。现代世界的基本矛盾在于同时并存的信念，一方面相信理性（有无限能力，能发现绝对确定的数学真理）；另一方面相信每个人激进的主观性受制于个体自身对世界的部分认识（只能提供有限的方式接近真实）。当19世纪早期科学家和哲学家宣称所有数学理性之外的智力活动都是不合逻辑时，上述这种现代西方文化非常模棱两可的特征成为了关键问题。从科学思想中删除了对神秘领域的需求、梦的领域、诗歌以及想象，这些已经使人们与世界取得和谐的内容。最终真实和知识之间断裂，前者被认为优于后者。传统中占重要地位的由主观世界赋予知觉意义的方式被抛弃了。个体只能依赖于形式逻辑来寻找存在定位。

　　早在爱因斯坦相对论理论之前，牛顿的绝对时间和空间被拉普拉斯质疑："当一个物体改变其与参照物（我们假设为静止）相对应关系的状态时，此物体对于我们来说是在运动中；但当所有的物体，包括那些看起来绝对处于静止的物体，也许也在运动，我们假设一个空间，没有边界，不可移动，对物体来说可穿透：对这个真实或理想空间的部分，我们通过想象提供物体的状态。"[5] 后来奥古斯特·孔德（Auguste Comte）断言没有好与坏，绝对地说："每件事都是相对的，只有这才是唯一绝对的。"

　　在这点上，尽管丰特奈尔对莱布尼茨的发现的评论在 18 世纪没有变成"像其他一样的数字，"但记住计算中的无限概念非常重要。几何中的无限永远不能避免启蒙运动中某种"形而上学的杂质"。只要哲学思考还是数学思考中必须的一部分，无穷大和无穷小（定义为抽象数字）之间转换的问题，看起来就是一个无法解决的两难问题，在超验的古老观念和无穷的静止之间无法调和。事实上，大部分 18 世纪的数学家决定回到更简单的算术和代数观点。[6] 例如让·勒朗·达朗贝尔介绍了"有限"观念。微积分中的无限由此变成了有限的限制：术语朝向它不曾达到过的方向。1772 年，拉格朗日坚持建立在功能基础上的微积分新方法能够被简化，1797 年他出版了一部著作包括不同的微积分计算原则，被视为"脱离任何无限小、短暂的元素，有限或流动性"；简而言之，它们都被降至有限数量的代数分析。[7] 同一年，拉扎尔·卡诺特出版了他的《在无穷小计算上的形而上学思考》（*Reflexions sur la Metaphysique du Calcul Infinitesimal*），证明无限小的计算不需要证明它自身的真实，它的真实和唯一的价值在于作为一个有效工具解决技术问题。18 世纪晚期，一位严肃的科学家愿写一本书论这个主题，这件事本身就很值得一提。因为只有在这个时代，科学研究摆脱哲学思考变成了真正的自治内容，把自己变为一门专门的知识分类，不涉及伦理学、美学或形而上学的辩论。在这点上，人类的技术行动从人类的价值中剥离出来，变成了一种盲目的技术导向，由抽象、乌托邦式的因素决定。

由此微积分能够被有效运用在任何学科的实践中。拉普拉斯的《天体力学》代表了第一次将这门科学成功地应用至"世界体系"中，首次描述了一个不再具有层级的宇宙。地上世界的分析力学被拉格朗日在他的著作《力学分析》（*Mecanique Analytique*）中认定为理所当然的。他的著作与之前关于力学的论文如德·拉·赫间的不同在于他倾向于将这门科学中理论和解决其特殊问题的艺术简化至普通的公式，这些公式只要简单发展就能提供所有必需的公式以解决每个特殊问题。拉格朗日在一个前提假设下综合已有的力学原则，提高它们的精确性和操作性。他的作品在史上第一次条理清晰地将力学简约至纯代数分析，避免使用几何图解。拉格朗日强调物理学中只需要代数手段，并且忽略"建造或几何的说理。"[8]

将现象简约为数学法则成为 19 世纪思想所迷恋的主要内容。物理和人类科学不得不被缩减为少数真理，尽管最初是通过观察获得（学科内容），但（后来）只能通过理性来处理和结合。[9]牛顿主义无神论模型的内在问题在于，数学天文学和力学具有实证主义思想特征，为 19 世纪新的专门科学提供了认识论框架。或者就像奥古斯特·孔德提到的：天文学已经取代社会学成为了人类智力革命的因素。[10]在《纯粹理性批判》（*Critique of Pure Reason*）（1781 年）的第一版前言中，康德（Kant）写道，人类理性被不能解决的问题所淹没。以实验物理学的名义，他谴责投机性质的形而上学。未来的哲学不得不对一个建立在几何和数学基础上的真理模型做出反应。康德自己的作品尝试改变传统的形而上学，跟随物理学家和几何学者的脚步，在哲学上带来一场革命。[11]80多年后孔德在他的著作《实证哲学讲义》（*Cours de Philosophie Positive*）中表达了类似的目标。实证主义哲学的主要力量在于观点，现象受制于不变的自然法规。所有智力目标是准确确定这些规则，并尽量减少每门学科的数目。[12]

我已经展示了自 17 世纪以来，大部分这些思想和目标是如何在欧洲通过某种方式变得明显的。但这只是在法国大革命之后，当"严肃的"科学思考排除了形而上学的投机，在物质世界领域，技术支配的意图变得有效。那时，实证主义公开延伸至社会科学而毫无愧疚感；后来，通过反对符号表现作为知识的基本形式，尤其束缚了人类对真实自然的理解以及诗和艺术的重要性。

1810 年达朗贝尔出版了他的著作《1789 年以来数学科学进展的历史报告》（ *Rapport Historique sur les Progresdes Sciences Mathematiques depuis 1789* ）。这本书代表了第一次在科学史中尝试使用简单的收集事实，而不是用哲学观点来修正它的方式。[13] 它的实证主义计划使得知识产生了清晰的区分。每一个规则现在都拥有它自身自主的历史，脱离于世界观点；每一个都被看作实证经验的积累，作为一种线性的进步并排除了"失败"或"不相关的猜想"。这种模型对 19 世纪所有的历史规则产生了深刻影响。这种历史观念直到今天仍然流行，造成了许多误解，加深了错误观念——那些有意义的智力成就必须发生于专门的知识范围内。

根据圣 - 西蒙的观点，19 世纪的贵族将由专门领域的科学家和机械师组成；应用科学将决定人类的未来。[14] 只有拿破仑大学创造出独立的科学院系，制度化且区分了客观科学和主观人文科学。19 世纪的前几年也见证了新的智力领导者的出现：傲慢的、自以为是的技术专家。这些人在巴黎综合工科学校受教育，这是一个由革命性公约成立的机构，成为了世界范围内进步教育的典范。毫无疑问地，技术专家成为近两个世纪以来西方文化中最有影响力的人物。怀着对数学说理无限的信任，并因为从很难毕业的学校结业而相信自己受过的教育，这些人物对社会很少或几乎没有认识，不了解它的历史和问题，轻视人文科学——因为它们的内容总是模棱两可，实际上不能用数学的确定性将其公式化。[15]

弗思（Fourcy）于 1828 年写了第一本关于巴黎综合工科学校历史的书，根据他的观点，研究所超过半数的物理、化学和数学部成员，以及国内最好的工程师，都是从这个学校毕业的。19 世纪早期所有科学和技术领域最杰出的名字都与这个研究所相关联：拉格朗日、拉普拉斯、蒙热、傅里叶、普罗尼、普安索（Poinsot）、兰白拉德（Lamblardie）、纳维（Navier）、贝托莱（Berthollet）、泊松（Possion）、安培（Ampère）、盖 - 吕萨克（Gay-Lussac），以及当然包括在建筑理论和设计领域的迪朗。[16]巴黎综合工科学校培养了相当数量的科学家和技术人员，他们都沉迷于技术乌托邦。当评价学校的影响时，古诺（Cournot）写道：通过给物理科学以数学般的精确性（由此改变了工程艺术），学校制造了工业革命，影响了当时的思想甚至鼓励了法国民族主义。[17]

弗思认为梅齐耶工程学校（Ecole de Genie de Mezieres）以及路桥学校是当时学校机构的先驱。然而，在巴黎综合工科学校，教学方法却十分不同。所有的学生必须完成一系列严格的入学要求，包括一个书面测试。一旦入学，他们有一个强制性的课程设置，提供给每个人普遍适用的惯常方法。不像18世纪技术学校那种学徒氛围，通常是配合解决专门问题，巴黎综合工科学校提倡非个人课程和指定科目的内容，每个人都必须在专精某一方面之前掌握这些。此后这成为专业教学的主导理念。

事实上，创建学校是为了给那些想在进行公众服务之前去应用大学（Ecoles d'Application）学习的个人提供"可靠的和生机勃勃的"数学以及科学基础。学校章程规定，学校还需要提供化学和图像艺术的基础知识。[18]如果满足了它的要求，学生就可以进入多种服务体系，如炮兵、海军、土木建筑、轮船制造、采矿或岩土工程等。学生除了必须学基础数学和代数外，还有理论力学必须要学的微积分。除物理和化学之外，另一项基础科目是画法几何，用于民用工程、防御工事、建筑学、煤矿、机械和海军建设中。

在《理工期刊》（*Journal Polytechnique*）的第一册中，建筑学被定义为使用泥土、石材或木材，应用已有的规则和比例设计和建造的艺术。[19]"民用建筑"被分为两门课。巴尔塔（Baltard）只写了一页纸来介绍建筑学，充满了模糊和不确定的概念。[20]然而兰白拉德却写了10页介绍土木工程，并提供了详细的课程计划。

在新学校之内，建筑学几乎变成次专业学科，没有与应用大学相对应的，向毕业生保证进一步追求更专门化学问。设计和建筑理论课程只分配了很少的时间。在第三册中，提出了一份经过修订的课程安排，在这个课程安排中，建筑学甚至都不是一门独立科目，而是民用工程中的一部分。迪朗在他的《简明建筑学教程》(*Precis des Lecons d'Architecture*)(1809 年)(译者注：原书另有 1802 年标注版)中揭示了其显而易见的原因。他指出并不是所有类型的工程师都能做建筑，他们同样被赋予了更多机会去承担大型委托。[21]

　　一旦建筑的理性部分与土木工程中新实证主义的客观内容取得一致，建筑学的特殊性就被降至装饰层面。而装饰，在新的认识论语境中，注定会被认为是无价值的、昂贵的并且相对无用的职业。我们应当记住拿破仑曾反对他的前辈，鄙视建筑学，指责它通过过度消费侵蚀了国家和公民。这在工业社会当然是有罪的，工业社会的价值观是建立在经济基础之上的。君主在他的王国建筑中主要使用工程师，建筑师仅仅在有装饰需求时被邀请参与。装饰变成了一个价值商品、一个消费产品附加在建筑工程上，否则，建筑基本上就是简单的技术过程和结果。

欧几里得几何的作用方式

　　18 世纪最后 10 年同样见证了一个数学法则的出现——欧氏几何学真正功能化，也就是说，简化至代数分析领域。此法则就是巴黎综合工科学校的学生们学习加斯帕·蒙热的《画法几何》(*Geometrie Decriptive*)(1795 年)，而这代表了第一次有效和精确地使用数学描述现实成为可能。

　　尽管自 16 世纪以来在建筑设计和建筑技术中几何投影已经很普遍，在蒙热之前，几何理论总是与细节相连。它们缺乏使画法几何成为真正科学的独立性和一致性，它具有抽象功能而且对广泛领域内的问题都能应用。[22] 笛沙格的通用方法是例外——仍然过于理论化，从未假设在足够体系化的方式中囊括所有技术——蒙热的方法是第一个提供真正的合成体系以应对所有艺术和工艺，也就是说，应对人类行为的总体。画法几何由此构成了"从线条、平面和空间表面得来的完整的理论和实践手段。"[23] 相应地，他不仅关注石头切割、木工、防御工事和透视，还关注所有那些三维空间计算的纯数学或应用数学的部分。达朗贝尔强调欧氏几何只能"在二维"测量面积和体积，而画法几何能以数学思维考虑空间自身。

　　画法几何是一种数学规则，其功能原则能被分析证明。它是一种工具，可以绝对地精确地系统性削减，使三维物体进入"二维空间"。蒙热相信画法几何中没有什么建造是不能被翻译成代数的。在他的观点中，两门科学应该放在一起学习，以强调它们的相互关系。

在《画法几何》这本书中，实践和理论考虑被系统化并归入了一个清晰的技术目标中。为了获取真理，在所有规则中，数学精确性是必需的。蒙热同样相信必须要普及科学方法并对工业进步进行展望。这终将消除关于制造过程的神秘性。他认为自己的作品是新技术规则的基础，是新一代工程师的"理论"，其唯一的目的就是使生产更加高效。[24]

由此，蒙热强调"每个人都应该知道画法几何的理论和应用"，其目标是双

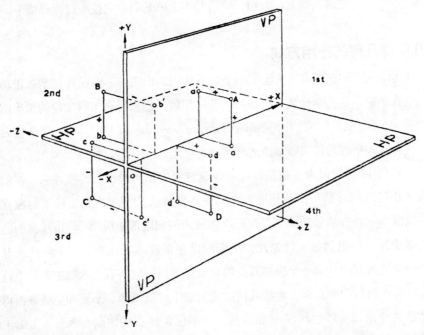

现代画法几何中的正交平面和象限仪，能使三维实体简化至坐标体系，并且这种操作和转换独立于直觉知识，引自罗伯逊（R.G. Robertson）的《画法几何》（*Descriptive Geometry*）（感谢伊萨克·皮特曼爵士和森斯公司提供）（Sir Issac Pitman and Sons Ltd.）。

重的。首先，它应该能影响到精确的表现，通过图画用二维表示三维物体，使它们变成严谨的定义。从这个出发点考虑，这是一种"对所有那些天才们必需的语言"，掌控构想和执行项目，并且对所有参与建造的工匠也是必需的语言。第二个目标是从精确描述实体及其位置推演结果（也就是它们的数学关系）。从这个角度上说，画法几何成为一种获得事实的手段，提供从已知到未知旅程的"永恒模型"。蒙热宣称他的规律应该被包括在国家教育计划中，因为推行画法几何必定会加速工业进程。[25]

画法几何的发明是获得实践中系统数学的关键步骤，它统治着朝向技术目标的艺术和工艺，并且画法几何在 19 世纪产业化和理性建筑产生及发展中起到了作用。必须强调，从巴黎综合工科学校毕业的新建筑师和工程师（也是自古以来大部分实践建筑师）的几何是由蒙热发明的。孔德写道："这是唯一"能够提供精确独特规则而构成工程精髓的"概念。"[26]

盖弗农（Gayvernon）在《理工期刊》发表了一篇教授几何学的文章，其中他声称只有研究了画法几何学在不同艺术和工艺的应用后，建筑师才能决定精确形式和他的建筑组成以及各个部分。[27] 在该杂志的不同期中，蒙热指出画法几何提供了组成各种建筑不同部分之形式知识，这些部分不仅与建筑的稳定性相关联，也同样与它们的"装饰"相关。[28]

米歇尔·沙勒（M.Chasles）作为蒙热的信徒之一，在他的《几何方法的起源和发展史》（*Apercu Historique sur l'Origine et Developpment des Methods en Geometrie*）（1837 年）中花了大量篇幅介绍画法几何。他介绍蒙热的成就在于"近一个世纪以来首次在几何科学中有所贡献，并作为笛卡儿分析几何学的必要补充。"[29] 画法几何在科学延伸的历史中"开启了新时代"，并且产生了极大反响。用沙勒的话来说，这项美丽的创造注定从根本上改变了实践几何学以及所有依赖它的艺术。这实际上就是，"一种真实普遍的理论，已经降至很少量的抽象和不变的原则，降至更容易确定的建造即几何操作的手段，可能在石头切割、木工、透视、防御工事、太阳钟轨迹和其他技术中必定要用到，而之前这些技术只能通过内在的、不确定的和不是很严格的程序来执行。"[30]

沙勒同样承认蒙热三维真实功能化的其他深刻应用。作为理性几何的图示转化，它促进了分析几何领域相当大的发展，加剧了对实体形状的熟悉程度和对它们理想概念的影响。几何研究的工具翻了一番。蒙热的科学被认为是几何定律，成为了一种有效的证明手段，严谨地把三维物体与平面图像联系了起来。据沙勒的观点，画法几何提供了某些笛卡儿几何中无法解决的先验问题的解决方法，这些先验问题由代数自身局限性限定而导致。[31] 他解释说传统的欧氏几何被复杂的形态所困，并且缺乏通用的和抽象的规则，被迫来处理每一个具体问题，被迫发现解决方法所必需的元素或以形态自身来说明问题。沙勒强调因为形态建构的内在复杂性，特别是在三维上，这种局限性非常不方便。因将组成部分相连的可见物体与代数公式相关联，画法几何对代数分析的进步做出了极大的贡献。根据沙勒的观点，蒙热是"能够用几何处理代数"的人。[32]

代数的秘密在于"转换的机理"，使其能够达到通常意义上的新高度。沙勒解释蒙热的伟大优点在于在几何学中应用了这个机理，发现了体积和平面之间的"连续性原理"。然而，这个连续性原理却是由蒙热的学生们，尤其是让 - 维克托·彭赛列在他的著作《论图像的投影属性》（*Traite des Proprietes Projectives des Figures*）中展开公开讨论的，而这个原理在画法几何中已被默认。[33] 事实上，表达一项原理非常困难，例如让生活世界起作用的过程合法化就很困难；克服这些困难意味着接受自古希腊以来最基本的认识论理论转变。

彭赛列可能是蒙热最优秀的弟子。他在巴黎综合工科学校学习，1822 年出版了一本专著，根据他的传记作者称，是关于修整工业机械学的工具书。[34] 他的投影几何学认为位置与投影图像保持着不变的确定关系，不论在它们遵从透视投影之前还是之后。[35] 一些由彭赛列假定的通用原则早已被帕斯卡和笛卡儿发现，但那些被认为是独立的主张，从未成为有方法论的几何理论的一部分。

彭赛列希望增加数学科学的理论概括性，这样它们的行动领域就能够仍然保持在智力控制之内。[36] 一小部分丰硕的成果能被浓缩表达为多种特殊事实的变化。彭赛列的主要目标是提供普通的几何学以"延伸的特性"，从而使代数更加丰富。欧氏几何不仅缺乏通用性，在他看来，还缺乏直接和统一的方法以探寻真理，它不得不极度频繁地利用算术比例。相反，画法几何具有一个真实教条所具有的特点，其规则以一种必要的方式联系起来。"很容易意识到"，彭赛列写道，"这些特征只能从投影的使用中得出。"[37]

这些"投影的特征"——那些在投影前后仍然保持一致的特征——构成了形态的真实特性。这些米制单位或特征描述或关联必然已经具有极大的通用性和确定性，因为它们独立于任何绝对层面。[38] 就像蒙热一样，彭赛列寻求"增加简单几何的资源"，归纳概括它的概念和有限制的语言，吸收至分析几何中。他的主要贡献在于当以纯抽象方式而不是在真正确定的层面来思考时，提供了充分的通用方法来轻松地证明和发现数字所具有的投影特征。[39]

运用连续性原则，彭赛列能够使用通用方法建立一种综合几何。数字，虽然在欧氏几何中曾被当作性质上不同的实体，现在成为一个"大家庭"中的成员，同时具有成为倒数转变的潜力。现在，数字各部分之间具有了恒定的联系。从此，纯形式考虑将定义所有几何数字的本质，忽略它们与可见世界之间的原始联系。从这个观点看，投影几何成为西方 19 世纪和 20 世纪思想的原型，它的出现标志着欧洲科学危机开始出现。

在欧氏科学中，多样释义和演绎对应于每一种感性外观。然而对彭赛列来说，每一种个体形式都将不是以自己的形式，而是以它所属的系统一部分的形式，或是以可能被转化的整体形式的表现方式被测试。[40] 笛沙格已经注意到无限的直线与圆之间的相似性。但是彭赛列坚称在平面上所有指向无限的点理论上同样能够被视为一根直线的一部分，自身被放置在无限的位置上。彭赛列是第一个清楚地在二维平面和三维空间之间建立同源性的人，展示了非欧氏几何通向多维的方式。这实际上暗示着理想代替真实的力量。这种替代的力量是西方科学危机的根本——它是人们迷失方向的深刻源头。它还是现代艺术问题的聚集；到 18 世纪末期，空间逐渐变得更扁平，在立体主义时，达到了一个程度，即允许被描述的物体之间欧氏几何关系的消失。[41]

彭赛列之后，几何变成了一个独立的句法系统，甚至可以不再用到代数。它是一个规则，不再需要把问题置身于活生生的感知世界之中。它能避免想象，从而得到一种完美的内在逻辑，对技术应用而言非常理想。投影几何学现在被有效地用来解决静力学和材料力学问题。这在库尔曼（Culmann）和克雷莫纳（Cremona）的方法中得到了证明，其分别出现在 1866 年和 1872 年。

建造科学

19 世纪开端，技术成为了人们的权宜之计（modus vivendi）；人类的行动（传统技术）变得"严肃"，拒绝了传统的生存方式。从这一点来看，外部现实可能失去了它神圣的特征，被简化为物质，因此最终被人所主宰。19 世纪的建筑师、工程师、技术人员的傲慢、痛苦以及相关的责任与他们前人普遍的平静自信形成了对比。同时，将建筑简化为固定的规则的意图，在 19 世纪的早期最终获得了成果，这些规则最基本的目标是成为更高效更经济的实践。随着新几何学的发展，以及在军事工程、石头切割术、木工和通常的工作图中的应用，几何有足够的精度保证这些理论在实际应用中的成功。

让·罗代莱的工作代表了理论转换成技术工具的优秀示例。在捍卫建筑预期的尺寸不受帕特的反对之后，他被舒夫洛委托完成巴黎先贤祠。罗代莱在他的作品《法国万神庙的历史记忆》（*Memoire Historique sur le Dome du Pantheon Francais*）（1797 年）中，表述了同样的兴趣和在他同辈人作品中发现的工艺知识。他假定了一种类似于加西的方法，对定性实验结果给予更重要的地位，这些实验是用他自己发明的设施进行的——很显然是第一次设施能够提供足够精确的结果。[42] 罗代莱的目标是用科学方法解决结构问题，使人们能够避免凭直觉进行思考。在他对舒夫洛建筑的描绘中，他几乎只处理材料和建造程序问题。他的思想很显然暗示了建造理论的数学化对各种技术有着更大、更有效的控制力。罗代莱在新的建筑专门学校（Ecole Speciale d'Architecture）中教授石头切割术，这个学校在皇家学院被镇压后成立。1794—1795 年，他还参加了公共工程指导。1789 年他提交了论文，负责组建公共工程中心学校（Ecole Centrale de Travaux Publics），后来这所学校成为巴黎综合工科学校。[43]

在罗代莱涉猎广泛的《论建造艺术的理论与实践》（1802年）一书中，他提供了简单的、按部就班的规则来解决各种实践问题，是建造科学方面第一本真正有效的教科书。这本书非常流行，出现了各种版本。在前言介绍中，罗代莱提供了建造技术"进步过程"的历史轨迹追踪。他的兴趣只在稳固性——建筑的坚固性、稳定性、耐久性——只从这点观察，他产生了对建筑历史上不同时期的判断，他认为历史建筑是线性发展过程，是理性建造的进化。这个前所未有的有利视点成为 19 世纪建筑历史的基础，例如他批判我们所关注的古埃及建筑只在乎"持久的坚固"，因为一旦达到这个目标（主要是通过直觉），就不会再去超越它了。[44]

像严格主义者一样，罗代莱排斥古希腊建筑，批评它把与使用木材相应的形式变成了大理石。然而与洛多利对照，罗代莱认为坚固性不仅是一个完全独立的价值，同样还是唯一基本的建筑价值，反对任何其他作为价值判断标准。[45] 在表达了他对罗马帝国和伟大哥特式结构（这种结构体系由结构的必需性、便利性和恰当使用决定）建筑技术发展的崇拜之后，他挖掘了伟大的现代大师如帕拉第奥或塞里奥（Serlio）的事实，即他们"迷恋绘画"，只是使古典柱式永恒，他们的论文处理比例问题但是没有对建造科学提供指导。[46]

罗代莱观察到，只是在 18 世纪，这些"困难的抽象问题"得到了关注。在勃列尼讨论了圣彼得大教堂穹顶以及加西评论了法国先贤祠之后，关于建筑的基本目标逐渐变得清晰，那就是，首先，"建造坚固的建筑，使用恰好数量的选用材料，与艺术和经济相结合"。[47] 罗代莱宣称完美从建造艺术中产生，"激励了人们的崇拜"，并认为完美只是通过长久稳定来保证，"体现了建筑中第一等级的美"。他定义建筑艺术是"愉快应用精确科学至事物特征。一旦理论知识与实践知识相结合，平等地规范所有操作，建造就成为一门艺术。"[48]

理论对罗代莱来说是经验和理性分析的结果，并建立在数学和物理原则基础之上。通过应用理论，一个好的建造者应能够通过建筑的地点和它需要承担的负重来确定正确的形式和建筑任何部分的尺寸。罗代莱强调只有这样的建筑才会是比例和谐的、坚固的和经济的。只有通过理论，一名建造者才能解释执行一项工作的必需程序。但是，正如罗代莱强调的，原则知识和经验要加入到实践知识和材料特性之中，才能使理论有效。骨子里他的论文强调这点：理论作为强有力和通用的工具，控制建造的整个工艺过程。在实证主义的框架下，不接受神秘性和非科学的猜想。在一本建筑书籍中，建筑形而上学的一面首次变得不再重要。寻求意义被认为是无关要紧的事情。如果它出现了，那也只是技术过程的一个结果。

罗代莱《论建筑艺术的理论与实践》一书中百科全书式的内容令人印象深刻。在细节和范围上，它比其他建造方面的书都更高级。它对主要的建筑材料进行了大量描述，列举了不同的大理石或石材类型，讨论它们的地质和地理源头，它们的特性和根据在各种环境下的抵抗力测试的实验结果得出的正确使用方式。包括对砖石建造方法的详细介绍，从一开始就明显汲取了几何和物理学知识，反对那些一直围绕着建筑行为的传统观念。文本的客观性和理性确实让人震惊，以至于没有给偶然性或直觉留位置。问题的表达通常是数字化的，并且总是附加上精确的制图。过多的细节泄露了罗代莱对事物及其细节的着迷。建筑，或至少它的"基本部分"，就是这样转变至精确科学的。很显然，罗代莱认为现代建筑科学远高于所有过去的技术方法，他同样强调通向进步的道路是敞开的。他的写作缺少绝对和确定的语气，这种语气在之前的建筑理论著作中是典型特征，甚至那些特别关注建筑技术的著作中也是。罗代莱强烈信任数学证明；但是在真正的实证主义倾向之下，他相信潜在的乌托邦式的理性，认为未来的发现必将能够提供更好的理论。

第一次应用新的画法几何解决建筑问题的内容出现在论文第 3 章、第 5 章和第 6 章。所有可想象的石头切割、木工和家具的制作方案都通过系统地使用投影和优先使用图形，确定拱、构架、楼梯、拱券、装饰细节甚至家具中的所有建筑元素的精确结构与尺寸而得以解决。一旦建筑师让自己熟悉了通用方法，他就能够构想出前所未有的细节和精确的任何固定元素；这些配合说明图纸的文本失去了它们显而易见的复杂性，从数学理性来说，变得完全透明，直接将真实空间诠释为平面上的可理解空间。罗代莱的图纸代表了第一次针对建筑技术问题有效的图解解决方案。

这种建筑制图的转变，代表图像丧失了它们的符号维度，变成了平实的真实材料图像。对建筑师而言，这不是一项令人不安的成果，建筑师们在这个实证主义的世界中通常都准备忽略符号知识的价值。画法几何作为一种中立工具很显然被现代建筑轻松接受，这令人振奋，这种接受和应用使今天设计项目被认定或评论为建筑而不是不能简化的意图符号。画法几何意义明确的特征和绝对的清晰性完美地回应了 19 世纪和 20 世纪建筑师大部分的基础目标。

画法几何为克服建筑技术缺乏实用、直接的知识这种特有的局限性提供了解决手段，并取得了相当大的成功。建筑师现在能够支配木匠或石匠，哪怕他对工艺实际了解为零。这样他就能够专攻设计。对建筑科学来说画法几何的应用意义不能被过分强调，因为它将建筑降低为一个技术过程。脑中牢记这一点，我们就能发现只有在法国大革命之后，一旦建筑师或工程师完成了广泛的课程、考试及理论测试，就被授予进行实践的资格，尽管他可能从未参与过实际建造工程。

罗代莱的《论建造艺术的理论与实践》第 10 章主要是关于建筑定量的评价。从某种程度说，它代表了 17 世纪晚期第一次出现的对所有关于测量、经费估算和说明这些文字的顶点。然而，罗代莱只关注效率和经济的技术价值。他批评文艺复兴和巴洛克建筑师放弃了这些价值而浪费他们的时间在想象"多变、豪华和巨大的项目"上。[49] 他坚持一种观点，即优秀的建筑师不仅在于他有能力以或多或少愉快的方式选择形式和柱式规则，还在于其通过建筑手法，以成熟考虑和有序而经济的方式执行而获得正直和名望。[50] 罗代莱代表了新的技术思维，这种思考，"周密地阐述精确通用和易于执行的建设项目成为基本操作。"这些全方位项目或概算书被认为是能够全面参与和控制建筑的手段。罗代莱还帮助建立了标准化十进制体系；使用十进制给测量带来简单性与精确性，很显然，比那些建立在不仅不精确并且随着国家地区不同而不停变换的测量方法高级。使用画法几何方法，通过精确的工作制图介绍十进制体系，把概算书变为有效工具。

罗代莱对概算书的方法进行了详细说明，赋予了很高的重要性。他批评和他有同样目标却总是没能实现的前人。这些综合项目的产生（具有精确的预算）成为对建筑师和工程师而言最重要的任务。到 19 世纪早期时，已经有趋势要把它们制度化。

1805 年，罗代莱被邀编写一套关于费用预算的规范，用来指导建筑师和建造者为他们的国王服务。[51] 他强调综合项目——考虑精确测量，考虑建造程序，材料质量以及完整的工作制图——是建造必需的出发点。他论述了对每个建造工匠来说必须注意的主要方面，并总结每一步都需要有细节。对罗代莱而言，非常有必要阻止滥用承包商和忽视工匠；这样一来，人们能够建造建筑，并"用坚固和经济的美德去装饰。"[52]

将真正有效的概算书详细进行阐述说明时需要对建造科学理论的全面知识和它的实践应用。罗代莱意识到这一点后，在他的论文里包括了力学和材料强度的纲要，使用常用的副标题"建造的理论"。他解释当论文其余部分从材料角度思考来讨论不同建造类型时，建造理论的目标是考虑建筑物不同部分应该给出什么形式和尺寸，以保证建筑物的坚固性和稳定性。[53] 罗代莱相信力学和材料强度不仅能决定建筑元素的尺寸还有形式，从而期待注定更真实的类型将成为 19 世纪建筑中的普遍现象。

根据他自己对理论的理解，罗代莱驳斥传统的理论和实践知识相分离的困难。理论常被实践者反对并认为是"抽象的理性"，而理论家批评实践是"盲目的道路"。罗代莱争辩，这样的矛盾是误解的产物，实际并不存在。也就是说，事实上，从技术理论的角度来看，一个真正从技术规则的艺术角度来看，理论和实践不得不在智力上结合。传统思考和行动关系中必要的模糊性、暗示性不再被接受。

罗代莱理解计算、假设和从几何学与力学中产生的通用公式的重要性和局限性。对一个恰当的建造理论来说，经验和观察同等重要。他意识到理论结果的运用是有条件的并且它们不得不适应物质环境。为了避免重复前辈的错误，他尝试结合极端尖锐的经验主义和绝对的数学解决方式，以解决特殊的问题。尽管他避免应用由库仑发展的分析方法，但对于静力学的每个单独问题，他都研习并评估了所有过去和现在他能找到的几何和代数解决方案。他付出了巨大的耐心，比较了其他方法与他自己的理论和定量测试的结果。从实证主义的观点来看，面临的问题是要遵循大部分恰当的数学公式，直到科学能够发现最后确定的解决方案。

结构分析

　　19 世纪的最初几年，有效的分析方法最终为那些静力学和材料力学的基本问题提供了恰当的解决方案，而这些问题，建筑师和工程师已经关注一百多年了。在加西、梅尼尔（K.Mayniel）和纳维的著作中，库仑的发现被翻译成结构设计中的实践方法。通过应用微积分，建造事实能够被数学化。类似摩擦力和内聚力这些方面，在德·拉·赫的理论中被忽略，或者在丹尼兹（Denizy）和罗代莱那只是被实验性考虑，最终都混合在代数分析之中了。

　　与欧氏几何在 18 世纪的静力学和力学中扮演的重要角色相比，新的解决方法避免利用古典几何学。力学成为纯粹的分析训练，并一直持续到 19 世纪中叶，库尔曼和克雷莫纳构想出图解替代物，也就是利用透视几何学，能够达到代数学那种精确和稳定性。

　　加西是一名建筑师和路桥学院（Ponts et Chaussees）的检查员，他因为牵扯到帕特和舒夫洛的争辩而被提及。根据他的匿名传记作者（可能是纳维）记载，加西在他的论文《法国万神庙的柱子》（*Dissertation sur les Degradations Survenues aux Piliers du Dome du Pantheon Francois*）中排斥德·拉·赫对穹窿性能的假设。[54] 传记作者在 1809 年的写作中声称："今天，这个理论已经被替代。"尽管加西确实最终使用了德·拉·赫的几何学假设，很显然，他意识到它的谬误以及问题的复杂性，这使他与罗代莱的处境有些类似。[55]

　　加西是纳维的叔叔及导师，他们之间的关系似乎非常紧密。1809—1813 年间，纳维完成和出版了加西最重要的著作《论桥梁的建造》（*Traite de la Construction des Ponts*）。在编辑的前言中，纳维强调了加西方法的原创性。启蒙时期最重要的工程师——佩罗内与德雷格莫特（De Regemorte）——只提供了文章中的"应用"。而加西在一个连贯的理论体系中，概述了桥梁设计和建造的原则，给一个完整的理论添加了必要的元素。[56]

　　在他自己的介绍中，加西提到大部分建筑师主要关注装饰；他们对整体建造或特定的桥梁问题说得非常少。这些建筑，在他认为，没有让自己变成装饰，但提出了也许最大的执行困难。在他看来，对桥梁建造来说，唯一真正的目标就是完美的坚固性和稳定性。公共建筑中真正的经济性包括确保最大可能的耐久性，同时避免多余的花费。[57] 桥梁不是一处"地方"，它是一项交通工程；而装饰，这一传统中用来加强桥梁的符号力量，现在则落伍了。

加西懊悔地解释道，除了阿尔伯蒂、塞利奥和帕拉第奥讨论过一些桥梁的规则和比例之外，这个主题事实上已经被 18 世纪前的建筑师忽略了。参考佩罗内关于纳伊桥梁的伟大著作后，加西赞扬了建筑程序中指导性的描述，但对这种出版物的费用和数量极少感到遗憾，这使大部分建筑师看不到。18 世纪著作中一个更糟的部分是他们提供了"应用规则的例子，"但从不井然有序地阐释和讨论这些规则本身。加西更欣赏戈蒂埃早期所著的《论桥梁》，他试图建立普遍的桥梁建造规则。但是因为缺乏实践经验，这篇论文满是错误和相互矛盾之处。[58]

加西著作的第 1 章提供了一份历史目录，包括古代和现代石桥，所有图纸按相同的比例绘制。迪朗在他自己的历史建筑中使用过同样的方法，这在后面会提到。第 3 章是关于脚手架，第 4 章是建筑细节。第 4 章同样涉及了成本预算的基本问题及其衍生物。

但在第 2 章，加西概述了他"建立桥梁的通用规则"。很重要的是，他从谴责 18 世纪桥梁建设在内的巨大花费开始，这阻碍了其他也许不那么宏伟结构的建设，但却将有利于商业扩张。我们看到了一个激进的改革，关注建筑的基本价值。加西批评挖苦了佩罗内的桥梁，特别是它们很低的拱，"很难建造并抬高了造价，"这些桥梁的构造最后仍然由主观符号决定。甚至不像他很近的前辈那样，加西相信在桥梁设计中不能有任性或超越数学理性之外的考量。决定形式和尺寸的所有因素都需服从数学规则。因此，最终的设计也只是所有这些数学变量的函数。需要考虑五个基本因素：①地点选择；②水量；③拱的形式；④拱的尺寸；⑤桥的宽度。这些因素中的每个都是由固定的规则决定，与特定的环境相关。为了得到最终综合的项目（必须严格遵循建造者，不给即兴创作留机会），所有这些相互关联的条件最终要靠脑力统一。事实上，这就是第一个清楚的功能主义者的构想对待建造问题。从前从未有过决定建筑设计的各种因素；从传统的、模棱两可的、体现等级化的结构分离，在过程中成为了数学公式中简单同类的"变量"。[59]

　　加西测试了用科学决定码头尺寸有多好。他拒绝德·拉·赫、普罗尼和博苏特（所有这些理论都建立在假设砌石无摩擦的基础上）的理论，包括他们的结论也不可行。相反，加西选择库仑的解决方案，正如我们看到的那样，因为这是第一次成功综合用定量数值分析力学和材料物理。

　　纵观他的论文，加西为确认建造实际必须要考虑的所有方面和状况都提供了数学公式，例如，水的速度、土地的类型，以及工人的效率。与佩罗内的著作相对照，加西的观察和大量的实验不再任意地应用（作为很难定义的个人实践经验的一部分）。相反，它们被改变成系数，而成为公式的一部分。最后，数学分析的结构代替了经验，成为成功设计桥梁的科学方法的基础。

　　值得注意的是，在 19 世纪初，其他一些工程师应用了库仑的方法来解决建造问题。博伊斯塔德（L.C.Boistard），一位路桥学校的工程师，在进行了大量实验之后，在拱的特点分析中取得了类似的结论。[60]军事工程师梅尼尔 1808 年出版了他的《实验论文》（*Traite Experimental*）、《土壤压力及涂料墙体的分析与实践》（*Analytique et Pratique de la Poussee des Terres et des Murs de Revetement*）。在书中，他客观地测试了关于挡土墙的现存理论。他解释了布雷的理论，第一次建筑师有兴趣建立关于泥土推力的基础理论规则，而并不与实验结果一致。事实上，只有库仑的解决方案考虑了问题"所有的物理环境"。[6]梅尼尔的书在库仑的理论基础上提供了一种方法，现在能够容易地应用于实践，并且能够应用数学决定挡土墙的所有尺寸。

　　理查德·普罗尼，另一个路桥学校的工程师，也是佩罗内的弟子之一，是第一个在巴黎综合工科学校教授分析力学的人。课程回顾了欧拉、拉格朗日、拉普拉斯、博苏特和库仑的理论。在他的《机械哲学》（*Mecanique Philosophique*）（1801 年）中，普罗尼规划出一张方法表格，对力学的主要问题列出了代数解决方法，由此避免了对公式和猜想任何中间过程的减损。[62]对新一代建筑师和工程师来说，这种综合是一种理想工具。值得注意的是，这本作品的意义在于抛开其深思熟虑的名字，它并没有以人类存在的角度考虑机械的目的或是涉及它的发展历史。普罗尼相信他在提供"力学的哲学部分"。这不是随意使用的词汇。"哲学"意味着精确地设定规则，允许控制和支配事物；它变成了一种仪器，满足技术设计（应用科学），避免所有对关于技术行动意义的猜测。像罗代莱一样，普罗尼质疑"盲目例行公事"和"无效的猜测"的价值。现在技术的智力中庸（juste milieu）将在理论和实践之间替代精确和模棱两可的平衡，需要数学知识和实际运用。几何、纯科学、推断，与各种类型的技术过程简化相比将不再具有存在的理由。

纳维的著作代表了这股潮流恰当的顶点。人们普遍认为他是现代结构分析技术之父，他对之前所有的发现给了内在的形式，提供了一套理论，更容易学会，并且普遍适用。他在路桥学校教授的课程出版于 1826 年，期间纳维展示了如何应用规则进行实践，设定分析决定一般结构的形式和尺寸的简单方法。

许多仍在结构分析中使用的公式是由纳维首次解出的。纳维不像 18 世纪那些只在实验中关注导致断裂的荷重的工程师，他在材料的弹性限制之内推演他的公式。这样大幅缩减了数学理论和事物真实状态之间的距离。他强调，之前关于静力学的著作是建立在虚假的几何假设之上的，并且对数学过程更有用，而不是提高建造艺术（参看他对贝利多的《工程师科学》的评注）。他强调，虽然之后有很多理论著作，然而在启蒙运动时期，建筑师和工程师仍然仅仅通过他们的个人经验来决定结构尺寸。[63] 纳维的目标不是别的，正是为结构分析提供通用公式和原型方法。然而，第一座由纳维严格计算出来的桥梁结构却失败了，这也是可怜的讽刺———一种早期的技术悖论，它立刻暴露了数学简化论的局限性。

第9章 迪朗和功能主义

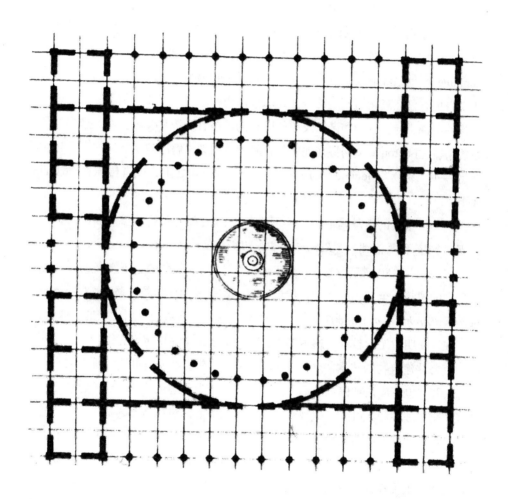

在建筑理论和设计领域，雅克·尼古拉斯·路易·迪朗的著作很好地说明了理论处于转变成一种自我论证的工具而控制实践的阶段。迪朗（1760—1834年）是布雷最重要的弟子。两人私交很好，因为形式偏好相近，被历史学家冠以"革命"的标签而归为一类，并且编造了有误导性的两人之间的关联性。尽管迪朗确实崇拜布雷，但他基本上代表了另一个完全不同的世界；值得注意的是，迪朗建造的金字塔纪念碑不仅用来纪念他的导师，同时也献给加斯帕尔·蒙热，以纪念他的成就。看看迪朗最初的成名作菲利西特公共神庙（Temple de la Felicite Publique），就已经能大致分辨出导师（布雷）和弟子（迪朗）之间的不同了。形式变得更有象征意义而不是符号性，承载愉悦的基石上同样铭刻着法国大革命所鼓吹的美德：与智慧、和谐以及勇气同行的，还有经济和实际操作。这同样是拉布鲁斯特（Labrouste）期待在他的新希腊建筑中尝试解决建筑意义这个问题时的态度——"易读"（legible）的装饰加在理性的结构之上，或者覆盖在普通的楼体上。

迪朗最重要的贡献是他的两部理论著作：《各类建筑物的参考和汇编，古代与现代》（简称《汇编》）（*Recueil et Parallele des Edifices de Tout Genre，Anciens et Modernes*）（1801年），这是一部巨大合集，包括著名的、不知名的，甚至是想象中的建筑，全部用同一比例绘制；另一本是《简明建筑学教程》（*Precis des Lecons d'Architecture*）（1802年），书中总结了他在巴黎综合工科学校的讲课内容。

在《简明建筑学教程》这本书中，迪朗把建筑学简单定义为组合和执行所有私人及公共建筑物的艺术。[1]并且因为建筑是所有艺术中最贵的，所以它不应该异想天开，也不应该被偏见或墨守成规所左右。为了避免浪费，建筑设计必须紧紧遵循完全理性和不可改变的规则。在一定程度上，建筑高昂的费用与它的基本目标一致：维持人类的生活。毕竟，难道建筑不是所有艺术中最有利于人们保护自己和社会存在，最利于艺术家和工匠们开启和获得他们事业发展的吗？如果没有建筑学，人类在面对险恶的自然并缺少保护自己面对那些恶劣天气的手段时，就不可能享受到社会给予的回报，或许可能已经从地球上消失了。因此"建筑学唯一的目标是给私人和公众提供有用性，给个人、家庭和社会提供保护和幸福。"[2]

与之前的建筑理论相比，迪朗强调任何先验理由无关要紧。建筑学应该仅仅确定它在物质世界被实用价值左右的有用性。在新理论领域之外寻找解释没有必要，而新理论第一次假定建筑是自治、自足且特殊，只由数学缘由证实的事实组成。迪朗认为建筑学达到它目标的方式是"不再难以辨认"；建筑学由人们为了人类自身而创造，应该能够"在它自我存在的方式里"发现这些方法。

在一个相当长的段落里，迪朗总结了他价值体系中的基本规诫，即在所有时间和所有地点，人类所有的思想和行动都是由两个原则促发的：喜爱幸福，远离痛苦。[3] 这种唯物论的前提成为技术伦理学和美学的基础，强调了从 19 世纪继承而来的最盛行的历史与意识形态概念。只有在迪朗之后，对建筑学而言，提供"舒适""愉悦""好用"，比提供精彩的意义更重要。

建筑应是方便和经济的。迪朗认为这些特点是建筑的"天然方法"，是建筑原则的真实来源，总是在所有时间所有地点指引建造中理性的人们。对建筑而言，想要便利，它首先就得坚固、健康和舒适。要坚固，它必须用高质量的材料建造，用智慧决定比例。要健康，它就得放在精心选择的地点。要舒适，它的形式和组成部分的尺寸必须要"尽可能精确地联系"，考虑被设计建筑的使用。[4] 对于经济，迪朗解释简单和对称的几何形式应该在建筑设计中使用。尽管这些形式与 18 世纪后期建筑师使用的形式外观上非常相似，但它们的本质是从一个完全不同于布雷或勒杜文章中所表达的观点出发提出的。迪朗建议使用圆形，而不是四方或矩形平面，原因很简单，它的周长更短。越对称、规则和简单的建筑花费将越少。经济因素由此规定了建筑的方式和方法，杜绝了所有不是"必需"的内容。[5]

迪朗反对在他看来已被广泛接受的一个观念：建筑学的基本任务是通过装饰和模仿引起视觉愉快。他指出，建筑并不能通过模仿带来愉快，因为不像其他艺术，大自然并不是它的原型。因此，迪朗反对传统学说中维特鲁威式对古典柱式起源的拟人解释，也反对比他言论早约 50 年的劳吉耶原始小屋理论。在实证主义的指引下，所有的假设看上去都很荒谬。很显然，一个宽度总在变化的人体和一个圆筒状的柱子之间并没有什么联系，并且人类的比例也不会是古典柱式比例的基础。迪朗不再像他 18 世纪的前辈那样能够接受在建筑理论中至少将神话作为一种基本的理念补充的必要性。对他而言，模仿自然第一次不再是模仿形态（mimesis）。他只能从字面意思去理解它，就好像是一个等式中的两个词条，而不是隐喻关系。

数学理性的实证主义反对把隐喻当作一种严肃合理的知识形式，这种排斥是由迪朗带给建筑学的。以他的这种思考方式，传统理论只是想象的神话故事，缺乏科学价值；他们唯一的目的就是证明建筑学的目标是成为模仿的艺术，以愉悦双眼。然而，这种"显而易见"的想当然是错误的。因为迪朗无法意识到，事实上，神话是建筑学必须找到的形而上学那一面的领地。只有在新实证主义叙事背景的世界里，那些质疑理性力量的"反动"建筑师才会被认为仅仅是室内装饰者。

在展示了原始小屋如何不是以自然事物或人体为模型的建筑，迪朗解释了古典柱式既不是模仿原始小屋也不是人体，因此不能被认为是建筑的本质。他强调一个人期待能从柱式的使用和装饰中获得的愉悦通常为零。他写道，装饰不是别的，就是一头怪兽，引起愚蠢花费的怪兽。[6]这种言论直接反对传统中使装饰和结构和谐共存的尝试，而这种尝试甚至在理性时代都非常流行。

在《简明建筑学教程》的其他部分，迪朗解释建筑中有三种形式和比例：①那些源自材料天性的形式和在建造使用过程中从用途产生的形式；②从习俗而来的形式，就像那些在古代建筑中发现的那样；③那些简单又很好塑形的形状，之所以被喜欢，是因为它们很好理解。在迪朗看来，只有第一种类型是必要的——由力学规则和使用性决定。但正因为其他两类形式不是绝对由"事物本性"所定义，所以才能附加于建筑之上。古典柱式的规则属于第二种的变形，在迪朗的理论里，缺乏象征价值。

尽管迪朗提供了决定柱式比例的简单方法，但他强调这些数字关系与美无关。不管柱式和它们的规则多么有条理，人类的眼睛都不能理解客观的比例：在不同观测点尺寸会不同。因此很明显，"这些比例对由建筑单方面制造的愉悦产生的影响很小。"[7]读者也许能回忆起，即使对克劳德·佩罗来说，比例最终对确保一个建筑主观之美也是必不可少的，因为据他的观点，尺寸确实直接由人的头脑得来，因此与主观的美相关。老布隆代尔和其他一些传统的建筑师通过直观的

"视觉修正"解决了透视变形的问题。但对迪朗来说，透视主义的问题变得不可逾越，这导致了他的相对论；既然每个个体从他们个人视点去看，看到的东西都会变化，客观的比例就变成了不相干的价值规范。在迪朗的建筑理论中，主体和客体之间统一的可能性最终被排除了。

尽管逻辑和历史都揭示出建筑真正的目标既不是愉快也不是装饰，迪朗还是承认有些建筑是会比其他一些更令人"愉悦"。事实上，迪朗相信，对建筑而言，如果它源自真理就不可能不愉悦。因为人们大部分强烈的愉悦感来自对他最迫切需求的满足，一门艺术如果满足了我们大部分的需要，那很难不给我们非常多的愉悦。[8]

事实上，迪朗理论的内在价值体系与他的那些前辈们截然不同。建筑的价值不再被一套完全不能简化的类别定义，而这个类别又依赖于一个先验的意向来进行层级组织。而现在，建筑已经不再是宇宙秩序的隐喻图像。确实，新自给自足的必定平实的建筑貌似是被相似的分类统治；但是这个分类现在是完全自主的，它们的结构是有逻辑的，而不是符号的。因为没有认识到这一点，建筑史学家误读了 19 世纪的历史相对论，并且相应地，那些与现代建筑相关的最重要的问题使他们迷惑。利用迪朗为跳板，后来的建筑师们愿意去构想维特鲁威的分类——稳定性或持久性，美和便利——根据数学理性分别被当作独立实体去进行理解，并且为了达到最大的愉悦和最少的痛苦，最好像公式中的各种名目一样整合在一起。

与布雷和勒杜的建筑自白观念背道而驰，迪朗强调，建筑的特征，它们的意义，并不是一个特定的问题。以他的观点，充分解决平面布置问题（基于设计使用目的的基础上）创造出一些能感觉到完全不同于用另一种程序设计出来的建筑，就足够了。[9]迪朗不能理解从符号角度来看待特征问题，而这种看待方式甚至被与他时代最接近的前辈们所接受。以他的思考方式而言，特征只是一个标记，或者是建筑最终形式与它的平面组织之间假定的直接数学关系的结果。建筑师最关心的应是他的建筑平面各部分之间能达到的最好（有用）的结合方式。迪朗强调没有什么建筑装饰是愉快的，除非它产生于最便利和最经济的"设置"。这是 20 世纪功能主义的先声，直到今天仍存在于各种直接的和间接的形式中。对迪朗来说，平面"设置"变成了建筑学的原型问题。

从这个便利角度来看，建筑师的能力被减少到要求能解决两个问题：①就私人项目来说，在给定数目资金的前提下，设计和建造最便利的建筑；②就公共设施而言，在其细节已经给出的条件下，最经济地建造一座建筑。[10] 对迪朗来说，经济和效率不是限制，而恰恰是灵感的来源。它们成为建筑唯一可接受的价值。只要任务满足了它的计划安排，就会是愉快的。效率思想是一种功能关系：使用最少的花费达到最大程度的结果，获得最大的经济性。建筑中的价值体系由此减至愉悦和痛苦之间的平衡。当达到理想效率和最大愉悦时，价值就能被"测量"出来。实证主义的新建筑伦理不是别的，而是最大和最小之间的转换法则——同样的法则被库仑用来解决结构力学中的经典问题。这套价值体系是当代建筑中仍然普遍强调舒适大于意义的源头。

在这套理论背景中，简单的几何实体被用作建筑的原型，失去了它们的符号内涵；它们变成新价值的标记，成为技术的"形式语言"。迪朗相信简单的形式易于接受，能在观者那里制造出一些愉悦。但这不是关键问题。这些形式被使用，是因为它们基本对应于那些已被经济规则调整过的概念。迪朗在对舒夫洛设计的先贤祠的批评中强调了这些观念。他写道，如果舒夫洛遵循了经济规则而不是用形式来追求结果和"运动感"，他的建筑将不会是一个"复杂的希腊十字平面"，而会是一个简单的环绕着石柱廊的圆形庙宇。这种"安排"不仅能省一半的钱，还能实际增加建筑的华丽和宏伟。

很显然，迪朗的课程与他的实用主义意图一致。在《简明建筑学教程》第一部分，他分析了建筑元素，如柱子、墙、洞口、基础、屋顶、拱顶、桁架和台阶，从两个不同的角度对这些元素进行考量：一个是从它们建造中使用的材料角度；另一个是从它们天然应该拥有的形式与比例角度。在第二部分，迪朗解释了如何结合这些元素，这些对建筑而言就"像语言中的单词或者音乐中的音符"。在迪朗看来，通过结合这些元素，包含了建筑师工作中的基本方面，形成建筑的各个部分：门厅、房间、柱廊、中庭等。一旦这些部分组合良好，他接着就解释如何进行结合以形成整个结构。在第三部分，他测试了不同类型建筑的特性。

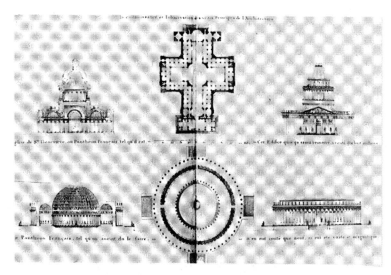

《简明建筑学教程》中的插图，对比迪朗的提案与舒夫洛设计的圣－吉纳维芙（译者注：即先贤祠）。

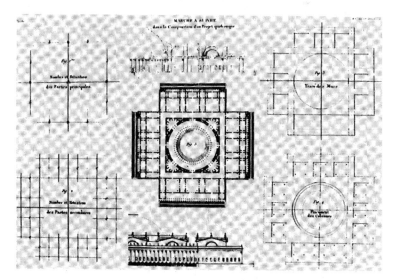

《简明建筑学教程》中，迪朗平面构成的几何方法，应用于各种类型的建筑。

因此，作为一个整体的建筑设计在迪朗的理论中被减至一种形式组合游戏，没有先验的意图。意义则存在于系统内。建筑成为一种语言，其可能存在的意义完全依赖于句法，同时绝对语义学关系很明显超越了实证主义理性。这种组合术不同于传统做法，本质上与事实脱节，只适应那些由数学理性得出的规则，而不是每日生活的逻辑。然而即便小布隆代尔尝试通过变形把几何变成一种现实的隐喻，迪朗的方法论却排除了这种可能性。迪朗相信他的方法单独构成了研究学习建筑学的正确方式，这种方法通过少而精的思想、元素和简单的结合方式就能得到像语言本身那样丰富和变化多样的成果。这种简洁的理论实际上是为了成为一种有用的工具，能够帮助学生快速设计任何建筑，"哪怕那些他们从来没有听说过的建筑。"[11] 因为迪朗，建筑学最终被理解为形式语言或者风格。从这个角度，我们了解了最平庸的形式主义者的方法源头，在西方世界，直到今天仍在许多学校和公司中流行。

迪朗的《简明建筑学教程》中，构成立面的垂直元素组合。

重复一下：对迪朗而言，所有理论的目标，都是为了确保处理手段的效率和经济性。为了达到这个目标，简化建筑设计，迪朗教导他的学生组合机制（mecanisme de la composition），包括使用方格网来解决基本布局问题，或安排平面中的各个要素。柱子放置在十字交叉点，墙沿着轴线放，洞口开在构件的中间。迪朗演示了如何在建筑各部分应用这种方法，将这些部分结合成一个明确的整体。尽管解决平面问题总是最主要的关注点，但授课内容也包括把组合方式

网格中的维特鲁威人，引自凯沙瑞亚诺版《建筑十书》（1521 年）。

应用于立面、整体体量研究、屋顶以及各部分的生成。组合方式是一种方法，通过这种方法，任何建筑问题都能得到解决，这从另一方面也说明方法其实就是理论。

当然，把网格用于设计不是迪朗的发明。在凯沙瑞亚诺（Cesare di Lorenzo Cesariano）版的《维特鲁威》（*Vitruvius*）（1521 年）中，著名的维特鲁威人被叠加在一个网格上，后来菲利贝尔·德·洛姆在他的神圣比例系统中也使用过网格。[12] 然而在所有这些例子中，甚至在那些 18 世纪论文中我们能碰到的更模棱两可的应用中，网格作为设计工具的特征也是排在它代表秩序的符号价值之后。只有在迪朗的组合机制中，网格变成了工具，其唯一价值就是在技术过程中作为一种工具。这种由网格表现的生活空间最后变成了一个概念——一个 19 世纪和 20 世纪建筑师很喜欢的概念，最后逐渐被认为是理所当然，在建筑教育中被滥用，甚至还被误用来解释建筑历史中的其他时期。[13] 从根本上来说，迪朗的网格作为平面发生器被柯布系统推荐，但却建立在错误的概念之上，认为人不居住在

特定的地点，而是居住在均质普遍的几何空间里。

迪朗和他的学生使用画法几何的方法来简化建筑思想表达，并且使项目和建筑实际环境之间产生尽可能直接的联系。迪朗认为绘画是"建筑的自然语言"；为了实现它的目标，建筑应该与它是一种表达的观念相协调。简单的建筑，避免无用和不自然，应该反映出一种没有炫耀和困难的绘画类型。在迪朗的观点中，任何其他绘画都将对项目有害，是对手的打扰以及对想象力的妨碍，并甚至将可能导致虚假的判断。平面、剖面和立面被认为是表达一个建筑完整思想唯一必需的图纸；迪朗强烈建议在一张大图纸上表达对应建筑项目所有的图纸内容。[14]

在蒙热方法的基础上，迪朗和他的弟子通常用二维来表达他们的项目。事实上，这个特点包含在迪朗《简明建筑学教程》中所有的设计里。与布雷和勒杜的绘画及水彩画相比较，迪朗的项目中包括了完美敏锐的平面、剖面和立面，采用了非常细和精确的线条。他避免使用产生气氛或透视效果的表达，避免阴影，明确拒绝使用水彩，因为水彩是"那些相信建筑是为了愉悦双眼的人使用的。"[15] 当勒杜仍能写下一个建筑师应该从成为一个画家开始时 [布雷甚至使用柯勒乔（Corregio）的 "并且同时我也是个画家" 作为他文章的题词]，迪朗和他在巴黎综合工科学校的学生已为他们新的科学和专业的建筑学而骄傲，煞费苦心地去强调他们自己明显理性的专业与其他美术之间的区别，后者被直觉所支配。对他们来说，建筑绘画不多不少就是一种精确表达建筑的工具。建筑历史上第一次，绘画变成了一种手段，被认为缺乏自身的价值。通过预先假定

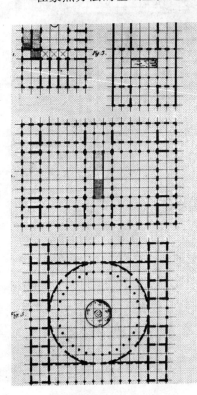

展示组合机制细节的插图，引自迪朗的《简明建筑学教程》。

三维空间与绘画之间的连续性，外观形象不再是建筑的一个符号，而是它的机械特性被缩减至平面的反映。

在迪朗的理论中，数字和几何最终放弃了它们的符号含义。从现在开始，比例系统将具有技术工具的特征，并且几何应用于设计仅仅是作为确保效率的工具。几何形式丧失了其作为宇宙哲学回应物的存在：它们从生活世界中被连根拔除，被逐出了传统的象征性视野，取而代之的是它们变成了技术价值的标志。这相应引领了包豪斯的几何学、国际风格和现代运动，这些内容在本质上是技术世界观相同的产品。作为理论的一部分，它去除了形而上学的思考，大部分当代建筑简单和没有特色的几何形只与技术过程交流，而不是与人的世界交流。

对欧洲科学危机的理解带来了克服这个问题的可能性。现在西方哲学圈似乎已经经历了见证理性黯然失色的过程，能够再次抓住几何的初始意义，在理论主题上应用它，以创造新的隐喻式建筑。然而同时，我们的非人性化城市仍然是由迪朗式的几何体填满支配。

工业革命建筑第一次清晰地把基本原则和目标联系起来，这要归功于迪朗。他的理论对 19 世纪欧洲建筑产生了巨大影响，并且间接对所有那些已经接受乌托邦式技术目标的建筑师产生巨大影响。他的书被翻译成多种语言，同时巴黎综合工科学校的学生迅速传播了这些看上去毫无争议的新思想。例如，勒杜的老学生杜布（L.A.Dubut）在他的《民用建筑：法国乡村住宅》（*Architecture Civile, Maisons de Ville et de Campagne*）（1803 年）中接受了迪朗的原则。这本书主要是一本房子目录，根据杜布的说法，其中的任何一个都能在对建筑学无知的情况下建造起来。接受通用部分，根据品味和经济条件，改变它的排布或者甚至取消柱廊和柱列都成为可能。只要那个房子保护居住者不受到恶劣天气的影响，所有其他的都是多余。杜布在他所有项目中都使用又细又精确的线条。他的平面总是轴线对称，其建筑的体量几乎是不变的立方体，用模块元素进行简单的组合构成。[16] 像杜布这样的书持续出版了许多，这些书都含蓄地接受了迪朗提出的价值观，这暴露出日益增加的对建筑师在社会中的角色缺乏清楚认识的状况，就如同对建筑学特有的自身本质的误解一样。

路易斯·莱布伦（Louis Lebrun）是巴黎综合工科学校的另一个毕业生，他也接受了迪朗的思想。他在《古罗马建筑理论》（*Theorie de l'Architecture Grecque et Romaine Deduite de l'Analyse des Monuments Antiques*）（1807 年）一书中表达出他的志趣是科学地决定建筑中愉悦的真正来源。他的分析使他得出结论：愉悦来自于建筑物结构的稳定性。[17] 发现不可改变的数学规则有可能成为新理性建筑的魔力，这个观点甚至得到那些关注装饰"不那么重要"方面的建筑师的赞同。

事实上，见识了传统学院余存的布扎体系的创造力，装饰不是像一些更激进的建筑工程师倾向认为的那样无关紧要。即使使用所有的技术，人们仍不得不面对他的个体存在意义模糊不清的问题，面对此时此地对和谐的需要，而不是在某个未来的乌托邦。这种自然规律需要环境中有种符号秩序，人们能在此间为自己而建立。建筑因此不可能简单地简化成平淡无奇的建造或结构。对建筑而言，撇开建造技术过程，人们通常能感受到建筑需要表达点什么。例如，工程师布鲁内尔（Brunel）不情愿地要求建筑师怀亚特（Wyatt）来装饰伦敦的帕丁顿（Paddington）火车站。这种纯功能与纯装饰之间矛盾的状况自 19 世纪开端就在建筑中制造了一种深刻的张力。即便迪朗自己也不能逃开这种内在的矛盾。他的著作《汇编》事实上是一本说明形式问题的书，是一本包括了那些过去画过的伟大建筑的平面和立面的汇编，以同样比例绘制，并未歧视不同文化或历史阶段。据说这类信息能帮助建筑师比较不同的遗迹并能建立或改变他自己的品味与判断。[18]

比较一下迪朗的《汇编》和 1721 年出版的第一本建筑通史就很能说明问题。由奥地利建筑师费舍尔·冯·埃拉赫所著的著名的《历史建筑图集》同样是那种实用主义原型的产物，我讨论过这种实用主义与克劳德·佩罗的作品的关系，而且这种实用主义先于牛顿哲学的普及。费舍尔在科学圈评价极高。他是莱布尼茨和惠更斯（Hüyghens）的朋友，他决定写一部建筑比较史而不是一部论文具有重要意义。像克劳德·佩罗一样，费舍尔承认品味的相对性，会被不同文化、场所和时间限定而改变。但是费舍尔同样认为需要绝对原则——他相信这种绝对原则来自耶路撒冷虚构的所罗门庙宇，并且已经在罗马帝国建筑规则中取得了丰硕成果。[19]

费舍尔似乎是第一位能区分拥有特定含义建筑形式的建筑师：方尖碑、金字塔、记功柱等，而且能在他自己的项目中通过并置来组合它们。这种处理模式非常不同于文艺复兴或巴洛克式的"组合"。费舍尔的项目持续地合成组合各种元素，其意义依赖于这些元素清晰的历史而不是它们的几何或比例秩序。费舍尔对神话历史故事的支持深刻影响了新古典主义建筑，在布雷和勒杜的设计设想中扮演了重要角色。例如，通过辨认原始的自然特性，布雷和其他 18 世纪的理论家视历史为一种伴随着一系列先验理念把各种事实融合的手段，其原则总是清晰而确定的，仅仅通过历史得以证实。更甚者，勒杜把有史时期设想为一种对初始原则和形式纯粹性的腐蚀和毁坏者。

历史的实证主义概念与新古典主义的神秘论有着根本的不同。转化成科学之后，历史被视为一种线性前进的经验和数据积累，从这些经验数据中也许能够提取出不变的原则：对人类行为的箴言或对某些学科问题的解决方案。迪朗的《汇编》是第一部持有这样观点的建筑历史著作。它声称总结对建筑师而言必需的经验，使之能够得到最正确的规则，或者合适的风格。然而，需要强调的是，迪朗不是想通过不同文化的形式表达来简单证明品味的相对性；也就是说，他并不喜欢那种仅仅折衷的态度。相反，迪朗和那些真正继承了他思想的更严肃的建筑师和理论家们希望改变历史，使之成为一门客观的科学，只建立在材料证据之上，批判那种用想象力进行解释的行为，而那种行为曾经是行业的特征。一旦考古挖掘和精确的地形学方法使得遗迹更容易得到，那些沉迷于历史实证主义景象的理论家就能确定，通过分析形式风格，有可能发现一种针对装饰问题的理性和确切的解决方案。

迪朗思想的影响力在整个 19 世纪是一件复杂的事，它源自同时并存的信念，相信对人类知识的所有方面以及人类知觉的主观性都有获得理性的可能和确定的解决方法，而这种主观性是相对的。毫不奇怪，建筑学理论中某些基本矛盾在 19 世纪和 20 世纪出现。科学和艺术、理性和诗意、建筑和工程之间出现了尖锐的、前所未有的壁垒。建筑师选择了极端理性主义或浪漫主义的表达方式，用或者实证主义或者直觉来达成设计意图。对过去的两个世纪来说，逻辑和神秘领域之间的调和已经或明或暗地注定不可能了。最终，这些矛盾必被视为技术世界观的结果，这种状况在前言中描述过，就像欧洲科学危机一样，随着笛卡儿的神化，在身体和头脑之间，分解成了客观事实和主观念头，而且它抵制以神秘、诗意和艺术作为知识的真实初始形式。

维尔的批判

查尔斯 - 弗朗索瓦·维尔的理论著作从一个并不具有相同技术执念的同事的批判角度出发，在思量迪朗、蒙热和罗代莱遇到的问题时，能够理解在建筑领域，对待理性和直觉，功能主义和装饰，两者之间存在深刻的态度分野。维尔是一个实际上并不知名的建筑师，直到最近还有人把他与他的兄弟让 - 路易斯·维尔德·圣穆弄混淆。[20] 不像他的同龄人，维尔的建筑根本不"革命"。他的设计反对古典形式不朽的价值，反对所有狂妄自大的或非常规的想象。一些历史学家把维尔对过度想象的批判解释为在 1789 年法国大革命前的几年里，保守派对布雷、勒杜和他们弟子项目的批评，是一种学术反应的表现，而正是这种过度想象刺激着布雷、勒杜和他们弟子的项目。事实上，在 19 世纪前 20 年维尔出版了大量的文学作品，这些文学作品并没有被建筑师和历史学者很好地研究，他们从理性建筑胜利者的角度，或者忽略或者反对所有所谓的保守理论。

维尔的关键地位比人们以为在一个简单的保守理论中所能看到的要深刻得多。他的作品事实上是史上第一次承认和反对建筑理论转向成为一种由技术支配，排除形而上学的工具后带来的恶果。维尔宣称，18 世纪后期法国建筑基本衰败了。他耗尽心血来证明这个观点。在他的著作《建筑条例与建造原则》(*Principes de l'Ordonnance et de la Construction des Batimens*)（1797 年）中，他强调传统的古典柱式理论和建筑实践之间的关系应该是紧密的。他拒绝考虑理论和实践之间的区别，而这种区别日益被当代建筑师、工程师和几何学者认为是理所当然的基本前提条件。这种设计艺术和建筑之间的"距离"，在维尔的观点中，是引起建筑衰败的主要原因。[21] 维尔相信理论和实践之间存在一种基本的连续性。

然而，这些名词对维尔而言有特殊含义，与当代使用同一个词时所包含的意思非常不同。他指的是一种现象学的综合，通过建筑师具体化存在来实现，它承认思想和行动、头脑和身体、才智和意图之间必要的模糊性。

对维尔来说，理论不是那种由数学逻辑规则控制，由某种虚无缥缈、无所不包的理性写出来的秘籍式的书。理论首先是一种对建筑作品的理性思辨，但是理论必须与某个神话参照系相关。并且实践不是那种简单的没有清晰目标的高效流程；建筑是诗意的，最根本是有意义的，也就是说，并不仅仅是一个技术控制的行动。那种根本的连续性，承认两个独立的话语世界之间的模糊性，最终在非常清晰的存在处取得连接，这一点在之前的许多世纪里已被普遍接受。协调两者的行动则是建筑师隐含的一项个人任务；他必须以与世界产生关联的视点把这种协调性带到每个个人项目中。确实，在建筑学经历转变成人文学科之后，一些建筑师开始对理论给予更多的重视。在 18 世纪，许多建筑师强调理论的重要性以确保建造的成功。但只有到了维尔的时代，当理论和建筑的关系在两个术语的意义实际都发生了转变之后变得非常重要。

维尔崇拜布丰和巴托，相信能从对自然耐心的观察中得到绝对的规则——就是那个孕育了传统神话和诗意内涵的自然。[22] 他建议艺术家和业余爱好者通过知觉或是"情绪"而不是枯燥地学习理论规则来熟悉艺术标准。维尔接受那种普遍的信念，认为人体是美、和谐及比例的原型和源头；尽管他承认科学能阐释艺术的很多方面，但他强调理论规则一旦获得，就应该由观察和比较来修正，否则它们只能在头脑中留下很微弱的印象。[23] 维尔的角度很显然是基于"先验的经验主义"这种启蒙理性的模型。他认为建筑师"盲从某些定律"是缺乏真正的规则知识。但他区分了从旅行、书本和冥想而来的理论与从实践得来的建筑理论。建筑师应该在他们的项目中使用的正是后面这种理论。[24]

维尔宣称建筑学的两项基本原则是比例和协调。这些传统前提甚至使得他批评克劳德·佩罗在罗浮宫立面中使用了成对的柱子，因为他认为那样违背了古代权威。[25] 老布隆代尔也持同样观点。自然不仅仅是建筑基本元素的来源，在维尔观点中，同样也是建造原则的来源。[26] 尽管这些规则可以从观察自然中学会，但它们可以更直接地从应用于古代和现代建筑实例的方式中得到——那些因此应该得到深深尊敬的建筑。只是对与他同时代人而言，这些基本原则看上去毫无实用性。维尔把这种失败归结于在建筑中滥用几何。

尽管维尔承认由德·拉·赫、帕伦特，弗雷齐耶和贝利多发现并使用的代数公式有助于更好地理解传统建筑实践，但他同样认为"过度使用这些新程序会成为大灾难，影响一些建筑工程的构成"。[27] 事实上，维尔并不反对在石头切割中精心应用几何，或者用代数来决定结构在哪个点不稳固的问题，但他同样确信这些几何训练不能提供绝对的结果。真正的稳固只有通过支撑点，它们的基础与被支撑的体量之间建立起正确的比例才能得到。这样的尺寸联系必须来自实体与空隙的正确分布，相应地，这种正确分布能够在古典柱式的传统比例中找到。正像维尔指出的那样，这种"让人崇敬的一致性"在过去很多伟大作品中都使用过了。[28]

维尔严厉批评那些能应用数学知识但却忽视优美比例和缺乏天分与品味的建筑师。他们尝试直接应用数学来建造而得出非常苍白的结果。为了说明这个论点，维尔把佩罗内的新桥和杜塞尔丘的新桥（Pont Neuf）相比较，舒夫洛的先贤祠和孟莎（Mansart）的巴黎荣军院教堂相比较。在这些例子中他发现，18世纪的建筑不够优美，而且隐藏了结构问题。维尔写作时，正好是理论最后已成为能够有效解决实际结构问题（尤其在工程中应用库仑的发现）的时候，因此他强烈的批评具有更重要意义。他还提出对称和协调，是与使用古典柱式传统比例紧密相连的品质，这两者是唯一达到优美和结构健全建筑的方式，退一步说，这也比一套保守理论表达的东西多。

维尔着迷于这个论点，为此他在四本出版物中进一步发展了这个观点。在《论数学在确保建筑物稳定性方面的无用性》（*De l'Impuissance des Mathematiques pour Assurer la Solidite des Batimens*）（1805年）中，他检测了静力学中几何假设的局限性问题。这个问题自18世纪早期以来就被认识到了，但在传统实践中并不重要。只有维尔强调了要把数学成功应用于建造实践问题时这些局限性问题的关键特点。他承认数学在解决智力或思想问题时的实用性和精确性，但当应用于物质实体时，并不是万无一失的，因为这些实体的特征并不确定，也就是说，是无限多样的。[29]

　　维尔还强调艺术的所有方面紧密相连，这是"基本法则，所有构成建筑艺术的真理都从此而来"。因此，完美的建筑只有通过模仿过去伟大的建筑才能得到，这些伟大建筑因为它们同时体现了所有的规则而被广泛接受。只了解数学、机械学或静力学的部分知识都不足以产生好的建筑。通过大量的例子，包括舒夫洛的先贤祠，维尔尝试证明静力学，在他的观点中，用"完全抽象"的间接成分代替真正的作用力，而导致产生的结果完全不能适应事实。[30]

　　对于针对材料强度所进行的定量实验，维尔认为这些实验不足以形成建筑中材料应用潜力的标准。他指出材料的质量（也就是它们显示出来的知觉和经验内容）对建筑更重要。在他的《拱券论文》（*Dissertations sur les Projects de Coupoles*）（1809 年）中，他写道，一块石头的密度不能决定一个工程项目的高度或者拱顶的跨度。[31] 拱顶厚度的建立必须与建筑模数和墙体相关，而不是由石头抵抗力功能数量大小来决定。他因此对佩罗内、舒夫洛和罗代莱使用测试机器提出严厉批评，他认为这培养了危险的错误幻想。

　　维尔很理解建造取决于正确使用合适体量的材料。然而这种判断无法通过抽象的数学计算完成，不得不需要一位有经验的建筑师选择和谐的比例来得出："真正的稳固总是比例协调的结果……"[32] 他驳斥那时流行的"要成为一名建筑师，一个人首先得成为一名几何学家"的观点。他宣称为了设计一座有价值的建筑，几何学家首先得成为一名建筑师。[33] 更进一步，知识和学习研究并不够；他相信"有人天生是建筑师"，拥有敏感和精细的灵魂，能够通过观察典型的结构发现建造的神秘性。[34]

　　并不令人惊奇但值得注意的是，维尔为他的当代同事不再像老布隆代尔这个事实而悲叹，因为老布隆代尔既是建筑师也是数学家。然而维尔似乎也意识到不可能再有这样的综合了；老布隆代尔作品中具有的对符号几何学的使用不可能传至 18 世纪的建筑师，因为到那时，几何学已经在哲学和科学上丧失了它的超自然能力。维尔憎恨这种意义的丧失，当几何已降至一种技术工具时，他拒绝在建筑中使用几何。根据他的观点，这种几何，在蒙热的科学中已经到达顶点，事实上，排除了综合数学理论和实际建造两者的可能性。

在他的论文中，维尔坚持拱顶建造基本依赖于优秀的平面。好的平面的价值在于它从一种关系而来，而创造出这种关系取决于建筑师的天分；相应地，建筑师的天分又受到秩序维度启发。[35] 在另一本出版物《从建筑秩序的比例论建筑的坚固性》（*De la Solidite des Batimens*，*Puisse dans les Propoortions des Ordres d'Architecture*）（1806 年）中，维尔尝试建立起一些规则，通过这些规则，能设计出合理的建筑。他用了超过 30 页来介绍在特定例子中怎样应用这种方法。然而他的规则不在于提供一个任何人都能用此来进行设计的尺寸表或是公式。他略带讽刺地写道，他宁愿留下这些"有害的"书给其他人，这样他就能不参与"杂乱和有争议的论集"，那个论集试图简化伟大的事物。[36] 维尔认为他自己的方法，即使使用规则，仍然需要对古典柱式进行更多学习研究，以对建造程序有直接的理解。毕竟这些秩序，是"组成和建造的基本原则"，就像天空中的星星，给建筑师照亮了寻求和谐与坚固之路。[37]

维尔很直白地表示反对把理论降至只是技术规则的状态。在他的论文中，他写道，在他自己的时代，建造科学建立的思想基础是如此混乱，那些认为他们自己在向年轻建筑师传授基本原理的教授们，实际只是在讨论技术的实践和理论，如石工、石头切割术以及木工。[38] 维尔是他同代人中第一个意识到建筑理论框架缺乏真正规则的人。

之前从没有建筑师公开抱怨理论缺乏抽象维度。大约 1800 年前后，建筑理论变成了精确、高效的指导合集，忽视了理论对实践的超越性价值判断的功能。这就是使得维尔对问题的看法如此特别的原因；他恰好在形而上学的思辨已经变得可疑的时代进行写作，并且，不管最终原因如何，物理学已经变成了 19 世纪科学的原型。

维尔同样批评了罗代莱推荐的综合项目类型。他认为这些项目阻碍了艺术家的天分，改变了其初始思想，导致其失去完美的眼光。[39] 他强调这些预算，在他那个时代通常会被认为是任何建筑或工程进行中最关键的部分，但实际上，只有迂腐的价值，并不是很经济，因为它们不能产生更好的建筑。他认为不可能将建筑过程简化为纯概念操作，并指出当代建筑师可以通过模仿他们的古代前辈而做得更好，这些古代前辈们从没有因为使用错误的建筑系统或服从可怕的经济需求而使得结构处于危险之中。[40]

一点也不奇怪，维尔还批评了建筑教育中的新趋势。他很担忧，因为他感到那些有抱负的建筑师没有被传授真正的艺术规则。教授他们的，首先得是建筑师，而不是一个几何学家，只能教授学生像石头切割术这样的技术。[41] 他视那些关于画法几何的文章为对建筑意义的误读。[42] 毕竟，学习数学并不是多难的事，即便很普通的学生，经过几年的训练后也能像天才。他的这个观点似乎在巴黎综合工科学校成绩优异的"大量候选人"的表现那得到了证实。即便这些学生参观了意大利之后，他们也从没能达到普通大众对他们的希望。维尔宣称他们无论在设计中还是建造中都没有竞争力。[43]

维尔在《古代建筑研究》(*Des Anciennes Etudes d'Architecture*)（1807 年）中为传统的建筑教育方法辩护之后，批评了巴黎综合工科学校采用的新方法。教育新方法回避了构成的真正规则，允许每个建筑师随意修改柱式比例。现在，只要他们在平面中设置了有用的构成元素，所有构成可能都同样令人愉快和美丽，这就不可能识别出好建筑与坏建筑。[44] 维尔不能接受把建筑置于实证科学之列而使得建筑价值相对化。建筑的意义存在于历史之中，并且总是超越理性的。由于对新理论导致的矛盾状况感到愤怒，维尔声称："一种完美的错乱状态已经控制了由不同派别组成的物理数学派，一些人接受，而一些人反对建筑设计中存在通用规则，而所有人都致力于成为精确科学！"[45]

维尔确信学生现在只学几何和绘画，认为："学习建筑正在减为只是去精心制作那些项目。"这导致年轻建筑师轻视他们的想象力，忽视他们的艺术规则，而导致设计缺乏品位。所有他们能制造的东西就是些可怕的练习产品，经常是简单的图像，根本不能建造出来。[46] 维尔蔑视迪朗认为设计中的效率是建筑主要目标的观点。他不能接受那种由他的同代人几周之内就设计好了的巨大的建筑。一座重要建筑的概念形成需要很长时间；它是丰富而巨大的想象力与不寻常的敏锐头脑的综合产物。设计过程中的速度制造了一种错觉，好像建筑设计是一种很容易的训练；而实际上，一个建筑师的真正天分只有通过践行才能评判出来。[47]

尽管一些历史学家评论了维尔对这些"神奇建筑"的批评，称它们是"狂飙想象力"的产物，但他们无法解释维尔不仅反对布雷和勒杜自大狂似的概念，也反对佩罗内的继承者，即那些巴黎综合工科学校的工程师们的事实。这种既针对设计也针对建造的双重批评，部分原因在于维尔不能体会到仍然激励着布雷和勒杜理论课题的对符号意向的迫切渴望。对维尔来说，他关注所有层面上概念与行动的分离。他只是不能接受以牺牲执行时的真正可能性为代价，却更重视想象中的概念。

在《18 世纪末建筑衰落》（*Decadence de l'Architecture a la Fin du XVIIIeme Siecle*）（1800 年）中，维尔提到两位在 18 世纪末出现的很受欢迎的建筑师（但没有提具体名字）。他描绘其中一位的特征是拓展他耗资巨大的事业，而另一位则是有大量过度想象的设计。M. 皮扎特（M.Petzet）已推测出这两位建筑师是舒夫洛和勒杜。对这两位建筑师苛刻的批评概括了维尔的基本论点：建筑构成不能被简化为艺术设计，更不能用数学公式来建造。仅有想象或学习建造理论还不够，还要有综合理论和实践才能使建筑达到它先验的目标。[48]

维尔的著作被他的同代人和后继者所忽略，这个原因在现在看来很明显了。他的思想建立在传统的 18 世纪模式之上，在一个致力于消费技术思想，着迷于纳维、迪朗和罗代莱的作品的世界里，被看作保守的。只有他对风格的解释证明了他比他的同龄人甚至更"现代"。他的《建筑条例与建造原则》中有三章内容关注风格，这是第一次在建筑论文中对这个主题进行了清晰构想。[49]维尔强调在建筑设计中应仔细研究"纯粹风格"。尽管把风格视作封闭自主的形式体系的观点在迪朗的《汇编》和莱格兰德（Legrand）给迪朗 1809 年版本的前言中也出现过；但是，是维尔的文章首次把风格理解为一种形式语言，而形式语言的一致性在建筑理论中可能会成为一个问题。由此，任何根据"雄辩风格"将这一 19 世纪的观念应用于以前时代的建筑中，都已经实际构成了根本的误读，这个误读在 20 世纪的建筑史中太常见了。

19 世纪的建筑理论应该建立在信念之上，相信真实世界里所有的变化都能最后归结到概念领域，相信任何建筑问题的结果都是这些变量组合的直接"函数"。维尔具有洞察力的著作因此反映了功能化的理论能够成功地在真实建筑中发挥作用的时刻。因为不愿接受自 1800 年后建筑理论内在价值体系的瓦解，维尔质疑改变建筑理论的范围降至技术统治工具的意义。事实上，维尔质疑这种成功，也就是说，对所有一切都是事先计划好的建筑操作的意义的质疑。事实上，各种美学的、人类的和技术的需求能否有效减至一个概念化的计划内？在维尔这里，我们首次看到了对理性主义教条的批判，而现代建筑一般都是建立在这些教条基础之上的。

理论后续

伽利略和笛卡儿之后两百年，建筑学丧失了它的形而上学维度，理论和实践之间的关系到了一个关键阶段。在迪朗和维尔之后，建筑学不再是能和谐人类与世界，每日流逝的生活与永恒不变的思想之间的优先形式。建筑受制于乌托邦思想，受制于技术过程，而技术过程的目标与日常生活已完全脱离，这就将使得技术过程失去其基本的符号意义；它将变成只是乏味的建造。

但符号化是人类深刻的需要，为文化的永恒所必不可少。人类的人性仰赖于他能根据有限忍受无限，具体而言就是通过符号，不论那个符号是图腾还是伟大的教堂。符号是可视世界的一部分，但同样存在于可视世界之外。歌德（Goethe）写道，他们制造了可见的不可见，表达了不可表达。像人类知识和自我认知，符号是模棱两可的；它们拥有一种永恒的、非历史的维度，而这种维度由特殊文化内涵决定。实证科学很显然不信任符号并且在 19 世纪试图通过以数学图像作为意义的缩略图来取代它们。然而，不管这种态度多么流行，反对建筑中理性主义立场的行动几乎立竿见影，因为这与晚期现代运动的目标相左，与晚期现代运动的基本内容相冲突。

幸运的是，现代历史学家近来已经开始重新评估莱奎（Lequeu）的浪漫之梦，高迪（Gaudi）的"可吃的建筑"，基斯勒（Kiesler）的超现实主义，以及像新艺术和表现主义的运动。但真正有意义的建筑在过去的两个世纪，更是一种特例而不是一种规则。我们贫瘠的工业城市建筑已经受制于技术参数，任何附加的装饰或对形式的精湛技艺都不能恢复其意义。乏味的世界里全然反对符号内容，只有有关效率的实用主义价值才被认为是"真实"的。在必需的理性结构和必需的神话世界观之间取得和谐，即便不是不可能，也极端困难，就像拉布鲁斯特之后那些最好的建筑师所做的努力都失败了那样。布扎体系并不能简单"修复"在巴黎综合工科学校已丧失的东西。当然这样想可能过于简单化，但确实是当代建筑教育中基本的两难问题：设计和建造之间真正的分裂不能被美丽的渲染图和建筑与美术间的肤浅整合所修复。最初由迪昆西确立的古典构成的学术规则，似乎源自与劳吉耶相似的那些规则，但实际上，它们由迪朗实证理性引导，而不是从神话故事而来。所有19世纪和20世纪的形式主义都具有一样的矛盾性。

有鉴于此，一些当代批评家已经开始意识到从皮拉内西至今，理论内容的绝对重要性。正是在这些理论主题而不是在建筑中，符号意图得到了自工业革命之后最好的体现。这些主题成为对技术论或简化论设计和建造的批判，并含蓄地质疑了在一个贫乏世界里能意识到它们具有诗意的可能性。

现在，实践建筑师和他们的业主也开始意识到功能主义和形式主义的局限性，意识到不可能把建筑缩小至仅为装饰、社会学或心理学。迄今为止，强有力的计算机、方法论和几何策略都无法对城市和建筑问题提供一种数学式的解决方法。由此，尽管制造方法发生了改变，维尔的批评，仍应该被那些关注意义的建筑师严肃认真地汲取。

在理性和直觉的建筑之间，科学和艺术的建筑师之间，功能主义、类型学的方法论或形式主义与各种表现主义之间的区分误导，正如我已经尽力展示的那样，仅仅在过去两个世纪的建筑中显现出来。这种深刻的断裂是不可避免的结果，因为看问题的观念假定人类真实世界存在绝对的客观和主观之分。事实上，在18世纪后期之前，建筑师并不需要在两个势不两立的选项中做出选择。只是在迪朗著作之后，建筑师们才开始感到了这种两难之境，直到今天仍是这样交战着。

即便当代资本主义的形式主义"学派"和马克思主义的理性主义也都已落入同样的圈套中，相信可以从意义中分离出结构。资本主义的形式主义强调建筑作为一种封闭的、精英式的形式操作的可能性，没有任何文化意义。马克思主义的理性主义假装艺术不是个人表达而建筑只是工艺，是不同类型分析的直接结果，纯粹的非历史内容，对他们来说，形式无关紧要。这两种状况很显然都不符合实情。不存在没有意义的结构；知觉不仅是头脑的，也是身体的。建筑也许类型相同（城市和乡村"旅馆"，或者早期基督教和文艺复兴的巴西利卡），但是他们的意义完全不同。更进一步，艺术必须是个人表达，远远超过科学和语言（虽然如此，语言和科学也是种解释形式）。另外，建筑学不可能是一种个人的组合游戏，一种事先发明的"形式语言"（对建筑师而言的建筑学），或者是一个仅仅用任意的历史引用来装饰技术结构的问题；不能忽略必需的先验（语义学）的意义维度。

只有当代现象学重新发现了知觉的重要性，在现象学中，结构或数学被认定而体现了其可变性和具体性，能够克服当代哲学自笛卡儿以来的基本的两难境地。通过揭示数学理性的局限性，现象学已经暗示技术理论不能独自与建筑学的基本问题取得共识。当代建筑学对理性乌托邦已不再抱有希望，现在正致力于超越实证主义的偏见，在人类世界发现新的形而上学理由；它的出发点是知觉领域，即存在意义的最终源头。

建筑师的和谐任务是诗意。这必然是一项个人任务，包括个人表达和对整体的参照。最好的方式是在梦中和神话故事中揭示出来，如果不承认主观世界，就没有有意义的逻辑。即使在 18 世纪，诗意的智慧也不是没有支持者。詹巴蒂斯塔·维柯也许是第一个对全人类原始知识进行辩护的人，这种原始知识不是从理性而来，而是从想象而来。今天，马丁·海德格尔（Martin Heidegger）已经赋予这种思想新的正确性；我们也许因为生活中缺乏上帝而被谴责，但空虚显而易见。人类处境中永远存在的谜团只会被愚蠢的人所否定。而建筑学必须明确这个谜团。我们一部分人类状况不可避免需要通过隐喻来捕捉。这样才是真实的知识，尽管模棱两可，但最终比科学事实更本质。而建筑学，不论它多么抵制这种思想，都不能放弃它直觉的起源。把建造作为一种技术过程是平淡乏味的——直接引自数学公式，一张功能表格，或者形式组合的规则——建筑是诗意的，必然是一种抽象的秩序，但它本身却是一种隐喻，其来自对世界和存在的想象。

注释

前言

1. 关于知觉的第一性和智力简化论的限制，参见莫里斯·梅洛 - 庞蒂，《知觉现象学》(*Phenomenology of Perception*) 及《知觉第一性》(*The Primacy of Perception*)，同样参见米盖尔·杜夫海纳 (Mikel Dufrenne)，《先验的概念》(*The Notion of the A Priori*) 及约翰·巴南 (John Bannan) 的《梅洛 - 庞蒂的哲学》(*The Philosophy of Merleau Ponty*)。现实在具体化的知觉中显现出意义。我在这本书中使用的知觉的概念是基于梅洛 - 庞蒂的现象学。

2. 技术和技巧，如何做和为何做之间的区别由雅克·埃吕尔 (Jacques Ellul) 在《技术社会》(*The Technological Society*) 中提出。在过去的两个世纪，技术成为了一种能够完全决定思想和行动的主导力量。它的目标是迫使外部现实屈从于效率的利益，以此无限期地推迟人类对于协调的需求。相反，传统的知识和技巧最终总是关注最基本的存在问题。这个观点被马丁·海德格尔的晚期哲学所充分认同。参见文森特·维西纳斯 (Vincent Vycinas)，《土地与神明：马丁·海德格尔的哲学介绍》(*Earth and Gods. An Introduction to the Philosophy of Martin Herdegger*) 及尤尔根·哈贝马斯 (Jurgen Habermas)，《迈向理性社会》(*Toward a Rational Society*) 第 6 章。

3. 埃德蒙德·胡塞尔，《欧洲科学和先验现象学的危机》(*The Crisis of European Sciences and Transcendental Phenomenology*) 及《现象学和哲学的危机》(*Phenomenology and the Crisis of Philosophy*)。

4. 我用了现象学意义上的"想法"和"日常生活"。想法暗示着在最抽象的概念情况下的形象，而具体的日常生活的感知是在类别的前提下给定的。参见梅洛 - 庞蒂，《现象学》(*Phenomenology*) 及斯图尔特·斯派克 (Stuart Spicker)，《身体的哲学》(*The Philosophy of the Body*)，334 及之后页。我使用的"象征"

与阿尔弗雷德·舒尔茨（Alfred Schutz）在《文选 I：社会现实的问题》（*Collected Papers I : The Problem of Social Realty*）第三部分使用的同义。

5. 这个概念背离存在现象学的普遍观点。参见德瓦朗斯（A. de Waelhens），《海德格尔的哲学》（*La Philosophie de Martin Heidegger*）或威廉·路易杰彭（William Luijpen），《存在主义现象学》（*Existential Phenomenology*）。

6. 参见何塞·奥特加·伊 - 加塞特（Jose Ortega y-Gasset），《论伽利略》（*En Torno a Galileo*），也有译为《危机中的人》（*Man in Crisis*）及奥斯瓦尔德·斯宾格勒（Oswald Spengler）最早在 1918 年慕尼黑出版的《西方的没落》（*The Decline of the West*）。

7. 埃德蒙德·胡塞尔，《几何学的起源》（*L'Origine de la Geometrie*）；莱昂·布伦士维格（Leon Brunschvicg），《数学哲学的诸阶段》（*Les Etapes de la Philosophie Mathematique*）；及何塞·奥特加·伊 - 加塞特，《论莱布尼茨》（*La Idea de Principio en Leibniz*）。

8. 杜夫海纳，《诗学》（*Le Poetique*）。我使用这个术语的广义含义，即作为"隐喻性的参照"，这不只是将它与写作的诗联系起来，而是首先要与艺术和神话相关。参见保罗·利科（Paul Ricoeur），《隐喻的规则》（*The Rule of Metaphor*）。

9. 尤尔根·哈贝马斯，《迈向理性社会》；西奥多·罗斯扎克（Theodore Roszak），《废地何所止》（*Where the Wasteland Ends*）。

10. 埃德蒙德·胡塞尔，《形式和先验的逻辑》（*Formale und Transzendentale Logik*）（1929 年），法国译本，1957 年。参见赫伯特·斯皮格尔伯格（Herbert Spiegelberg），《现象学运动》（*The Phenomenological Movement*），第 1 卷，91 及之后页。参见欧内斯特·内格尔（Ernest Nagel）及詹姆斯·纽曼（James Newman），《哥德尔证明》（*Godel's Proof*）。

11. 在西方历史的最近 180 年间，理性逐渐驱逐了神话。这是胡塞尔描述的另一个危机的征兆。

12. 我同样在现象学意义上使用"现实"概念，即意图存在于我们自身象征和外部世界之间。

13. 真实符号的先决条件是接受人类存在的先验维度。由此符号化只有在危机开始后才成为了一个问题，即成为建筑和艺术领域天才们的个体语言。

14. 最早由达利博·维斯利引起我对戈特弗里德·森佩尔明确思想的注意。

15. 例如克里斯托弗·亚历山大（Christopher Alexander），《形式综合论》（ *Notes on the Synthesis of Form*)，及尼古拉斯·尼葛洛庞帝（Nicholas Negroponte），《建筑机器》（ *The Architecture Machine*)。

16. 在舒尔茨的《文选》中，他将"符号"看作具有某种"代表性的"双重含义，可以将有限可变与无限永恒相联系，将生活的现实与思想相联系。因此，符号化是最基本的操作，这也构成了人类存在的意义，符号化是文化永恒流传的基础。

17. 参见梅洛 - 庞蒂，《知觉现象学》，3-63 页。

18. 文章中，我使用"形而上学"这个概念，通常是何塞·奥特加·伊 - 加塞特在 *Unas Lecciones de Metafisica* 这本书中表达的概念，这本书被译成《形而上学的几堂课》（ *Some Lessons on Metaphysics*)（1974 年）。奥特加（Ortega）认为形而上学是人类生活基本问题的根本协调（现实出现在意图的范围里）；允许人类思想和行动按照有意义的等级来安排是基本方向。尽管这暗示了存在问题的目的，不过，17 世纪哲学中的形而上学并不一定就是这个意思。在这本书中，我会讨论的问题之一就是这个纯形而上学的问题如何被 18 世纪的自然科学解决，以及它最终如何被 19 世纪的科学排除，而康德也最终拒绝了对形而上学的合理思考。如今，也许形而上学的问题并不能通过一个已然更加复杂的概念系统来提出。胡塞尔所谓"哲学是严格的科学"已经失败，这为后来讨论"神话创造"这个问题的哲学家创造了条件，比如暗示了某种"未经思考"的（奥特加）的问题，或对"生活世界"的回归问题（梅洛 - 庞蒂）。参见乔治·古斯托夫，《隐喻的神话》（ *Mythe et Metaphysique*)，他提到现今哲学的可行命题比如"神话创造"，这个命题是在寻求恢复已经丢失的思想和行为之间的联系，这种联系也是希腊诗学概念所涉及的东西。这个"第二神话学"不是"一个建筑概念，而是在丰富的生命岁月中寻求一种现实存在的合理性"。

19. 参见乔治·古斯托夫《人文科学的起源》(*Les Origines des Sciences Humaines*)及亚历山大·科伊尔(Alexandre Koyre), "Les Etapes de la Cosmologie Scientifique",《综合评论》(*Revue de Synthese*)(1951—1952 年):11。我对科学及其在更大的文化语境的定义的理解,大多来自古斯托夫所著的《人文科学与西方思想》(*Les Sciences Humaines et la Pensee Occidentale*),该书论述了人文科学的迷人历史,现已有八册,侧重点在 17 世纪和 18 世纪。

20. 文章中其他地方,我用"伽利略的"以及"认识论革命"来描述一种发生在 16 世纪后几十年以及 17 世纪初期这段时间的根本转变。专门术语和其定义均来自乔治·古斯托夫的《伽利略革命》(*La Revolution Galileenne*),全两册。记住,现象学地理解,能涵盖从思想到行动的跨度,而问题是讨论世界图景的转换,它不仅是信念和想法的衔接(尽管它的确是在"认识论"那个层级上开始的),而且是人类生活、艺术以及建筑给定的历史语境。在 17 世纪,人类与其外部现实之间的新关系被伽利略非常好地理解了;但直到 200 年后"成功"的工业革命之后,才被普遍接受。伽利略的革命并不是引发我将讨论和分析的现象的原因。这是世界和宇宙秩序根本性改变的一种隐喻,并在此中产生了这些现象。

21. 文中讨论的"空间性"和"智力空间"。参见梅洛 - 庞蒂,《知觉现象学》,98-147 页。

22. 我使用的"技术的意向性"来自哈贝马斯的定义(参见本章注释 2)。

23. 应该强调的是,在文章中用到的意图和意图性概念通常都具有精确的现象学内涵。参见约瑟夫·科克尔曼斯(Joseph Kockelmans),《现象学》(*Phenomenology*),119-149 页。

24. 我使用的"认识论语境"不是指 19 世纪唯心主义哲学家的知识理论,而是指在广义词源学意义上构成非特殊知识和具体化意识的知识理论。因此,理论写作中出现的建筑意图要放在其认识论语境中去考察,并要尝试从解释学的角度去理解。

25. 汉斯·格奥尔格·伽达默尔《真理与方法》(*Truth and Method*)和《哲学解释学》(*Philosophical Hermeneutics*)。

第 1 章

1.参见约瑟夫·里克沃特《第一现代》(*The First Moderns*),第1章和第2章。

2.在中世纪,真理包含在《圣经》以及亚里士多德(Aristotle)知识体系之中。问题仅仅是对这两者的不同解释。在文艺复兴时期,用作真理讨论的书籍数量大幅增长。到了16世纪,哲学家和数学家比如斯蒂文、巴尔巴罗(Barbaro)以及雷默斯(R.Ramus)似乎认识到,科学无法只通过某个单一作者的作品达到完美。但是,文艺复兴时代的科学由一个封闭的知识体系构成,是建立在对神秘传统的尊重基础之上。参见乔治·古斯托夫《从科学史到思想史》(*De l'Historie des Sciences a l'Histoire de la Pensee*)以及保罗·罗西(Paolo Rossi)《早期现代时期中的哲学,技术和艺术》(*Philosopy, Technology and the Arts in the Early Modern Era*)。

3.参见古斯托夫《伽利略革命》,第1卷,第2部分,第1章。

4.参见罗西《早期现代时期中的哲学,技术和艺术》,第2章。

5.比如,笛卡儿似乎在某种程度上可以和蔷薇十字运动联系在一起。参见弗朗西斯·叶慈(Frances Yates),《蔷薇十字运动指南》(*The Rosicrucian Enlightenment*)。替伽利略辩护的托马索·坎帕内拉(Tomasso Campanella),是文艺复兴时期著名的魔术家和乌尔班八世教皇(Pope Urban Ⅷ)在梵蒂冈有过一系列辩论。也许,说明传统和机械论宇宙如何融为一体的最好例子,出现在传奇的博学家阿塔纳斯·珂雪(Athanasius Kircher)的著作中。近期对其作品的简要研究,参见乔瑟琳·戈德温(Joscelyn Godwin)的《阿塔纳斯·珂雪》(*Athanasius Kircher*)。弗朗西斯·叶慈在《乔丹诺·布鲁诺与解释学传统》(*Giordano Bruno and the Hermetic Tradition*)一书中参照了珂雪及其前辈们的思想。同样,伟大的17世纪科学家、哲学家和数学家马林·梅森(Marin Mersenne)也属于这一类人。在他的《和谐宇宙》[*Harmonie Universelle*(巴黎,1636—1637年)]一书中,他似乎能够将实证科学从宇宙论的解释中区分出来。他写道:"音乐属于上帝,如果我们知道上帝创造世界时使用的和声比例……我们的演奏会和圣咏曲就能达到完美。"

6. 参见，例如皮埃尔·伽森狄（Pierre Gassendi）*Exercitationes Paradoxi cas Adversus Aristoteleos*（阿姆斯特丹，1649 年）。伽森狄写道："我们不仅应当追随大师；灵魂的自由比黄金更宝贵。我们不应鄙视我们自己并且认为古人都是伟人。"

7. 伯特兰德（J.L.F.Bertrand）《科学学院 1666—1793》（*L'Academie des Sciences 1666—1793*）（巴黎，1869 年）。作为一部非常好的描述佩罗生平及其作品并讨论他的《柱式规制》的作品，参见沃尔夫冈·赫尔曼（Wolfgang Herrmann），《克劳德·佩罗的理论》（*The Theory of Claude Perrault*）。

8. 参见安东尼·亚当（Antoine Adam）《宏伟与幻想》*Grandeur and Illusion*，158-164 页。

9. 夏尔·佩罗（Charles Perrault）《古代与现代建筑并行》（巴黎，1692—1696 年），第 2 版。

10. 笛卡儿的传记出现在夏尔·佩罗的《本世纪法国杰出人物》（*Les Hommes Illustres Qui Ont Paru en France pendant ce Siècle*）（巴黎，1696 年）中。他最明晰的评论在《古代与现代建筑并行》，第 1 卷，47 页。

11. 勒内·笛卡儿《哲学原理》（*Les Principes de la Philosophie*）（巴黎，1681 年）。

12. 出处同上，53 页。

13. 古斯托夫，《伽利略革命》，第 1 卷，第一部分，第 3 章。

14. 罗伯特·波义耳同样相信，沉迷书写系统，即"认为一个人必须要么保持安静要么在撰写某个完整的主体"，是物理学进步的巨大阻碍。参见博尔斯（M.Boas），"La Methode Scientifique de Robert Boyle"，《科学史评论》（*Revue d'Histoire des Sciences*）（1956 年）。

15. 夏尔·佩罗《古代与现代建筑并行》第 4 卷，46-59 页。

16. 巫术以及对奇迹的信念在 17 世纪末明显减少了，相应地，此时自然哲学的经验主义则开始增加影响。天使和恶魔观念是传统宇宙中"真正的假象"，传统现实的每个方面都和超越性的秩序相关。魔术和巫术与宗教生活的本质相联系。杀害女巫事件明显与旧的宇宙生命秩序和新的机械论世界图景之间的关键转换期相关。

17. 伯纳德·德·丰特奈尔也秉承这种信念，他是皇家科学院著名的长寿历史学家。丰特奈尔拒绝笛卡儿式形而上学以及牛顿的自然哲学，这是原始实证主义认识论时期的表现。参见丰特奈尔，"Disgression sur les Anciens et les Modernes"，《作品》（*Oeuvres*），第 4 卷（1767 年），170 页和 190 页。

18. 克劳德·佩罗和尼古拉斯·佩罗（Nicolas Perrault），《物理与力学著作》（*Oeuvres Diverses de Physique et de Mechanique*）（莱顿，1721 年）。

19. 出处同上，1 页和 60 页。

20. 参见保罗·罗西《万能钥匙》（*Clavis Universalis*）。罗西的卓越研究追溯了这个观念对从雷蒙德·卢里（Raymond Lull）到莱布尼茨所产生的影响。在 17 世纪，逻辑确实被理解为"通向普遍现实的一把钥匙"。当时的全知理想完全有赖于这把钥匙，因为它可以让我们直接阅读现实的几何本质。通过（几何）结构的实质性特征，可以将真实世界和所出现的知识世界联系在一起。

21. 这和系统的定义相符合，在皇家科学院和英国皇家社团的讨论中也普遍认同这个定义。

22. 克劳德·佩罗和尼古拉斯·佩罗《物理与力学著作》，60 页。

23. 出处同上，62 页。

24. 克劳德·佩罗，《自然动物史》（巴黎，1671 年），序言。

25. 克劳德·佩罗和尼古拉斯·佩罗《物理与力学著作》，513 页。

26. 参见里克沃特，《第一现代》，第 2 章，和赫尔曼（Herrmann）《克劳德·佩罗的理论》（*The Theory of Claude Perrault*），130 及之后页。

27. 克劳德·佩罗，编，《维特鲁威建筑十书》（*Les Dix Livres de l'Architecture de virtuve*）（第 2 版），（巴黎，1684 年），和《古典建筑的柱式规制》（巴黎，1683 年）。

28. 克劳德·佩罗，《维特鲁威建筑十书》，注释 16，78-79 页。

29. 出处同上。

30. 克劳德·佩罗，《古典建筑的柱式规制》，XXIV 页。

31. 佩罗的名字出现在一些重要会议的不同时间段。他也是一名众所周知的正式成员，但是在利莫尼尔（H.Lemonnier）（1911—1929 年）发表的《纪要》（*proces-verbaux*）中，没有赞扬他的直接贡献。

32. 参见马洪（D.Mahon），《艺术与理论研究》（*Studies in Seicento Art and Theory*）。

33. 佩罗，《古典建筑的柱式规制》，XIII - XIV页。

34. 出处同上。

35. 罗兰·弗雷亚特·德·尚布雷（Roland Freart de Chambray），《古代与现代建筑并行》（巴黎，1711 年）。第 1 版 1650 年出版。

36. 佩罗，《古典建筑的柱式规制》，XIV页。

37. 出处同上。

38. 出处同上，XX页。

39. 出处同上，XIX页。

40. 出处同上，VIII页。

41. 出处同上，X页。

42. 夏尔·佩罗，《古代与现代建筑并行》，第 1 卷，132 页。

43. 克劳德·佩罗和尼古拉斯·佩罗，《物理与力学著作》295 及之后页。

44. 参见艾文·帕诺夫斯基（Erwin Panofsky），《作为符号形式的透视》（*La Perspective comme Forme Symbolique*），及威廉姆·伊恩斯（William Ivins），《艺术与几何》（*Jr. Art and Geomety*）。

45. 克劳德·佩罗，《古典建筑的柱式规制》，XIV页。

46. 出处同上，XVI - XVII页。

47. 这个时期出现过对哥特式建筑的出色描述，尤其在法国，参见罗宾·米德尔顿（Robin Middleton），"The Abbe de Cordemoy and the Craeco-Gothic Ideal"，《瓦尔堡与考陶尔德研究院院刊》（*Journal of the Warbug and the Courtauld Institues* 25）（1962 年），26（1963 年）。

48. 夏尔·佩罗，《古代与现代建筑并行》，第 1 卷，128-129 页。

49. 出处同上。

50. 出处同上，132 页。

51. 夏尔相信他同时代人是杰出的，以至于在未来的时代没有什么东西值得嫉妒。出处同上，98-99 页。

52. 克劳德·佩罗，《维特鲁威建筑十书》，序言。

53. 在佩罗的时代，维特鲁威的翻译版本只有马丁和古戎的版本（1547 年），他们的文字和说明非常不准确。

54. 佩罗，《维特鲁威建筑十书》，序言。

55. 出处同上。

56. 出处同上。

57. 出处同上。

58. 佩罗，《古典建筑的柱式规制》，XII 页。

59. 出处同上。

60. 佩罗，《维特鲁威建筑十书》，注释 16，78-79 页。

61. 出处同上。

62. 在艾撒克·维尔（*Isaac Ware*）的《建筑架构》（*Complete Body of Architecture*）（伦敦，1756 年）中能找到一个类似的回应。

63. 参见亚历山大·柯瓦雷（Alexandre Koyre），《形而上学与测量》（*Metaphysics and Measurement*），第 2 章和第 3 章。

64. 艾文·帕诺夫斯基（Erwin Panofsky），《伽利略作为艺术评论家》（*Galileo as a Critici for the Arts*）。

65. 伽利略相信只有圆周运动才是自然的。因此，他拒绝开普勒的椭圆行星轨道，也从未站在惯性法则的角度思考行星轨道形式。开普勒接受宇宙的球体特征，也接受圆形的完美性。他的宇宙观是完全传统的，充满了万物有灵论和占星术的含义。但是，开普勒是一个更严格的柏拉图主义者，他能区分理想运动和机械运动之间的差别，也能区分简单明了的圆形概念和实际的星球运行轨迹之间的差别。

66. 在 17 世纪的认识论中，图像仍拥有对于我们这个以机械复制为特征的现代世界特别难以理解的力量。约翰·科美纽斯（John Comenius）是 17 世纪最杰出哲学家们欣赏的人物，他的理想科学，即全能科学，主要依靠图像作为建立正确知识的工具。逻辑或通用语言只能在直觉的基础上才能被构思出来。参见罗西，《万能钥匙》。

67. 老布隆代尔，《建筑学教程》，皇家建筑学院（l'Academie Royale d'Architecture）（巴黎，1698 年），第 2 版，序言。

68. 出处同上。

69. 出处同上，714 及之后页。

70. 出处同上，722 页。

71. 老布隆代尔，《四大建筑问题的解决方案》，绪论。这篇文章作为《皇家科学院数学文集》（Recueil de Plusieurs Traitez de Mathematiques de l'Academie Royale des Sciences）（巴黎，1676 年）系列的一部分发表。这个想法之前被耶稣会士德查理斯发表在他的《蒙杜斯数学》（里昂，1674 年）一书中，后被瓜里尼接受。参见本书第 4 章。

72. 第一个问题是关于柱子的梭柱或收分的几何追踪法。后两个是关于用不同起拱点高度来描述拱券曲线的方式。最后的问题包括如何确定木梁的宽度和高度，以便获取最佳支撑力。

73. 老布隆代尔，《教程》，序言。

74. 老布隆代尔，《防御新方法》（Nouvel le Maniere De Fortifierles Places）（海牙，1694 年）。

75. 他可能是从杜兰德的《建筑拱顶》（L'Architecture des Voutes）（巴黎，1643 年）学到的这种方法。这纯粹是几何方法，不是从静力学中发展的方法。参见本书第 7 章。

76. 老布隆代尔，《教程》，168-173 页。

77. 出处同上。

78. 在《四大建筑问题的解决方案》中，老布隆代尔描述了当他每次搞清楚某个建筑新发现之后压倒一切的狂喜心情。

79. 老布隆代尔，《教程》，168-173 页。

80. 出处同上，*Livre Cinquieme*，第 5 章。

81. 出处同上，731-736 页。

82. 出处同上，761-764 页。

83. 出处同上。

84. 出处同上，774 页。

85. 出处同上，766 页。

86. 出处同上，768 页。

87. 出处同上。

88. 出处同上，771 页。

89. 佩罗，《古典建筑的柱式规制》，15 页。

第 2 章

1. 参见亨利·雷蒙尼尔（Henri Lemmonier），《皇家建筑学院纪要》（*Proces-Verbaux de l'Academie Royale d'Architecture*）（巴黎，1911—1913 年），1-3 册。同时参见本书第 Ⅲ 篇。

2. 米歇尔·德·弗莱明，《建筑评论回忆》（*Memoires Critiques d'Architecture*）（巴黎，1702 年），22 页。

3. 出处同上，6-7 页。

4. 出处同上，18-29 页。

5. 参见本书第 9 章。

6. 阿贝·德·科迪默，《建筑新条约》（巴黎，1706 年）。我使用的是 1714 年的第 2 版。

7. 出处同上，1 页。

8. 出处同上，2 页。

9. 出处同上。

10. 出处同上，260 页。

11. 塞巴斯蒂安·勒·克莱克，《实用几何》（*Geometrie Pratique*）（巴黎，1669 年），《新世界体系》（*Nouveau Systeme du Monde Conforme a l'Escirture Sainte*）（巴黎，1719 年），《基于新原则的视觉体系》（*Systeme de la Vision Fonde sur des Nouveax Principes*）（巴黎，1719 年）。

12. 勒·克莱克，《建筑条约》（巴黎，1714 年）（*au lecteur*）。

13. 出处同上，16 页。

14. 出处同上。

15. 出处同上，39 页。

16. 出处同上，16 页。

17. 参见本书第 6 章。

18. 他反对科迪默和劳吉耶。在他的晚年，他在皮埃尔·帕特和舒夫洛的争论中，支持皮埃尔·帕特。

19. 阿梅迪 - 弗朗索瓦·弗雷齐耶，《论建筑柱式》（斯特拉斯堡，1738 年），5 及之后页。

20. 出处同上，4 页。

21. 出处同上。

22. 出处同上，7-8 页。

23. 出处同上，14 页。

24. 出处同上，16 页。

25. 出处同上，17 页。

26. 出处同上，18 页。

27. 出处同上。

28. 出处同上，17 页。

29. 出处同上，35 页。

30. 这种观点出现在弗雷齐耶为《法国信使》（*Mercure de France*）（1754 年 7 月）写的一篇文章中，引自赫尔曼，《劳吉耶》（*Laugier*），146 页。

31. 佩里·安德鲁，《论美》（ *Essai sur le Beauou l'on Examine en Quoi Consiste Precisement le Beaudans le Physique*，*dansle Moral*，*dans les Ouvrages d'Espritet dans la Musique* ）（巴黎，1741 年）。之后的版本是 1759 年、1762 年、1770 年和 1827 年。

32. 夏尔 - 艾蒂安·布里瑟于格，《论艺术美的本质》（ *Traite du Beau Essentiel dans les Arts* ）（巴黎，1752 年），"*Applique Particulierement a l'Architecture et Demontre Physiquement et par l'Experience*"，2 卷，第 1 卷，1 页。

33. 参见里克沃特，《第一现代》，第 5 章。

34. 布里瑟于格通常被认为于 1728 年发表的《现代建筑的艺术》（ *Architecture Moderne ou l'Art de Bien Batir* ）的作者。但是，沃尔夫冈·赫尔曼指出"1728 年的《建筑历史学家学会杂志》（ *Journal of the Society of Architectuarl Historians* 18 ）（1959 年）：作者权"的归属问题。这本书的精神更接近于我在本章前些部分讨论的论文。它不是关于柱式，而且处理了建构的问题，包括写作规范的方法、将几何运用到测量中以及进行花费估算。它还包括展现私人居所中小房子和宫殿房间富有想象力的组合方式的平面目录，每个都有剖面和准确的立面。这是法国 18 世纪最早的布置的例子之一。参见本书第Ⅲ篇。

35. 布里瑟于格，《论建筑美的本质》，第 1 卷，7-8 页。

36. 出处同上，第 1 章。

37. 出处同上，34-36 页。

38. 出处同上，45 页。

39. 出处同上，第三部分，第 2 章，45-55 页。

40. 出处同上。布里瑟于格也检验了人类身体的内部运作，并且总结出纤维和组织也由比例控制。他赞扬柏拉图阐明了宇宙和谐是由人类智慧寻得。

41. 一些布里瑟于格文章中的评论都似乎有这个含义。参见《论建筑美的本质》，第 1 卷，10 页。

42. 布里瑟于格，《论建筑美的本质》，65 页。

43. 热尔曼·博夫朗，《建筑设计》（ *Livre d'Architecture* ）（巴黎，1745 年），

1 页。

44. 出处同上，16 页。

45. 参见沃尔夫冈·赫尔曼，《劳吉耶和 18 世纪法国理论》（*Laugier and Eighteenth-Century French Theory*）。这是一本很好的传记以及研究劳吉耶的 *Essai* 的书。

46. 劳吉耶神父，《建筑设计》（*Essai sur l'Architecture*）（巴黎，1755 年），序言，XXXIII - XXXIV 页，33-34 页。

47. 同上，XXXVIII 页。38 页。

48. 同上，XL 页。

49. 参见赫尔曼，《劳吉耶》，第 1 章。劳吉耶 1754 年 2 月于凡尔赛宫的小教堂发表了重要演说。在其中，他公开批评了国王和他的政府，而支持近乎议会民主的观点。

50. 比如，参见约瑟夫·里克沃特对于阿尔伯蒂（Alberti）关于装饰的理解，《建筑设计概要》（*Architectural Design Profiles*）21，2 及之后页。

51. 参见赫尔曼，《劳吉耶》（*Laugier*）。然而，这本书并未关注劳吉耶的《建筑观察》（*Observations*），也不关心他理论中其他与比例相关的部分。

52. 劳吉耶，《建筑观察》，3 页。

53. 出处同上，4 页。

54. 杜博斯神父，《诗与绘画艺术的思考》（*Reflexions Critiques surla Poesie er sur la Peinture*）（巴黎，1719 年）一书的作者。这本书颇为流行，他认为艺术中的判断不属于理性范畴，而属于感觉或情绪范畴。

55. 尼古拉斯·玛丽·波坦，《建筑柱式论：五柱式和比例建立在更严谨的共同原则之上》（*Traite des Ordres d'Architecture，Premiere Partie : de la Proportion des Cing Ordres ou l'On a Tente de les Rapprocher de Leur Origine en les Etablissant sur un Princip Commun*）（巴黎，1767 年）。

56. 伦纳德·欧拉，《给德国公主的信》（*Lettres a une Princese d'Allemagne*）（圣彼得堡，1770 年）。

57. 小布隆代尔，《建筑学研究的必要理论》（*Discours sur la Necessite de l'Etude de l'Architecture*）（巴黎，1752 年）。

58. 参见本书第 5 章。

59. 国王授予小布隆代尔学校中最优秀的学生奖学金，并特许他们成为国王的工程师（ingenieurs du Roi）。

60. 小布隆代尔，《建筑装饰论课程》（*Cours d'Architecture ou Traite de la Decoration*），《建筑布局和建造》（*Distribution et Construction des Batiments*）（巴黎，1771 年），第 9 册，第 3 卷，LXXXI 及之后页。

61. 关于加西，参见本书第 7 章。他关于建筑的观点主要体现在《建筑规则的回忆》（*Memoires sur les Regles d'Architecture*）这本书中，被达尔坦（Dartein）引用于《法国桥》（*Les Ponts Francais*）第 4 册。

62. 小布隆代尔，《建筑装饰论课程》，第 1 册，448 及之后页。

63. 小布隆代尔，《建筑学研究的必要理论》。

64. 小布隆代尔，《建筑装饰论课程》，第 3 册，10 页。

65. 小布隆代尔，《弗朗索瓦的建筑》（巴黎，1752 年），318 页。

66. 出处同上。

67. 小布隆代尔，《建筑装饰论课程》，第 1 册，376 页。

68. 出处同上，第 3 卷，4 页。

69. 小布隆代尔，《弗朗索瓦的建筑》，318 页。

70. 让·蒙瓦尔（Jean Monval），《舒夫洛：工作，生活，美学》（*Soufflot：Sa Vie，Son Oeuvre，Son Esthetique*）（巴黎，1918 年），附录，523-542 页。

71. 参见雷蒙尼尔，《皇家建筑学院纪要》，第 8 卷。

72. 他大胆的提议受到了皮埃尔·帕特的批评。参见本书第 7 章。

73. 雅克·日尔曼·舒夫洛，《9 月 9 日在里昂学院宣读的回忆录》（*Memoire Lu a l'Academie de Lyon le 9 septembre*），1744 年，复印本在蒙瓦尔（Monval），《舒夫洛》（*Soufflot*），492-497 页。

74. J.G. 舒夫洛，《关于建筑比例的记忆》（*Memoire sur les Proportions*

d'Architecture），1739 年，由佩泽特（M.Petzet）复制，《舒夫洛　圣 - 吉纳维芙》（*Soufflot Sainte-Genevieve*），131-135 页。

75. 关于帕特最好的专著仍旧是马迪尔（M.Mathieu）的《皮埃尔·帕特的人生和他的工作》（*Pierre Patte Sa Vie et Son Oeuvre*）（巴黎，1934 年）。

76. 皮埃尔·帕特，《建筑演讲》（*Discours sur l'Architecture*）（巴黎，1754 年），9 及之后页。

77. P. 帕特，《最重要建筑项目回忆》（巴黎，1769 年），第 2 章，71 及之后页。

78. 出处同上，82 页。

79. 尼古拉·勒·加缪·德·梅齐埃，《建筑天才》（巴黎，1780 年），45 页。

80. 出处同上，54 页。

81. 出处同上，7-8 页。

82. 出处同上，7-14 页。

83. 出处同上，13-14 页。

84. 勒内·弗雷德，《音乐与建筑比例原则的和谐体系及其应用》（*Architecture Harmonique ou Application de la Doctrine des Proportions de la Musique a l'Architecture*）（巴黎，1677 年）。以及杰罗尼莫·普拉多和胡安·包蒂斯塔·比利亚尔潘多，《先知以西结释义》（*In Ezechielem Explanationes*）（罗马，1595—1602 年）。

85. 佩里·卡斯特（L.B. Castel），《基于简单观察的色彩光学，以及所有绘画，染色和其他艺术色彩的实践》（*L'Optique des Couleurs, Fondee sur les Simples Observations, et Tournee Sur-Tout a la Pratique de la Peinture, de la Teinture et des Autres Arts Coloristes*）（巴黎，1740 年）。

86. 勒·加缪，《建筑天才》，10 页。关于这个联系，参见马乔里·尼科尔森（Marjorie Nicolson），《牛顿需要缪斯》（*Newton Demands the Muse*）。

87. 神话和逻辑之间的协调在 19 世纪不可能出现，特别在康德的《未来形而上学导论》（*Prolegomena to Any Future Metaphysics*）出版之后更不可能出现，这本书的第 1 版于 1783 年发表。

88. 参见亚历山大·科瓦雷（A.Koyre），《牛顿研究》（*Newtonian Studies*），第 2 章。

89. 艾萨克·牛顿，《自然哲学的数学原理》（*Principes Mathematiques de la Phiosophie Naturelle*）（巴黎，1759 年），查特勒特（Chatelet）译本的第 2 版，第 1 卷，7 页，第 2 卷，179 页和 201 页。

90. 参见 Y. 波拉维（Y.Belaval），"宇宙在光学哲学中的几何危机"（"*La Crise de la Geometrisation de l'Universdans la Philosophie des Lumieres*"），《国际哲学评论》（*Revue Internationale de Philosophie*）（1952 年）；E. 伯特（E.Burtt），《现代物理科学的形而上学基础》（*The Metaphysical Foundations of Modern Physical Science*），208-211 页；L. 布伦士维格（L.Brunschvicg），《数学哲学的分期》（*Les Etapes de la Philosophie Mathematique*），第 11 章。

91. E. 伯特，《形而上学基础》（*The Metaphysical Foundations*），第 7 章。

92. 参见弗朗西斯·叶慈（Frances Yates），《玄术启蒙》（*The Rosicrucian Enlightenment*），第 14 章。

93. 艾萨克·牛顿，《自然哲学的数学原理》（*The Mathematical Principles of Natural Philosophy*）（伦敦，1803 年），由莫特（Motte）从拉丁文翻译，第 2 册。第 1 卷，6 及之后页和第 2 卷 311 及之后页。

94. 艾萨克·牛顿，《未发表的科学论文》（*Unpublished Scientific Papers*），103 页；引自亚历山大·科瓦雷，《牛顿研究》，89 页。科瓦雷比较了笛卡儿和牛顿物理学，他认为，对笛卡儿和亚里士多德来说，世界和时代密不可分。而对牛顿来说，空间和时间并不必然和世界或物质相联系。世界在空间中就如同在时间中一样明确，就算世界不存在，时间和空间也仍然存在。绝对空间确实并不是直接靠知觉中传达给我们；我们只感知身体，我们确定我们的空间时才与身体相关。牛顿仍然相信，如果认识不到我们相对的可动空间只可能存在于一个不动的空间中，也就是上帝的空间之中，那将是一个错误。参见《牛顿研究》，第 3 章。

95. 现代思辨共济会的起源也和伦敦皇家社团的成立有关。参见 F. 叶慈，《玄术启蒙》，第 14 章。

96. 参见安东尼·维德勒（Anthony Vidler），《临时小屋》（*Architecture of the Lodges*），《观点》（*Oppositions*）5（1976 年）:75 及之后页；J. 里克沃特，《第一现代》，尤其是第 6 章和第 8 章。

97. 巴托，《减少到相同原则的美术》（巴黎，1746 年），56 及之后页。

98. 在这方面，我发现对彼得·科林（Peter Collin）的《改变现代建筑的思想》（*Changing Ideals in Modern Architecture*）（1750—1950 年）和埃米尔·考夫曼的《理性时代建筑学》（*Architecture in the Age of Reason*）有误读。

第 3 章

1. 瓜里尼著作的题目是 *La Pieta Trionfante*（墨西拿，1660 年），《跳蚤哲学》（*Placita Philosophica*）（巴黎，1665 年），*Euclides Adauctus et Mehtodicus*（都灵，1671 年），《房屋测量的方法》（*Modo di Misurare le Fabbriche*）（都灵，1674 年），《天球简编》（*Compendio della Sfera Celeste*）（都灵，1675 年），《时代行星》（*Leges Temporum et Planetarum*）（都灵，1678 年），*Coelestis Mathematicae*（米兰，1683 年），《土木工程和建筑图纸》（*Disegni d'Architettura Civile ed Eclesiastica*）（都灵，1686 年），《民用建筑》（*Architrttura Civile*）（都灵，1737 年）以及《防御工事条约》（*Tratatto di Fortificazione*）（都灵，1676 年）。

2. 瓜里尼的哲学观点由塔维斯·拉格雷卡（B.Tavais La Greca）在 "*La Posizione del Guarini in Rapporto alla Cultura Filosofica del Tempo*" 中讨论，这是现代版《民用建筑》的附录。也参见吉利奥·卡罗·阿尔冈（Giulio Carlo Argan），《意大利的巴洛克建筑》（*L'Architettura Barocca in Italia*）以及德诺斯（A.del Noce），《无神论问题》（*Il Problema Ateismo*）。将尼古拉斯·马勒伯朗士，《植物研究》（*De la Recherche da la Verte*）（巴黎，1674—1675 年），第 2 卷、第 3 卷，以及《形而上学谈话》（巴黎，1688 年），第 1 卷，和瓜里诺·瓜里尼，《跳蚤哲学》相比较。

3. 参见纳斯第（M.Nasti），"*Il Sistema del Mondo di Guarino Guarini*"，这是一篇收录在《瓜里诺·瓜里尼与巴洛克的国际性》（*Guanrino Guarini e*

l'Internazionalita del Barocco ）的文章，共 2 卷，第 2 卷，559 及之后页。

4. 瓜里尼，《跳蚤哲学》，179 页。

5. 出处同上，833 页。

6. 马勒伯朗士《植物研究》，第 6 部分，第 1 章。

7. 参见保罗·罗西，《万能钥匙》，尤其是第 5-7 章。

8. 法吉罗（M.Fagiolo），*La Geosofia del Guarini*，在《瓜里诺·瓜里尼与巴洛克的国际性》，第 2 卷，179 及之后页。法吉罗展示了几何对于瓜里尼来说不是一个科学分支，而是世界观：一种世界观，一个纯粹概念，或者万物的母体。

9. 瓜里尼，《民用建筑》，（米兰，1968 年），10 页。

10. 出处同上，19-20 页。

11. 出处同上，5 页。

12. 瓜里尼，*Euclides Adauctus*，题词。

13. 卡罗·切雷萨·奥西奥，《民用建筑》（米兰和里昂，1684 年）。

14. 瓜里尼，《民用建筑》，129 页。

15. 比较鲁道夫·维特科的 *Introduzione al Guarini* 和亨利·米龙（Henry Millon）的 *La Geometrial nel Linguaggio Architettonico del Guarini*；两篇文章都收录在《瓜里诺·瓜里尼与巴洛克的国际性》，第 1 卷，19 及之后页，第 2 卷，35 及之后页。

16. 马勒（W.Muller）恰好在 *Guarini e la Stereotomia* 中准确说明了这一点，《瓜里诺·瓜里尼与巴洛克的国际性》，第 1 卷，531 页。

17. 参见本书第 6 章。

18. 参见巴蒂斯塔（E.Battist），*Schemata del Guarini*，在《瓜里尼与巴洛克的国际性》，第 2 卷，107 及之后页。

19. 亚伯拉罕·博斯，《笛沙格的通用方法，像练习几何学一样的小角度透视》（*Maniere Universelle de M.Desargues pour Pratiquer la Perspective par Petit-Pied comme le Geometral*）（巴黎，1648 年），《笛沙格为建筑中的石块切割术所做的实践证明》（*La Pratique du Trait a Preuves,de M.Desargues Lyonnois pour la Coupe des*

Pierres en l'Architeture）（巴黎，1643 年），《在不透气的表面练习透视的通用实践方法》（Moyen Universelle de Pratiquer la Perspective sur les Tableaux ou Surfaces Irrefulieres）（巴黎，1653 年）。

20. 他思想的这个维度最明确地出现在他关于石头切割术的文字中；本书第 6 章会讨论这个问题以及其他有关这个问题的著作。

21. 参见莫里斯·梅洛 - 庞蒂，《知觉现象学》，第 1 部分，第 1-3 章。

22. 参见何塞·奥特加·伊 - 加塞特，《莱布尼茨思想》（Idea de Prinapio en Leibniz）第 2 卷，第 1 卷，第 17 章和第 18 章。

23. 沙勒（M.Chasles），《几何学方法起源与发展历史》（Apercu Hisrorique sur l'Origine et Developpement aes Methodes en Geometrie）（布鲁塞尔，1837 年），83 页。更具技术性的细节：两个三角形对应顶点连线是同一点，对应边延长线的交点将位于一条直线上 [来自 McGraw-Hill《科技百科全书》（Encyclopedia of Science and Technology）2 卷，3 页]。

24. 萨凯里（G.Saccheri），《无懈可击的欧几里得》（Euclides ab Omni Naevo Vindicatus）（伦敦，1920 年），由霍尔斯特德（G.B.Halsted）翻译的英文版本。

25. 安德烈·波索（Andrea Pozzo），《建筑师和画家的透视规则与案例》（伦敦，1709 年）。

26. 参见乔治·古斯托夫，《启蒙时期的上帝，自然，人》（Dieu, La Nature, l'Homme au Siecle des Lumieres）第 4 章。

27. 德尼·狄德罗，《解释自然》（De l'Interpretation de la Nature）（1754 年），在《狄德罗的哲学著作》（Oeuvres Philosophiques de Diderot）中，108 及之后页。

28. 狄德罗和布丰有可能（could）批评牛顿发现的数学结构。参见布丰，"De la Maniere d'etudier et de Traiter l'Histoire Naturelle"，在《布丰的哲学著作》，24 及之后页。达朗贝尔也饱受一些用数学假设代替经验的几何学家"不为他人考虑的自负"的困扰。参见达朗贝尔，《百科全书的初步课程》（Discours Preliminaire de l'Encyclopedie），贡蒂尔（Gonthier）编辑，36 页。

29. 关于维通的现代专著是：保罗·波多盖希（Paolo Portoghesi）的《维

通，介于启蒙运动和洛可可之间的建筑师》（*Bernardo Vittone. Un Architetto tra Illuminismo e Rococco*）（罗马：Officina 编辑版，1966 年）。

30. 参见大会论文集《维通 18 世纪古典主义与巴洛克之争》（*Bernardo Vittone ela Disputa fra Classicismo e Barocco nel Settecento*），都灵：《科学学院》（*Academia delle Scienze*，1972 年）。同时参见维尔纳·奥赫斯林（Werner Oechslin），*Bilidungsgut und Antikenrezeption des fruhen Settecento in Rom*。

31. 参见阿尔加罗蒂（Francesco Algarotti），《为女士写的牛顿学说》（*Il Newtonianismo per le Dame*），《关于光与色的对话》（*Ovvero，Dialoghi sopra la Luce ei Colori*）（那不勒斯，1737 年）。

32. 波尔托盖西（P.Portoghesi），《维通》（*Bernardo Vittone*），12-14 页。参见本书第 7 章。

33. 维通，《多种证明》（*Istruzioni Diverse Concerneti l'Officio dell'Architetto Civile*）（卢加诺，1766 年），标题页。

34. 出处同上，123 页。

35. 参见本书第 9 章关于迪朗使用网格的意义的分析。

36. 参见马乔里·尼克尔森（Marjorie Nicholson），《牛顿需要缪斯》（*Newton Demands the Muse*）。

37. 维通，《多种说明》，附录 2，"*Istruzioni Armoniche osia Breve Tratatto sopra la Natura delSuono del Signor G.G*"。

38. 出处同上，219 页。赫尔墨斯·特利斯墨吉斯忒斯是神话中的法师，在文艺复兴时期，他被认为是基督教的古代预言家。他的希腊语著作由费奇诺（Ficino）翻译。这部被认为是古代神学（prisca theologia）的作品，实际上是早期基督教时代的诺斯替派教（gnostic）的著作集，影响力巨大。赫尔墨斯的魔力似乎在现代科学中起到了很大作用。参见弗朗西斯·叶慈，《乔丹诺·布鲁诺与禁锢传统》（*Giordano Brunoand Hermetic Tradition*）；韦恩·舒梅克（Wayne Shumaker），《文艺复兴中的神秘科学》（*The Occult Sciences inthe Renaissance*）；以及沃克（D.P.Walker），《从菲奇诺到坎帕内拉的魔法和精神》（*Spiritual and*

Demonic Magic From Ficinoto Campanella）。

39. 维通，《多种说明》，235 页。

40. 出处同上，320 页。

41. 尼古拉·卡莱蒂，《民用建筑说明》（那不勒斯，1772 年），7（Ⅶ）页。

42. 出处同上，8（Ⅷ）页。

43. 出处同上，332 页。下一章将会讨论的布雷的建筑，十分明确地体现了这种想象。

44. 参见埃利·科尼格森（Elie Konigson），《中世纪的空间》（*L'Espace Theatrale Medieval*）（巴黎，1975 年）。

45. 克里斯蒂安·沃尔夫，*Ratio Praelectionum Wolfianarum*，《生活世界》（莱比锡，1841 年），135-136 页。

46. C. 沃尔夫，《关于人类心灵力量的理性精神》（*Vernunftige Gedanken von den Kraften des menslichen Verstandes*）（哈雷，1742 年），226 页。

47. C. 沃尔夫，《通用数学基础》（马格德堡，1713 年），第 2 册，第 1 卷,937 页。

48. C. 沃尔夫，《数学课程》（巴黎，1747 年），第 3 册，第 2 卷，246 页。

49. 罗伯特·莫里斯，《建筑学讲座》（伦敦，1734 年），序言。

50. 莫里斯，《古代建筑防御论》（伦敦，1728 年），1 及之后页。

51. 出处同上。

52. 莫里斯，《建筑学讲座》，序言。

53. 出处同上。

54. 出处同上，74 及之后页。

55. 出处同上。

56. 莫里斯，一篇关于和谐的文章，主要涉及建筑与位置的关系。（伦敦，1739 年）。

57. 这个说法由谢瓦利尔（Chevallier）在 *Les Ducs sous l'Acacia* 重现，146-148 页。

58. 这个问题由多位学者研究过。参见雷内·泰勒（Rene Taylor），"Architecture

and Magic：Considerations on the Idea of the Escorial"，在《鲁道夫·维特科的建筑历史文章》(*Essays in the History of Architecture Presented to Rudolf Wittkower*)，81及之后页；以及 J. 里克沃特，《第一现代》，第 6 章。

59. 普拉多和比利亚尔潘多，《以塞勒姆的解释》(*In Ezechielem Explanationes*)。

60. 巴提·兰利，《营造辅助大全》(伦敦，1738 年)，61 页。

61.《构成》(*Constitutions*)，库克女士 (MS Cooke)，大英博物馆，Ad.23198。再次出现在附录 A，约翰·哈维 (John Harvey)，《中世纪建筑师》(*The Mediaeval Architect*)，191-202 页。

第 4 章

1. 参见埃米尔·考夫曼，*Three Revolutionary Architects*：*Boulle, Ledoux and Lequeu*，《美国哲学学会的转变》(*Transcations of the American Philosophical Society*) 43 (3) (1952 年)；海伦·罗塞瑙 (Helen Rosenau)，《布雷与视觉建筑》(*Boullee and Visionary Architecture*)；《视觉建筑师》(*Visionary Architects*)，布雷、勒杜和吕克的作品展览目录。

2. 尤其参见埃米尔·考夫曼，《理性时期的建筑》(*Architecture in the Age of Reason*) (第 1 版，1955 年)，以及他的《从勒杜到柯布》(*Von Ledoux bis Le Corbusier*) (维也纳，1933 年)。

3. 在布雷和勒杜的作品在北美展览 (1968 年) 时，路易·康写了他的十二行诗。参见《视觉建筑师》，9 页。

4. 参见修·昂纳 (Hugh Honour)，《新古典主义》(*Neo-Classicism*)，尤其是第 1 章和第 4 章。

5. 小布隆代尔，《建筑装饰论课程》，第 1 册，第 5 章。

6. 玛丽·纳瑟夫·佩尔 (Marie-Joseph Peyre)，《建筑作品》(*Oeuvres d'Architectures*) (巴黎，1765 年)，3 页。

7. 维尔纳·奥赫斯林 (Werner Oechslin)，*Pyramide et Shpere*，《美术公报》(*Gazette de Beaux Arts* 77) (1971 年)。

8. 罗伯特·罗森布鲁姆（Robert Rosenblum），《18世纪晚期艺术转变》（*Transformations in Late Eighteenth Century Art*），第3章。

9. 圣穆，《古代建筑书信》（巴黎，1787年）。

10. 近期关于布雷最好的专著是约翰-马丽·佩鲁塞·德蒙克洛斯（Jean-Marie Perouse de Montclos）的《布雷》（*Etienne-Louis Boulle*）。有英文删减译本。

11. 佩鲁塞·德蒙克洛斯，《布雷》，第253页，在他的图书馆中有完整清单。

12. 我用了德蒙克洛斯的编辑版，《论艺术》（巴黎，1968年）。

13. 布雷，《论艺术》，49页。

14. 规则和天才之间的和平共存也同样体现在杜博斯和孟德斯鸠（Montesquieu）关于美学的作品中。

15. 布雷，《论艺术》，67-68页。

16. 出处同上，69页。

17. 出处同上，51，154页。

18. 出处同上，61页。

19. 出处同上，35页。

20. 出处同上，63页。

21. 出处同上，47-48页。

22. 18世纪早期，洛多利在威尼斯已经取得了同样的成就。但是，除了某些单体建筑的细部以及皮拉内西的《监狱》系列版画外，并没有任何设计应用了严格主义者的准则。参见里克沃特，《第一现代》，第8章；同样参见本书第7章。

23. 参见杜夫海纳，《诗人》（*Le Poerique*），第3册，199及之后页。以及保罗·利科（Paul Ricoeur），《隐喻的规则》（*The Rule of Metaphor*），研究1，9及之后页。

24. 布雷，《论艺术》，75-76页。

25. 佩鲁塞·德蒙克洛斯指出，*fecodite*，*caractere*，*eloquence* 和 *poesie* 对于布雷是一样的；他用的这些词大约与早先理论著作中的 *convenance*（convenience）类似。建筑的诗意早就针对布隆代尔的 *anoncer cequun edifice est*，并且与和谐和比例的概念相关。参见布雷，《论艺术》，112-79 页。

26. 布雷，《论艺术》，69 页。

27. 出处同上，137-138 页。

28. 出处同上；参见佩鲁塞·德蒙克洛斯（Perouse de Montclos）对于纪念碑的评论。

29. 沃格特（M.A.Vogt），《布雷：牛顿纪念碑》（*Boullees Newton-Denkmal*）。

30. 布雷，《论艺术》，63-64 页。

31. 笛卡儿和莱布尼茨认为空间是几何的；当无穷维度介入时（笛卡儿称为 indefinition），空间从不可能是空的；空间总是充满物质。笛卡儿写道："存在真空或绝对没有任何东西的空间令人厌恶……很明显，哲学意义上的真空（一个绝对没有物质存在的空间）不能存在，因为空间的延伸或内部空间，和身体的延伸并没有什么不同。"参见 R. 笛卡儿，《哲学原理，作品》（巴黎，1905 年），泰纳瑞（Tannery）编，第 8 卷，第 16 部分，49 页。莱布尼茨认为，真空的存在会违背上帝的无限完美，暗示上帝造物能力有限。参见《论文集》（*A Collection of Papers, which passed between the late learned Mr. Leibniz and Dr. Clarke*）（伦敦，1717 年），第 3 和第 4 论文，57，103 及之后页。

32. 牛顿，《自然哲学的数学原理》（伦敦，1803 年），第 1 卷，6 页。牛顿受到了剑桥柏拉图主义者亨利·摩尔（Henry More）和伊萨克·巴罗（Isaac Barrow）的影响。参见詹姆尔（Max Jammer），《空间概念》（*Concepts of Space*）。詹姆尔指出，上帝即宇宙空间的概念源于犹太教，后来中世纪欧洲吸收了这套思想。15 世纪术士皮克（Pico）和阿格里帕（Agrippa），16 世纪术士布鲁诺（Bruno）和康帕内拉（Campanella）都使用过这个概念。这是个反亚里士多德的概念，却被现代科学家像伽森狄并最终被牛顿他自己接受。

33. 布雷，《论艺术》，81-82 页。

34. 出处同上，85 页。

35. 出处同上，89，94 页。

36. 狄德罗，《演说》（*Oration*），由昂纳（H.Honour）引用，《新古典主义》

（*Neo-Classicism*），153 页。

37. 就此而论，有趣的是大革命时期法国人民敬神的古怪信条和形式；比如，他们神圣平等的原则和他们的狂欢节（fetes）。根据卡尔·贝克（Carl Becker）所说，1973 年 11 月的理性之节是用人类世俗或现世信仰取代基督教的试探。然而，罗伯斯庇尔（Robespierre）认为这过于无神论，并决定颁布他著名的 1794 年五月教令，其中说明："法国人民承认至高无上的上帝以及灵魂不朽的存在……对上帝的崇敬是人类的职责……"贝克引用，《18 世纪哲学家的天堂之城》（*The Heavenly City of the 18th-Century Philsophers*），156 及之后页。

38. 布雷，《论艺术》，133-135 页。

39. 圣穆，《古代建筑书信》，第 5 封信。

40. 在勒杜理论著作《从艺术的角度看建筑、道德和立法》（*L'Architecture Consideree sous le Rapport de l'Art，des Moeurs et de la Legislation*）（巴黎，1804 年和 1847 年），第 2 卷第 2 册的 *avertissement* 中，编辑者观点明显显露出这种模糊性。在拉维尔（M.Raval）关于勒杜的著作中指出，在 1762—1944 年间存在不同的观点。比如，杜弗兰（Du Fresne）在 1789 年写道，勒杜是个非常混乱而危险的人，而 "L.G."，在 *Annales du Musee et des Arts*（1803 年），又抱怨勒杜的藩篱对于巴黎城市的破坏。参见拉维尔和莫罗（J.C.Moreaux），《勒杜》（*C.N.Ledoux*），以及克里斯托（Y.Christ），《勒杜》（*C.N.Ledoux*），《项目和转换》（*Projects et Divagations*）。关于勒杜在巴黎的方案，参见米歇尔·盖尔特（Michel Gallet），《勒杜在巴黎》（*Ledoux et Paris*）。

41. 克劳德 - 尼古拉·勒杜，《建筑》（*L'Architecture*），第 1 卷，117，123 页。

42. 出处同上，10，20 页。

43. 出处同上，136，137 页。

44. 出处同上，15，20 页。

45. 出处同上，15 页。

46. 出处同上，149 页。

47. 出处同上，115 页。

48. 出处同上，113 页。

49. 出处同上，63 页。

50. 出处同上，150 页。

51. 出处同上，132 页。

52. 出处同上，142 页。

53. 布雷也设计了白昼神庙（Temple a Jour），其中上帝能在开放的环境中被崇敬。参见布雷，《论艺术》，69-70 页。

54. 勒杜，《建筑》，180 页。

55. 出处同上，142-143 页。

56. 参见安东尼·维德勒（Anthony Vidler），"The Architecture of the Lodges"，《观点》（*Oppositions*）5（1976 年），75 及之后页。

57. 达斯吉尔（Desaguilliers）的出版物包括《由机械学提供的实验哲学体系》（*A System of Experimental Philosophy Prov'd by Mechanicks*）（伦敦，1719 年），及《物理机械学讲座》（*Physico Mechanical Lectures*）（伦敦，1717 年）。同时参见坎佩尔·李（D.Campell Lee），《德吉利尔 4 号》（*Desaguilliers of No.4*），及斯托克（J.Stokes）和赫斯特（W.R.Hurst）的《德吉利尔职业生涯概述》（*An Outline of the Career of J.T. Desaguilliers*）。

58. 勒杜，《建筑》，140 页。

59. 出处同上，178 页。

60. 约翰·科比，《两部分的建筑透视》（*The Perspective of Architecture in Two Parts*）（伦敦，1761 年），导言。

61. 参见克里斯托，《勒杜》，167 及之后页。

62. 勒杜，《建筑》，73 页。

63. 出处同上，174 页。

64. 出处同上，185n1 页。

65. 出处同上，194 页。

66. 出处同上，195 页。

67. 出处同上，196 页。

68. 佩尔（J.M.Peyre），《建筑作品》，3 页。

69. 圣穆，《古代建筑书信》，12 页。

70. 20 世纪的艺术中，这些关注点被超现实主义运动奉为典范。参见罗杰·夏杜克（Roger Shattuck）对于现代艺术起源的精彩描述，《狂欢时代》（*The Banquet Years*）。建筑领域，参见基斯勒的作品以及海杜克和罗西的近期方案。意图的模糊性以及建筑意义的恢复，同时表现在李伯斯金在非写实理论项目中对抽象建筑领域的应用，这是一种纯粹的建筑本质，它质疑了当代建筑实践的传统极简主义。参见李伯斯金，《空间尽头》（*End Space*），在《建筑联合展》（*An Exhibition at the Architectural Association*）（伦敦，1980 年）；达利博·维斯利，《游戏终结的戏剧》（*The Drama of the Endgame*），同样的目录；以及李伯斯金，《零与无尽之间》（*Between Zero and Infinity*）。

71. 鲍丁（Baudin），《公民布雷的葬礼》（*Funeralilles du Citoyen Boulle*）（巴黎，1799 年）。

第 5 章

1. 参见古斯托夫，《伽利略革命》，第 1 卷，第 1 章。

2. 古斯托夫，《伽利略革命》，第 1 卷，第 2 章。

3. 参见罗西，《现代早期的哲学、科学与艺术》（*Philosophy，Technology and the Arts in the Early Modern Era*），116 页。

4. 古斯托夫，《伽利略革命》，第 1 卷，第 3 章。

5. 例如，马勒伯朗士解释说技术也能是积极的，因为"尽管上帝从不会错，他的行为某些特殊后果却可能对人类有害"。因此，马勒伯朗士为人类为了自己的益处而采取行动找到了借口，只要他们不暗示亵渎或反对神的智慧。马勒朗博士，*Traite de Morale*（巴黎，1684 年），第 1 卷，第 1 章。

6. 参见雷默斯，"Actio Secunda pro Regia Mathematicae Professionis Cathedra"（1566 年），《合集》（*Collectanae*）（巴黎，1577 年），536 及之后页。

7. 托马斯·斯普拉特（Thomas Sprat），《伦敦皇家学会史》（*L'Histoire de la Societe Royale de Londres*）（巴黎，1669 年），490 页。这是英文原版的翻译版。

8. 帕里斯（T.C.Allbut Palissy），《培根与自然科学的复兴》（*Bacon and the Revival of Natural Science*）。

9. 帕里斯，他自己是胡格诺派教徒（Huguenot），受了相当大的宗教战争之苦。

10. 伯纳德·帕里斯，"Recepte Veritable par Laquelle Tous les Hommes de la France Pourront Apprendre a Multiplier et Augmenter Leurs Thresors"（拉罗歇尔，1563 年）。我将从《作品》（巴黎，1880 年）当代版本中引用，22 页。

11. 出处同上，75-77 页。

12. 出处同上，79-80 页。

13. 德·高斯，"Les Raisons des Forces Mouvantes avec Diverses Machines tant Utiles que Plaisantes，aus Quelless sn Adjoints Plusieurs Desseigns de Grotes et Fontaines"（法兰克福，1615 年）。他在海德堡工作，在那里设计了城堡的花园并极可能与蔷薇十字会运动相关。参见弗朗西斯·叶慈,《蔷薇十字运动指南》（*The Rosicrucian Enlightenment*）第 2 章。

14. 德·高斯,《用镜子和阴影实现的理性透视》（*La Perspective avec la Raison des Ombres et Miroirs*）（伦敦，1612 年），前言。

15. 布鲁日的西蒙·斯蒂文,《数学作品》（莱顿，1634 年）；吉多·乌尔瓦多·德尔·蒙特（Guido Ubaldo del Monte），*Perspectivae Libri Sex*（佩萨罗，1600 年）。参见盖瑞（L.Guerry），《让·皮勒林》（*Jean-Pelerin Viator*），及迪西奥·吉赛菲（Decio Gioseffi）的文章"透视"，在《世界艺术百科全书》（*Encyclopedia of World Art*），第 1 卷，11（1966 年）。

16. 参见威廉·伊恩斯（William Ivins),《视觉理性化》（*On the Rationalizaion of Sight*），7-13 页。

17. 科瓦雷（A.Koyre),《从封闭世界到无限宇宙》（*From the Closed World to the Infinite Universe*）（译者注：已有中译本），110 及之后页。

18. 参见巴特鲁赛迪斯（Baltrusaitis），《变形艺术》（*Anamorphic Art*）。

19. 最著名的例子是霍尔拜因（Holbein）的大使像（Ambassadors），1533 年绘制。参见巴特鲁赛迪斯，《变形艺术》，第 2 章。

20. 这里要感谢达利博·维斯利的总结。

21. 尼克隆（J.F.Niceron），《奇妙的透视》（*La Perspective Curieuse ou Magie Artificiele des Effets Marveilleux*）（巴黎，1638 年），1-2 页。

22. 出处同上。

23. 出处同上，5 页。

24. 出处同上，6 页。

25. 这个实际上已经是个传统问题了。众所周知，维特鲁威靠买卖武器挣钱。参见洛林（H.Lorraine），"La Pyrotechnie ou Sont Representez les Plus Rares et Plus Apreuvez Secrets"（巴黎，1630 年）。

26. 莫勒特（C.Mollet），"Theatre des Plans et Jardinages Contenant des Secrets et des Inventions"（巴黎，1652 年）。

27. 博伊索，"Traite du Jardinage Selon les Raisons de la Nature et de l'Art"（巴黎，1638 年）。

28. 例如在帕斯卡（Blaise Pascal）的哲学中，上帝创造了很少的奇迹，然而斯宾诺沙（Spinoza）的上帝等同于自然并且相应地必然一切取决于上帝。参见帕斯卡，*Pensees*。弗雷德里克·科普莱斯顿（Frederick Copleston）写了一本很好的通用哲学史，从笛卡儿到莱布尼茨，《哲学史》（*A Hisrory of Philosophy*），第 4 卷。

29. 斯卡利提（C.C.Scaleti），"Scuola Mecanico-Speculativo-Practica in Cui se Essamina la Proporzione che ha la Potenza alla Resistenza del Corpo Grave"（博洛尼亚，1711 年），前言，没有页码。

30. 皮埃尔·帕特，"Monuments Eriges en France a la Gloire de Louis XV"（巴黎，1765 年），25 及之后页。

31. 安德烈·费列宾，《建筑、雕塑、油漆及其他规则》（*Des Principes de l'Architecture, de la Sculpture, de la Peinture, et des Autres que en Dependent*）（巴黎，1699 年），8-9 页。

32. 出处同上，9-10 页。

33. 洛克（John Locke），《医学艺术》（*De Arte Medica*）（1689 年），马森（H.Marson）引用《洛克》（1878 年），94 页。

34. 莱布尼茨，《哲学著作》（*Philosophischen Schriften*），第 2 卷，69 页，罗西翻译并引用，《哲学、科学和艺术》，130 页。还有一本英文译本莱布尼茨，《哲学写作》（*Philosophical Writings*）（托托瓦，新泽西，1973 年），包括一个很好的自选集。

35. 丹尼斯·狄德罗和达朗贝尔，《百科全书》（*Encyclopedie, ou Dictionnaire Raisonne des Sciences, des Arts, et des Metiers par une Societe de Gens de Lettres*）（巴黎，1751—1765 年），第 17 卷。

36. 古斯托夫，《思想原则》（*Les Principes de la Pensee*），249-256 页。

37. 巴提·兰利，《园艺新规则》（*New Principes of Gardening*）（伦敦，1728 年），前言。

38. 参见本书第 3 章。

39. 德扎利尔·达根维尔（A.J.Dezalliers d'Argenville），《园艺理论与实践》（*Theorie et Pratique du Jardinage*）（海牙，1711 年）。

40. 沙波，《园艺实践》（*La Pratique du Jardinage*）（巴黎，1770 年），1 页。

41. 出处同上，2 及之后页。

42. 出处同上，4 页。

43. 出处同上，30 页。

44. 风格理论，特别是戈特弗里德·森佩尔的作品，是 19 世纪这种推论的例子。参见本书第 9 章。

45. 沙波，《园艺实践》（巴黎，1771 年），前言。

46. *Ecole des Ponts et Chaussees*，ms.2629 bis 以及 1926，由皮托（J.Petot）复制，*Histoire de l'Administration des Ponts et Chaussees* 1599—1815（巴黎，1958 年），142-143 页。

47. 博斯，《实用透视的通用方法》（*Maniere Universelle de M.Desargues pour*

Pratiquer la Perspective）（巴黎，1648 年），1 页。

48. 参见本书第 3 章。

49. 奥赞南，《数学与物理游戏》（*Recreations Mathematiques et Physiques*）（巴黎，1696 年），前言。

50. 奥赞南，《透视理论与实践》（*La Perspective Theorique et Pratique*）（巴黎，1720 年），前言。

51. 参见理查德·森尼特（Richard Sennet），《公众人物的衰落》（*The Fall of Public Man*），第 2 部分，45 及之后页。

52. 莱布尼茨，*Protogea*（1693 年），*Werke*（斯图加特，1949 年），第 1 卷，170 页。

53. 莱布尼茨，《关于词汇与事物之间的联系的对话》（*Dialogue on the Connection between Things and Words*），勒罗伊·勒姆克（Leroy Loemker）翻译，《哲学论文与通信》（*Philosophical Papers and Letters*）（芝加哥，1956 年），278-282 页。

54. 莱布尼茨，《一般特征》（*On the General Characteristic*，勒姆克），344-345 页。

55. 丰特奈尔《几何无限性元素》（巴黎，1727 年），前言。

56. 丰特奈尔，《关于数学效用和科学院工作的序言》（*Preface sur l'Utilite des Mathematiques et de la Physique et sur les Travaux de l'Academie des Sciences*）（1699 年），《作品集》（1825 年），第 1 卷，59 页。

57. 丰特奈尔，《1666—1699 年科学院史序》（*Preface de l'Histoire de l'Academie des Sciences depuis 1666 jusqua 1699*），《作品集》，第 1 卷，15-16 页。

58. 老布隆代尔，《建筑学教程》（巴黎，1698 年），2-4 页。

59. 出处同上。

60. 雷蒙尼尔，《皇家建筑学院纪要》，第 3 卷。

61. 参见本书第 7 章。

62. 德·拉·赫的许多贡献包括对复杂拱顶轨迹计算的几何方法（1698 年），

解决测量，求体积和细节问题（1698—1699 年），及许多建立在机械考虑基础之上对挡土墙（1707 年）和拱（1711 年）尺寸的讨论。

63. 雷蒙尼尔，《皇家建筑学院纪要》，第 3 卷，358-360 页。

64. 出处同上，第 4 和第 5 卷。

65. 出处同上，第 6 卷。

66. 出处同上，第 8 卷，247-248 页。

67. 参见小布隆代尔，《论建筑研究的必要性》（*Discours sur la Necessite de l'Etude de l'Architecture*）（巴黎，1752 年）。

68. 小布隆代尔，《建筑学教程》，第 3 卷，XXVIII 页。

69. 参见赛博斯（G.Serbos），"L'Ecole Royale des Ponts et Chaussees"，见塔东（R.Taton）编辑的《18 世纪法国的科学教学与传播》（*Enseignement et Diffusion des Sciences en France au 18eme.siecle*）合集，356 及之后页。同样参见维尼翁（E.Vignon），*Etuudes Historiques sur l'Administration des Voies Publiques en France au 17eme. et 18eme. siecles*（巴黎，1862 年），以及帕托（J.Petot），《路桥管理局》（*Histire de l'Administration des Ponts et Chuassees*）。

70. 理查德·普罗尼，《让 - 鲁道夫·佩罗内简史》（*Notice Historique sur Jean-Rodolphe Perronet*）（巴黎，1829 年）。

71. 参见塔东，"L'Ecole Royale du Genie de Mezieres," *Enseignement et Diffusion des Sciences en France au 18eme Siecle*。

72. 奥格亚特（A.M.Augoyat），《防御工事历史概述：法国军事天才学校的工程师》（*Apercu Historique sur les Fortifications，les Ingenieurs et sur le Corps du Genie en France*）（巴黎，1860—1864 年），第 1 卷，253-254 页。

73. 哈恩（R.Hahn），"*Les Ecoles Militatires et d'Artillerie*," 塔东编辑的《科学教育和传播》（*Enseignement et Diffusion des Sciences*）。贝利多指出在梅斯、斯特拉斯堡、格勒诺布尔、佩皮尼昂和拉菲尔（Metz, Strasbourg, Grenoble, Perpignan and La Fere）有学校。参见贝利多，《军事天才学校新教学教程》（*Nouveau Cours de Mathematique a l'Usage de l'Artillerie et du Genie*）（巴黎，1725

年）前言。

74. 塔东引自《军事学校档案》，第 3 章，559 及之后页。

75. 塔东引自《军事学校档案》，587 页。

76. 博苏特，《关于流体组里的新体验》（*Nouvelles Experiences sur la Resistance des Fluides*）（巴黎，1777 年），前言。

77. 塔东引自《军事学校档案》，593-596 页。

78. 塔东引自《军事学校档案》，596 及之后页。

第 6 章

1. 卡塔内奥（Girolamo Catano），《军事艺术五书》（*Dell'Arte Militare Libri Cinque*）（布雷西亚，1584 年），第 1 版，1559 年。黑尔（J.R.Hale），《文艺复兴时期要塞：艺术或工程？》（*Renaissance Fortification. Art or Engineering*？）是一本很好的以图绘方式介绍文艺复兴时期要塞的书。

2. 西蒙·斯蒂文，《数学作品》（莱顿，1634 年）。吉拉德做的法语翻译。

3. 马洛罗伊斯（S.Marolois），几何学包含了防御工事所必需的理论和实践内容（Geometrie Contenant la Theorie et la Pratique d'Icelle，Necessaire a la Fortification）（阿姆斯特丹，1628 年）。

4. 马洛罗伊斯，《军工建筑的进攻与防御》（*Fortification ou Architecture Militatire tant Offensive que Defensive*）（莱顿，1628 年），1638 年译成英语。

5. 古德曼，《新防御工事》（*La Nouvelle Fortification*）（莱顿，1645 年）。

6. 米利埃特（C.F.Milliet），《德查理斯的要塞艺术》（*Dechales L'Art de Fortifier*）（巴黎，1677 年）。

7. 帕里斯（B.Palissy），《真实传承》（*Recepte Veritable*），12-13 页。

8. 出处同上，147 页。

9. 出处同上。

10. 出处同上。

11. 尚伯里，《防御工事，建筑透视》（*Des Fortifications et Artifices*，*Architecture*

et Perspetive）（巴黎，1594 年）。

12. 巴卡（P.A.Barca），"Avertimenti e Regole cira l'Architettura Civile，Scultura，Pittura，Prospettiva et Architettura Militare"（米兰，1620 年）。

13. 萨迪（P.Sardi），《帝国军事建筑》（*Couronne Imperiale de l'Architecture Militaire*）（法兰克福，1623 年），导言。

14. 布斯卡（G.Busca），《军事建筑》（*L'Architettura Militare*）（米兰，1619 年）。对奠基仪式的重要性和历史描述，参见里克沃特（Joseph Rykwert），《理想城镇》（*The Idea of a Town*）。

15. 多根（M.Dogen），"L'Architecture Militaire Moderne ou Fortification，Confirmees par Diverses Histoires tant Anciennes que Nouvelles"（阿姆斯特丹，1648 年）。

16. 勒杜克，《要塞，还原为艺术》（*La Fortification Demonstree et Reduite en Art*）（巴黎，1619 年），《第一本书》（*Premier Livre*），第 11 章。同样参见帕伦特和维诺斯特（J.Vernoust），《沃班》（*Vauban*）。

17. 让·埃杜德·德巴尔·勒杜克（J.Errard de Bar-le-Duc），《要塞》（*La Fortification*），第 11 章。

18. 波奈特·洛里尼（Bonaiuto Lorini），《防御工事》（*Delle Fortificazioni*）（威尼斯，1597 年）。

19. 佩根（Pagan），《防御工事》（*Les Fortifications*）（巴黎，1645 年），前言。

20. 老布隆代尔，《广场加固新方法》（*Nouvelle Maniere de Fortifier les Places*）（海牙，1684 年），以及塔奎特（A.Tacquett S.J.），《军事建筑或防御城镇的艺术》（*Military Architecture or the Art of Fortifying Towns*）（伦敦，1672 年）。

21. 奥赞南，《论防御工事》（*Traite de Fortificaiton*）（巴黎，1694 年）以及 *Cours de Mathematiques Qui Comprend Toutesles Parties les Plus Utiles et les Plus Necessaires a un Homme de Guerrre*（阿姆斯特丹，1699 年）。

22. 已经有许多关于沃班的著作。最近的一本是帕伦特和维诺斯特（J.Vernoust）的《沃班》（*Vauban*）。

23. 他的名字是克莱尔维尔（Clerville）。参见奥格亚特（Augoyat），《历史概述》（*Apercu Historique*），第 1 卷，75 及之后页。

24. 由布洛姆菲尔德（R.Blomfield）引用，*Sebastien le Prestre de Vauban*，60 页。

25. 对照他传记作者的观点：拉贝利乌（Rabelliau），《沃班》（1932 年），以及瑞科菲尔（Ricolfi），《沃班与军事天才》（*Vauban et le Genie Militaire*）（1935 年）。

26. 沃班，《防御工事的处理》（*Traite des Fortifications Attauqe et Defense des Places Oeuvres*）（巴黎，1771 年），导言。

27. 一本关于沃班作品的全文献出现在罗莎·达艾格伦（Rochas D'Aiglun），《沃班，他的家人和著作》（*Vauban, Sa Famille et Ses Ecrits*）（1910 年）中，81-100 页。

28. 由布洛姆菲尔德引用，《沃班》，116 页。

29. 参见布洛姆菲尔德《沃班》，143 及之后页。

30. 沃班，《堡垒建造者应遵守的格言》（*Plusieurs Maximes Bonnes a Observer pour Tous Ceux qui Font Bastir*），奥格亚特引用，《历史概述》（*Apercu Historique*），第 1 卷，75 及之后页。

31. 沃班，《防御工事军官职责》（*Les Fonctions des Differents Officiers Employes dans les Fortificaitons*），布洛姆菲尔德引用，《沃班》，81 页。

32. 丰特奈尔，《皇家科学院院士嘉奖》（*Eloge des Academiciens de l'Academie Royale des Sciences*）（巴黎，1731 年）。

33. 由贝利多在《工程师科学》（*La Science des Ingenieurs*）（巴黎，1729 年）中提及，亦由奥格亚特在《历史概述》（*Apercu Historique*），第 1 卷，81 及之后页中提及。沃班的表格由贝利多复制。

34. 康布雷，《沃班的防御工事》（*Maniere de Fortifier de M.de Vauban*）（阿姆斯特丹，1689 年）；无名氏，《沃班工事实践新方法》（*The New Method of Fortificaiton as Practised by M.de Vauban*）（伦敦，1691 年）；普费芬格尔（J.F.Pfeffinger），《沃班的防御工事》（*Maniere de Fortifier a la Vauban*）（阿姆斯特丹，1690 年）；斯特姆（L.C.Sturm），《传承沃班》（*Le Veritable Vauban*）（海牙，1713 年）；以及沃尔夫，《数学课程》（*Cours de Mathematiques*）（巴黎，1747 年），第 3 卷。

35. 勒·布朗德（G.Le Blond），《军官的算术和几何》（*L'Arithmetique et la Geometrie de l'Officier*）（巴黎，1748 年），第 3 卷，以及 "Elements de Fortificaiton Contanant la Consruction Raisonee des Ouvrages...les Systemes des Ingenieurs les Plus Celebres la Fortificaiton Irreguliere"（巴黎，1775 年）；*L'Ingenieur Francois par M.N.Ingenieur Ordinaire du Roy*（里昂，1748 年）；及最后，普雷斯沃特·德维尼斯特（Prevost de Vernoist），《沃班的防御工事》（*De la Fortification depuis Vauban*）（巴黎，1861 年）。

36. 贝利多，"La Sciende des Ingenieurs dans la Conduite des Travau de Fortification et d'Architecture Civile"（巴黎，1830 年），2-3 页。

37. 出处同上，6-7 页。

38. 出处同上，11 页。

39. 出处同上，12 页。

40. 出处同上，13-14 页。

41. 贝利多，《数学新课程》（*Nouveau Cours de Mathematiques*）（巴黎，1725 年），导言。

42. 贝利多，《科学》（*La Science*），23n1 页。

43. 出处同上，405-407 页，同时参见本书第 9 节。

44. 出处同上，513 页。

45. 出处同上，424-425 页。

46. 出处同上，496-497 页。

47. 出处同上，425 页。

48. 出处同上，498 页。

49. 出处同上，497 页。

50. 出处同上。

51. 出处同上。

52. 出处同上。

53. 德·弗洛斯（J.de Fallois），*L'Ecole de la Fortification ou les Elements de*

la Fortificaiton Permanente Reguliere et Irreguliere…pour Servir de Suite a la Science des Ingenieurs de M.Belidor（德累斯顿，1768 年）。

54. 帕里斯，《真实传录》（*Recepte Veritable*）（1563 年），118-119 页。

55.《数学游戏》（*Ludi Matematici*）由柯西莫·巴尔托利（Cosimo Bartoli）在 1568 年第 1 次出版，但是有许多改变。参见瓦格内蒂（L.Vagnetti），"Considerzaioni sui Ludi Matematici,"《建筑研究文件 I》（*Studi e Documenti di Architettura 1*）（1972 年）：173。同样参见他的 "*La Teoria del Rilevamento Architetonico in G.Guarini,*"《瓜里诺·瓜里尼与巴洛克的国际性》（*Guarino Guaini e l'Internazionalitadel Barocco*），第 1 卷，497 及之后页。

56. 贝利（S.Belli），*Libro del Misurar con la Vista…Senza Travagliar con Numeri*（威尼斯，1565 年）。科莫里（A.Comolli）在他的《建筑历史批判书目》（*Bibliografia Storico-Critica dell'Architettura*）（罗马，1788 年），第 2 卷，和瓦格内蒂，"La Teoria del Rilevamento," 在《瓜里诺·瓜里尼与巴洛克的国际性》（*Guarino Guarinie l'Internazionalita*），第 1 卷，497 及之后页中引用的作者是古伯特（Gubert），奥伦斯·范（Oronce Fine）和卡普拉（Capra）。他们在 16 世纪都针对测量或尺寸问题写过文章。

57. 卡塔奥（G.Cataneo），《测量艺术》（*Del l'Arte del Misurare Libri Due*）（布雷西亚，1584 年）。

58. 斯蒂文，《数学作品》（莱顿，1634 年）。

59. 出处同上，第 3 卷，*argument*。

60. 德查理斯，《蒙杜斯数学》（里昂，1674 年），第 3 卷。

61. 卡萨帝（P.Casati），《指南针的使用》（*Farbrica et Uso del Compasso di Proportione*）（博洛尼亚，1664 年），以及奥赞南，《大学工具的用途》（*Usage de l'Instrument Universel*）（巴黎，1688 年）。

62. 瓜里尼，*Modo di Misurare le Fabriche … in Cui non vi e Corpo e Quasi non vi e Superficie，Purche Godi di Qualche Regolarita，che Matematicamente non Resti Misuratio*（都灵，1764 年）。

63. 雷蒙尼尔,《纪要》, 第 1-3 卷。同样参见艾瑞克·朗根舍尔德(Eric Langenskiold),《皇家建筑师布勒特》(*Pierre Bullet the Royal Architect*)。

64. 1707 年 6 月他提交了一份论文,考虑不同抵抗力对比拱的不同构造。参见雷蒙尼尔,《纪要》, 第 3 卷。

65. 布勒特,《建筑实践》(*L'Architecture Pratique*)(巴黎, 1691 年)。

66. 参见, 例如雅克·安德鲁·塞尔索(Jacques Androuet du Cerceau),《建筑三书》(*Les Trois Livres d'Architecture*)(巴黎, 1559 年, 1561 年及 1582 年)。

67. 布勒特,《建筑实践》(*L'Architecture Pratique*), 导言。

68. 出处同上。这也许已经暗示了佩罗的批评。参见艾瑞克·朗根舍尔德(Langenskiold),《布勒特》(*Pierre Bullet*), 第 1 章。

69. 关于这个问题, 他已经被不同意他的贝利多批评,参见贝利多,《科学》, 334-335 页。

70. 戈蒂埃,《论桥梁》(*Traite des Ponts*)(巴黎, 1727—1728 年)。戈蒂埃在他的论文中包含了一个针对工程师的记账章节内容。

71. 参见本书第 5 章。

72. 参见, 例如阿维乐,《建筑学教程》(巴黎, 1696 年);布里瑟于格(C.E.Briseux)(?),《现代建筑》(*Architecture Moderne*)(巴黎, 1728 年);小布隆代尔,《房屋分布》(*De la Distribution des Maisons de Plaisance*)(巴黎, 1737 年);弗雷齐耶(A.Frezier),《石材/木材切割的理论与实践》(*La Theorie et la Pratique de la Coupe des Pierres*)(巴黎, 1737—1738 年);詹伯特(Jombert),《现代建筑》(*Archtitecute Moderne*)(巴黎, 1764 年);波坦,《建筑柱式论》(巴黎, 1767 年);帕特,《最重要建筑项目回忆录》(巴黎, 1769 年)。

73. 参见本书第 3 章。

74. 参见佩尼(L.Perini),《实践几何》(*Geometria Pratica*)(维罗纳, 1727 年);克里斯蒂亚(C.F.Cristiani),《各种措施》(*Delle Misure d'Ogni Genere*)(布雷西亚, 1760 年);以及桂诺(T.Guerrino),《几何学、立体几何学、大地测量学作品》(*Opera di Geometria, Steremetria, Geodesia*)(米兰, 1773 年)。

75. 阿尔伯蒂,《建造测量条约》(*Trattato della Misura delle Fabbriche*)(威尼斯，1757 年)。阿尔伯蒂讨论了拱顶的测量并由德·拉·赫、塞内斯(Senes)和皮托(Pitot)翻译了一些重要的关于测量的论文。

76. 克里斯蒂亚,《军事建筑的实用性和娱乐性》(*Dell'Utilita e della Dilettazione de'Modeli ad Uso dell'Architettura Militare*)(布雷西亚，1765 年)，前言。

77. 威廉·哈弗潘尼(William Halfpenny),《声音建筑的艺术》(*The Art of Sound Building*)(伦敦，1725 年)，前言。

78. 哈弗潘尼,《现代建造者助理》(*The Modern Builder's Assistant*)(伦敦，1747 年)。

79. 阿尔布雷希特·杜勒(Albrecht Durer),《与人类比例相关的四本书》(*Hierinn sind begriffen vier Bucher von menschlicher Proportion*)(纽伦堡，1528 年)以及 *Underweysung du Messung mit dem Zirckel und Richtscheyt Linien ebenen gantzen Corporen*(纽伦堡，1525 年)。

80. 马图林·朱西,《发现几何特征的建筑秘密》(*Le Secret d'Architecture Decouvrant Filedement les traits Geometriques*)，拉夫契(La Fleche)，1642 年，导言。

81. 杜兰德,《拱顶建筑》(*L'Architecture des Voutes ou L'Art des Traites et Coupe des Voutes*)(巴黎，1643 年)，前言。

82. 德查理斯,《蒙杜斯数学》，第 2 卷。

83. 老布隆代尔, "*Resolution des Quatre Principaur Problemes de l'Architeture*",《皇家科学院数学论著选集》(*Recueil de Plusieurs Traitezz de Mathematiques de L'Academie Royale des Sciences*)(巴黎，1676 年)。

84. 笛沙格, "*Brouillon-Projet d'Exemple d'une Maniere Universelle du S.G.D.L. Touchant la Pratique du Trait a Preuves pour la Coupe des Pierres en l'Architecture*"(巴黎，1640 年)，以及博斯,《笛沙格在建筑中运用石材切割术的实践证明》(*La Pratique du Trait a Preuves de M.Desargues Lyonnois pour la Coupe des Pierres en l'Architecture*)(巴黎，1643 年)。

85. 博斯，《笛沙格在建筑中运用石材切割术的实践证明》，导言。

86. 1698 年 3 月，1701 年 7 月以及 1703 年 4 月。参见雷蒙尼尔，《皇家建筑学院纪要》(*Proces-Verbaux*)，第 2 卷，特别是 297 页。

87. 弗雷齐耶，"La Theorie et la Pratique de la Coupe des Pierres et des Bois，pour la Construction des Voutes et AutresParties des Batiments Civils et Militaires ou Traite de Stereotomie a l'Usage de l'Architecture"（巴黎，1737—1738 年），第 3 卷，第 1 卷，题词。后期版本于 1754 年和 1768 年出版。

88. 出处同上，Ⅱ - Ⅳ页。

89. 出处同上，第三次发言（Troisieme Discours）。

90. 阿维乐，"Cours d'Architeture Qui Comprend les Ordres de Vignole"（巴黎，1760 年）。

91. 参见本书第 2 章和第 7 章。

第 7 章

1. 罗伯特·波义耳，《对哲学著作中庸俗自然观的自由探索》(*A Free Inquiry into the Vulgar Notion of Nature in The Philosophical Works*)（伦敦，1738 年），第 3 册，肖（Shaw）编辑，第 2 卷，133 页。

2. 莱布尼茨，*Letter to Jacob Thomasius*（1669 年），杰哈特（C.J.Gerhardt）编辑，《莱布尼茨哲学著作》(*Die Philosophischen Schriften von G.W.Leibniz*)（柏林，1890 年），第 1 卷，25 页。

3. 波义耳，《通过研究规诫途径探讨实验哲学的作用》(*The Usefulness of Experimental Philosophy by Way of Exhortation to the Study of It*)（1663 年），《对哲学著作中庸俗自然观的自由探索》，第 1 卷，123 页。

4. 伽利略，《两门新科学的对话》(*Discorsi e Dimostrazioni Matematiche Intorno a Due Nuove Scienze*)（莱顿，1638 年），对话Ⅰ和Ⅱ。针对静力学和材料力学历史，参见提莫辛格（S.P.Timoshenko），《材料力学史》(*History of the Strength of Materials*)，以及汉斯·斯特劳布（Hans Straub），《土木工程史》(*A History of*

Civil Engineering）。同样沃尔夫（A.Wolf），《哲学与科学技术史》（*A History of Science Technology and Philosophy*），第 11 卷和第 2 卷也有帮助。

5. 老布隆代尔，《教程》，第 4 章。

6. 方塔纳，《梵蒂冈神庙及其起源》（*I Tempio Vaticano e Sua Origine*）（罗马，1694 年）。

7. 在这点上有些重要的名字需要提及：雅各布（Jacob）和约翰·伯努利（John Bernoulli），伐里农和马里奥（Mariote）（他在法国科学界实验方法方面发挥了重要作用）。参见提莫辛格（Timoshenko），《材料强度史》（*History of the Strength of Materials*），第 1 章和第 2 章。

8. 在《1687 年提出的新机械及静力学设计》（*Nouvelle Mecanique ou Statique Dont le Projet Fut Donne en 1687*）（巴黎，1725 年）前言部分，伐里农指出通过应用几何规则能够解决复合力，他对机械动作有个大致了解。这种方式简化了受力计算，它们之间的关系能够通过求线与方向之间的正弦角度得到。伐里农应用他的几何方法通过定向解决静力学问题，但是他的方法不考虑摩擦力或物体内聚力。

9. 德·拉·赫，这是一篇关于机械的文章，解释了艺术实践中所需要的一切（Traite de Mecanique ou l'On Explique Tout Ce Qui Est Necessaire dans la Pratique des Arts）（巴黎，1695 年），2 页。

10. 德·拉·赫，Sur la Poussee des Voutes，《皇家科学院的历史备忘录》（*Histoire et Memoires de l'Academie Royale des Sciences*）（巴黎，1712 年），卷以年为界。

11. 德·拉·赫，Remarques sur la Forme de Quelques Arcs Dont On Se Sert en Architecture，《历史备忘录》（*Histoire et Memoires*）（巴黎，1702 年）。

12. 皮托，《关于脚手架的力》（*Sur la force des Cntres*），《历史备忘录》（巴黎，1726 年）。

13. 戈蒂埃，《论桥梁》（巴黎，1727—1728 年），1714 年有第 1 版。

14. 出处同上，341 及之后页。

15. 卡普利特，Sur les Voutes，《历史备忘录》（巴黎，1730 年）。

16. 参见《皇家科学院的历史备忘录》（1707 年，1711 年）。

17. 詹尼·鲁道夫·佩罗内，《纳伊桥项目建造说明》（*Description des Projets et de la Construction des Ponts de Neuilly*），（巴黎，1782 年），导言。

18. 波特兰（J.Bertrand），《1666—1793 年的科学院学者》（*L'Academie des Sciences et les Academiciens de 1666—1793*）（巴黎，1869 年）。

19. 佩罗内，"Sur la Reduction de l'Epaisseur des Piles, et sur la Courbure Qu'il est Convenient de Donner aux Voutes, le Tour pour que l'Eau Puisse Passer Plus Librement sous les Ponts," 勒萨基（P.C.Lesage），《帝国路桥学院回忆录汇编》（*Recueil de Divers Memoires Extraits de la Bibliotheque Imperiale des Ponts et Chaussees*）（巴黎，1810 年），49-50 页。

20. 出处同上。

21. 佩罗内，"Sur les Pieux et Pilotis," 勒萨基（P.C.Lesage），《帝国路桥学院回忆录汇编》。

22. 勃列尼，《纪念伊斯托里切》（帕多瓦，1748 年）。

23. 出处同上，第 30-31 卷。

24. 出处同上，第 50 卷及 XI - XIV 页。

25. Parere di Tre Mtematici sopra i Danni che Si Sonno Trovati nella Cupola di S.Pietro sull Fine dell'Anno 1742，勃列尼，《纪念伊斯托里切》，233-246 卷。

26. 出处同上。

27. 出处同上，366-368 卷。

28. 出处同上，80-86 卷。

29. 乔瓦尼·博塔利（Giovanni Bottari），《设计艺术对话》（*Dialoghi sopra le Tre Arti del Disegno*）（普拉玛，1846 年），79 及之后页。1754 年在卢卡出现第 1 版。

30. 埃尔梅内基多·皮尼，《建筑对话》（*Dell'Architettura, Dialogi*）（米兰，1770 年），18-19 页。

31. 弗朗西斯科·里卡蒂，《围绕民用建筑的论文》（威尼斯，1761 年），第 8 卷，435 及之后页。

32. 尼古拉·卡莱蒂,《民用建筑说明》(那不勒斯，1772 年)，9 及之后页。

33. 弗朗西斯科·米莉伊卡（Francesco Milizia），《民用建筑原则》(*Principi di Architecture Civile*)（博洛尼亚，1827 年），第一部分，260 及之后页。

34. 出处同上，340 及之后页。

35. 出处同上。

36. 参见里克沃特,《第一现代》，第 8 章，288 及之后页。

37. 安德烈·梅莫,《洛多利建筑要素》(*Elementi di Architettura Lodoliana o sia l'Arte di Fabricare con Solidita Scientifica e con Eleganza non Capricciosa*)（萨拉，1833 年），第 1 卷，129-132 页。1786 年罗马出现第 1 版。

38. 出处同上，285 及之后页。

39. 弗朗西斯科·阿尔加罗蒂（Francesco Algarotti），《建筑美术随笔》(*Saggio sull'Architettura Scrittori di Belle Arti*)（米兰，1881 年）。该书是洛多利规则的第一次书面表达。关于对它的解释问题，参见里克沃特,《第一现代》，296 及之后页。

40. 梅莫,《洛多利建筑要素》，285 及之后页。

41. 兰博蒂（V.Lamberti），《建筑静力学》(*Statica degli Edifici*)（那不勒斯，1781 年）。在这里兰博蒂使用了代数，结构更加几何，在所有物理问题中使用静力学。尽管他的目的是提供简单细节的指南方法，兰博蒂忽略了在实际应用这些几何方法解决问题时会出现的困难。他相信静力学是在一个惯用的建筑学理论框架之内坚固的科学。他依靠《圣经》原型，并且最后认为如果没有提及作用力和反作用力相等原则，那么就不可能达到"正确的比例"。同样需要提到博拉（G.Borra），《抵抗实践认知论》(*Trattato della Cognizione Pratica delle Resistenze*)（都灵，1748 年）。尽管揭示并懂得静力学原理，但博拉只是把几何当作一种描绘工具。

42. 梅莫,《洛多利建筑要素》，314 页。

43. 出处同上，315-322 页。

44. 这是那个时期最传统书中对建筑历史的惯常理解。参见考夫曼（E.Kaufmann），

《理性时代的建筑学》（*Architecture in the Age of Reason*），第 8 章，89 及之后页。

45. 参见里克沃特，《第一现代》，296 及之后页。

46. 梅莫，《洛多利建筑要素》，第 2 卷，59 页。

47. 参见维柯，《新科学》（*The New Science*）（那不勒斯，1744 年）。1725 年出现第一个版本。有一个简化的 1744 年版本，托马斯·戈达德·伯金（Thomas Goddard Bergin）和麦克斯·哈罗德·费舍尔（Max Harold Fischer）翻译（伊萨卡，新泽西，1970 年），导言非常精彩。同样参见维柯、伯顿·费尔德曼（Burton Feldman）与理查德森（Robert D.Richardson），《现代神话的兴起》（*The Rise of Modern Mythology*）1680—1860,50-55 页，以及以赛亚·柏林（Isaiah Berlin），《维柯与赫尔德》（*Vico and Herder*），1 及之后页。

48. 参见里克沃特，传统继承（Inheritance of Tradition），莱昂·巴蒂斯塔·阿尔伯蒂（Leonis Baptiste Alberti），《建筑设计手册》（*Architectural Design Profile 21*）（伦敦），2-6 页。

49. 帕特，《对圣 - 吉纳维芙圆顶项目的回忆》（巴黎，1770 年）。关于那场争论非常好的记录叙述，参见梅蒂厄（M.Methieu），《皮埃尔·帕特的工作和生活》（*Pierre Patte. Sa Vie et Son Oeuvre*），第 4 章。

50. 蒙维尔（J.Monval），《舒夫洛》（*Soufflot*）、《工作、生活、美学》（*Sa Vie Son Oeuvre Son Esthetique*），包括一个附录，列出了舒夫洛所有的工程名单。对于帕特，参见他自己的《最重要建筑项目回忆录》（*Memoires sur les Objets les Pis Importans de l'Architecture*）（巴黎，1769 年）。

51. 小布隆代尔，《建筑学教程》，第 5 卷和第 6 卷。

52. 帕特，《最重要建筑项目回忆录》，第 2 章。参见本书第 2 章。

53. 帕特，《最重要建筑项目回忆录》，99 页。

54. 帕特，*Monumens Eriges en France a la Gloire de Louis XV*（巴黎,1765 年），4 页。

55. 帕特，《机制考量》（*Considerations sur le Mecanisme*），小布隆代尔，《教程》，第 6 卷，1-2 页。

56. 出处同上，3 页。

57. 出处同上，4-5 页。

58. 出处同上，5 页。

59. 出处同上，5-6 页。

60. 帕特，《最重要建筑项目回忆录》，第 7 章。

61. 小布隆代尔，《教程》，第 6 卷，36 页。

62. 出处同上，59 页。

63. 出处同上，第 5 卷，135-136 页。

64. "Patte Propose a l'Ex-Ministre de l'Interieur Benezec de Sacrifier le Dome。Observations sur l'Etat Alarmant du Pantheon," 《巴黎汇刊 245》（ *Jornal de Paris 245* ）（1797 年 5 月），以及帕特，《令人震惊的穹顶状态分析》(*Analyse Rasisonnee de l'Etat Alarmant du dome*)，《法国万神庙》（1799 年），由梅蒂厄引用，《皮埃尔·帕特》273 及之后页。

65. 加西，《关于机械原理在建筑中应用的备忘录》（ *Memoire sur l'Application des Principes de la Mecanique a la Construction* ）（巴黎，1771 年），12-13 页。

66. 《法国信使》（ *Mercure de France* ）中的信件（1770 年 8 月）。

67. 加西，《关于机械原理在建筑中应用的备忘录》，66 页。

68. 维尔，《古代建筑研究》（巴黎，1807 年），9 页。

69. 例如，在赞赏欧拉的作品仿佛一个庞大的分析纲要之后，博苏特强调它作为实践指导的有限性。参见吉尔摩（S.Gillmor），《库仑与 18 世纪法国物理和工程演变》（ *Coulomb and the Evolution of Physica and Engineering in 18th Century France* ）。

70. 库仑，《论极限规则在建筑静合结构体系应用中的问题》（ *Sur l'Applicaiton des Regles de Maximis et Minimis a Quelques Problemes de Statique Relatifs a l'Architecture* ）（1773 年），《物理相关记忆合集》（ *Collection de Memoires Relatifs a la Physique* ）（巴黎，1884 年），第 1 卷。

71. 彭赛列，"Examen Critique et Historique Concernant l'Equilibre des Voutes,"

Comptes Rendus Hebdomadaires des Sciences（巴黎，1832 年），第 35 卷，494-502 页。由吉尔摩（S.Gillmor）翻译，《库仑》（*Coulomb*）。

72. 吉拉德（P.S.Girard），《固体强度解析》（Traite Analytique de la Resisitance des Solides et des Solides d'Egale Resistance）（巴黎，1798 年），导言。

73. 出处同上，IX页。

第 8 章

1. 拉普拉斯，《关于概率的哲学》（巴黎，1814 年）2 页。

2. 出处同上，3-4 页。

3. 出处同上。

4. 拉普拉斯，《宇宙系统论》（*Exposition du Systeme du Monde*）（巴黎，1813 年），443 页。

5. 拉普拉斯，关于天体力学的第一本书（*A Treatise upon Analytical Mechanics, Being the First Book of the "Mecanique Celeste"*）（诺丁汉，1814 年）。

6. 参见布伦施维奇格（L.Brunschvicg），《数学哲学的阶段》（*Les Etapes de la Philosophie Mathematique*），243 及之后页。

7. 拉格朗日，《解析函数理论》（*Theorie des Fonctions Analytiques*）（巴黎，1797 年）。

8. 拉格朗日，《力学分析》（*Mecanique Analytiques*）（巴黎，1811 年），I 页。

9. 卡诺特，《平衡与运动的基本原理》（*Principes Fondamentaux de l'Equilibre et du Mouvement*）（巴黎，1803 年），3-4 页。

10. 奥古斯特·孔德，《主动精神讨论》（*Discours sur l'Esprit Positif*）（巴黎，1844 年），XV页。

11. 康德，《纯粹理性批判》（*Critique de la Raison Pure*）（巴黎，1905 年），（译者注：本书 204 页为英文书名注释）由 Tremesaygues 和 Pacaud 完成法语译本，5-6，25 页。

12. 奥古斯特·孔德，《实证哲学讲义》（巴黎，1864 年），第一次讲座。

13.达朗伯（J.B.Delambre），编，《1789年以来数学科学发展及其现状的历史报告》（*Rapport Historique sur les Progres des Sciences Mathematiques depuis 1789 et sur Leur Etat Actuel*）（巴黎，1810 年）。

14. 勒南（E.Renan），*L'Instruction Superieure en France*，在《当代问题》（*Quesitons Contemporaines*）（1868 年），71 页。

15. 参见哈耶克（F.A.Hayek），《科学的反革命》（*The Counter-Revolution of science*），105-116 页。

16. 福恩，《多元技术历史》（*Histoire de l'Ecole Polytechnique*）（巴黎，1828 年）。

17. 皮内特（Pinet），《多元技术历史》（巴黎，1887 年），导言。

18. "Loi Relative a l'Organisation de l'Ecole Polytechnique de 25 Primaire, an 8 de la Republique," 在《理工期刊》（*Journal de l'Ecole Polytechnique*），第 4 卷，*onzieme cahier*，2 页。

19.《理工期刊》，第 1 卷，*premier cahier*，15，20 页，出处同上，16-37 页。

20. 出处同上，16-37 页。

21. 迪朗，《简明建筑学教程》（巴黎，1819 年），5 页。

22. 达朗伯，*Rapport Historique*，50-51 页。

23. 出处同上。

24. 蒙热，《画法几何》（巴黎，1795 年），13-14 页。参见塔东，*L'Oeuvre Scientifique de Monge*，作为对蒙热作品的延伸讨论。

25. 出处同上，20 页。

26. 奥古斯特·孔德，"Philosophical Considerations on the Sciences and Men of Science"，刊登在《社会哲学上的早期文章》（in Early Essays on Social Philosophy）（伦敦，1825 年），272 页。

27.《理工期刊》，第 2 卷，导言。

28. 出处同上，第 1 卷，1-14 页。

29. 沙 勒（M.Chasles），"Apercu Historique sur l'Origine et Developpenment des Methodes en Geometrie"（布鲁塞尔，1837 年），189 及之后页。

30. 出处同上，189-190 页。

31. 出处同上，190-191 页。

32. 出处同上，208，210 页。

33. 出处同上，199 页。

34. 迪迪翁（M.le General Didion），"Notice sur la Vie et les Ouvrages du General J.V.Poncelet"（巴黎，1869 年），及特布里（Tribout），"*Un Grand Savant...Poncelet*"（1788-1867）（巴黎，1936 年）。同样参见伯塔兰德，"Eloge Historique de Jean-Victor Poncelet"（巴黎，1875 年）。

35. 参见卡西纳（Ugo Cassina），*Sur l'Histoire des Concepts Fondamentaux de la Geometrie Projective*。

36. 让 - 维克多·彭列赛，"Traite des Proprietes Projectives des figures Ouvrage Utile a Ceux qui s'Occupent des Applications de la Geometrie Descriptive et d'Operations Geometriques sur le Terrain"（巴黎，1822 年），标题页。

37. 出处同上，XXVIII 页。

38. 出处同上，XXIII 页。

39. 出处同上。

40. 卡西尔（Ernst Cassirer）在《物质与功能》（*Substance and Function*）70，78 页中提供了这份清楚的鉴赏。参见威廉·伊恩斯（William Ivins），《艺术与几何》（*Art and Gerometry*）。

41. 罗伯特·罗森布鲁姆（Robert Rosenblum）在 *Transformations Late Eighteenthe Century Art* 制造了这点。参见他对比安格尔（Ingres）的绘画 *Room at San Gaetano*（1807 年）与 Matisse 的 *Red Studio*（1911 年），189-191 页，插图 214，215。

42. 提莫申科，《材料强度的历史》（*History of Strength of Materials*），57-58 页。

43. 罗代莱，"Memoire sur l'Architecture Consideree Generalement, avec des Observations sur l'Administraiton Relative a cet Art, et le Projet d'une Econle Pratique que Serait Chargee de Tours les Ouvrages Publics"，《论建筑艺术的理论与实践》（*Traite Theorique et Pratique de l'Art de Batir*），（巴黎，1830 年），第 3 卷，VI 及之后页。

44. 出处同上，导言，Ⅳ页。

45. 出处同上，Ⅵ页。

46. 出处同上，ⅩⅫ页。

47. 出处同上，ⅩⅩⅥ页。

48. 出处同上。

49. 出处同上，第 10 章 273 页。

50. 出处同上，275 页。

51. "Redigee par l'Auteur sur l'Invitation de M.le Comte Daru，Intendant des Batimens de la Couronne，'pour servir de reglement sur la forme des devis que doivent dresser les architectes de l'empereur，et les soumissions des entrepreneurs qui voudront etre charges de quelque partie d'ouvrage'"（... 1805 年 9 月 6 日）...，出处同上，280 页。

52. 出处同上，第 9 章，1 页。

53. 出处同上。

54. Eloge Historique，可能是纳维所著，见加西《论桥梁的建造》（巴黎，1809 年），第 1 卷。

55. 加西，《法国万神庙的柱子》（巴黎，an Ⅵ）。

56. 加西，《论桥梁的建造》，导言。

57. 出处同上，1-2 页。

58. 出处同上，3 页。

59. 出处同上，174-175 页。

60. 布瓦塔尔（L.C.Boistard），*Experiences sur la Stabilite des Voutes*，勒萨吉（P.C.Lesage），*Recueil de Divers Memoires des Ponts et Chaussees*（巴黎，1810 年），2 卷，171 及之后页。

61. 梅尼尔，*Traite Experimental Analytique et Pratique de la Poussee des Terres et des Murs de Revetement*（巴黎，1808 年），ⅩⅤ页。

62. 理查德·普罗尼，"Mecanique Philosophique ou Analyse Raisonnee des Divers

Parties de la Science de l'Equilibre et du Mouvement,"《理工期刊》，第 3 卷（巴黎，an 8），及 "Discours d'Introduction aux Cours d'Analyse Pure et d'Analyse Apliquee a la Mecanique,"《理工期刊》，第 2 卷（巴黎，an 7）。

63. 纳维，"Resume des Lecons Donnees a l'Ecole des Ponts et Chaussees sur l'Application de la Mecaniue a l'Etablissement des Constructions et des Machines"（巴黎，1826 年），导言。

第 9 章

1. 迪朗，皇家工程学校《简明建筑学教程》（巴黎，1819 年），第 2 卷，1 册，3 页。

2. 出处同上，6 页。

3. 出处同上。

4. 出处同上，6-7 页。

5. 出处同上，8 页。

6. 出处同上，16 页。

7. 出处同上，69-70 页。

8. 出处同上，18-19 页。

9. 出处同上。

10. 出处同上，21 页。

11. 出处同上，30 页。

12. 参见维特鲁威，《建筑十书》(*De Architectura*)（科莫，意大利，1521 年），由凯沙瑞亚诺编辑并图解说明，XLIX 页，L，以及菲利贝尔·德·洛姆，《建筑第一卷》（巴黎，1567 年），foll. 228, 235。关于德·洛姆的理论，参见布伦特，《菲利贝尔·德·洛姆》(Philibert de l'Orme)，108 及之后页。

13. 参见，例如布鲁诺·赛维（Bruno Zevi），《建筑空间论》(*Architecture as Space，Saper Vedere l'Architettura*)（都灵，1948 年）的英译本。

14. 迪朗，《简明建筑学教程》，32-33 页。

15. 出处同上，34 页。

16. 杜布，《民用建筑：法国乡村住宅》(*Architecture Civile, Maisons de Ville et de Campagne*)（巴黎，an IX）

17. 莱布伦，《从古迹分析得出的希腊罗马建筑理论》(*Theorie de l'Architecture Greque et Romanie Deduite de l'Analyse des Monuments Antiques*)（巴黎，1807 年），导言。

18. 迪朗，《各类建筑物的参考和汇编：古代与现代》（巴黎，1801 年），导言。

19. 费舍尔·冯·埃拉赫，《历史性建筑的设计》(*Entwurff Einer Historischen Architectur*)（莱比锡，1725 年），序言。

20. 这个困惑最终在佩鲁塞·德蒙克洛斯的 "Charles-Francois Viel, Architecte de l'Hopital General et Jean-Louis Viel de Saint-Maux, Architecte, Peintre et Avocat au Parlement de Paris," 中澄清，《法国艺术史学会公报》(*Bulletin de la Societe de l'Histoire de l'Art Francais*)（1966 年）：257-269。

21. 维尔，《建筑条例与建造原则》（巴黎，1812 年），第 4 卷，53-97 页。用这个标题，说明维尔计划出版他全部的理论著作。但实际上，第 2 卷和第 3 卷从未出版过，并且那些章节也是各自零散出现。

22. 维尔，《建筑条例与建造原则》，第 1 卷，13 页。

23. 出处同上，18-28 页。

24. 出处同上，46-49 页。

25. 出处同上，51-52 页。

26. 出处同上，198 页。

27. 出处同上，199 页。

28. 出处同上，200 页。

29. 维尔，《论数学在确保建筑物稳定性方面的无用性》（巴黎，1805 年）5 页。

30. 出处同上，11-25 页。

31. 维尔，《拱券论文》(*Dissertations sur les Projets de Coupoles*)（巴黎，1809 年）35 页。

32. 维尔，《论数学在确保建筑物稳定性方面的无用性》，74 页。

33. 维尔，《从建筑秩序的比例论建筑的坚固性》（巴黎，1806 年），12 页。

34. 维尔，《拱券论文》，19-20 页。

35. 出处同上，47 页。

36. 维尔，《从建筑秩序的比例论建筑的坚固性》，49-50 页。

37. 出处同上，50 页。

38. 维尔，《拱券论文》，48 页。

39. 维尔，*Inconveniens de la Communication des Plans d'Edifices avant Leur Execution*（巴黎，1813 年），7-8 页。

40. 出处同上，25 页。

41. 维尔，《拱券论文》，47 页。

42. 维尔，《论数学在确保建筑物稳定性方面的无用性》，70 页。

43. 维尔，恢复活力的必要性，见《古代建筑研究》（巴黎，1807 年），1 页。

44. 出处同上，5 页。

45. 出处同上，6 页。

46. 出处同上，2 页。

47. 出处同上，3 页。

48. 维尔，《拱券论文》，23 页。

49. 维尔，《建筑条例与建造原则》，第 1 卷，96 及之后页。

参考文献

Accolti, P. *Lo Inganno degli Occhi*, Florence, 1625.

Adam, Antoine. *Grandeur and Illusion*, London, 1974.

Agrippa, Cornelius. *De Occulta Philosophia*, Antwerp, 1531.

Alberti, G. A. *Trattato della Misura delle Fabriche*, Florence, 1822.

Alberti, Leone Battista. *Ten Books on Architecture*, ed. J. Rykwert, London, 1955.

Alembert, Jean D'. *Discours Préliminaire de l'Encyclopédie*, ed. Gonthier, Paris, 1966.

Alembert, Jean D'. *Oeuvres*, 5 vols., Paris, 1821–1822.

Alexander, Christopher. *Notes on the Synthesis of Form*, Harvard, 1964.

Alexander, Christopher. "A Much Asked Question about Computers and Design." *Architecture and Computer*, Boston, 1964.

Algarotti, Francesco. *Saggio sull'Architettura*, Milan, 1881.

Algarotti, Francesco. *Il Newtonismo per le Dame, ovvero, Dialoghi sopra la Luce e i Colori*, Naples, 1737.

Allbut, T. C. *Palissy, Bacon and the Revival of Natural Science*, 1914.

André, P. *Essai sur le Beau*, Paris, 1741.

Androuet du Cerceau, Jacques, the elder. *Les Trois Livres d'Architecture*, Paris, 1559, 1561, 1582.

Androuet du Cerceau, Jacques, the elder. *Leçons de Perspective Positive*, Paris, 1576.

Argan, Giulio Carlo. *L'Architettura Barocca in Italia*, Milan, 1957.

Arts Council. *The Age of Neo-Classicism*, catalogue of the 14th exhibition of the Council of Europe, London, 1972.

Augoyat, A. M. *Aperçu Historique sur les Fortifications*, 3 vols., Paris, 1860–1864.

Aurenhammer, Hans. *J. B. Fischer von Erlach*, London, 1973.

Aviler, C. D'. *Cours d'Architecture*, Paris, 1696.

Bacon, Francis. *Novum Organum*, Leyden, 1620.

Bacon, Francis. *Works*, ed. J. Spedding and R. L. Ellis, London, 1859–1870.

Bacon, Francis. *The Wisdom of the Ancients and New Atlantis*, London, 1905.

Baltrušaitis, Jurgis. *Anamorphoses ou Perspectives Curieuses*, Paris, 1955.

Baltrušaitis, Jurgis. *Anamorphic Art*, New York, 1976.

Barca, P. A. *Avertimenti e Regole circa l'Architettura*, Milan, 1620.

Barozzi, Giaccomo, called Il Vignola. *Le Due Regole de la Prospettiva Prattica*, Venice, 1743.

Barozzi, Giaccomo, called Il Vignola. *Regola delle Cinque Ordine d'Architettura*, Venice, 1596.

Batteux, C. *Les Beaux Arts Réduits à un Même Principe*, 2 vols., Paris, 1746.

Baudin. *Funerailles du Citoyen Boullée*, Paris, 1799.

Becker, Carl. *The Heavenly City of the Eighteenth-Century Philosophers*, London, 1973.

Belaval, Y. "La Crise de la Géométrisation de l'Univers dans la Philosophie des Lumières." *Revue Internationale de Philosophie*, Brussels, 1952.

Bélidor, Bernard, Forest de. *La Science des Ingénieurs*, Paris, 1739 and 1830.

Bélidor, Bernard, Forest de. *Nouveau Cours de Mathématique*, Paris, 1725.

Belli, S. *Libro del Misurar con la Vista*, Venice, 1565.

Berlin, Isaiah. *Vico and Herder*, London, 1976.

Bertrand, J. L. F. *Les Fondateurs de l'Astronomie Moderne*, Paris, 1865.

Bertrand, J. L. F. *L'Académie des Sciences 1666–1793*, Paris, 1869.

Bertrand, J. L. F. *Éloge Historique de Poncelet*, Paris, 1875.

Birch, Thomas. *The History of the Royal Society of London*, London, 1968.

Blomdfield, R. *Sebastien Le Prestre de Vauban*, London, 1938.

Blondel, François. *Cours d'Architecture, Ensigné dans l'Académie*, Paris, 1698.

Blondel, François. "Résolution des Quatre Principaux Problèmes de l'Architecture." *Recueil de Plusieurs Traitez de Mathématiques de l'Académie Royale des Sciences*, Paris, 1676.

Blondel, François. *Nouvelle Manière de Fortifier les Places*, The Hague, 1684.

Blondel, Jacques-François. *De la Distribution des Maisons de Plaisance*, Paris, 1737.

Blondel, Jacques-François. *L'Architecture Françoise*, Paris, 1752.

Blondel, Jacques-François. *Discours sur la Nécessité de l'Étude de l'Architecture*, Paris, 1752.

Blondel, Jacques-François. *Cours d'Architecture*, ed. by Pierre Patte, 9 vols., Paris, 1771–1779.

Blondel, Jacques-François. *L'Homme du Monde Éclairé par les Arts*, Paris, 1774.

Blunt, Anthony. *Philibert de L'Orme*, London, 1973.

Blunt, Anthony. *Art and Architecture in France 1500–1700*, Hamondsworth, 1953.

Boas, M. "La Méthode Scientifique de Robert Boyle." *Revue d'Histoire des Sciences*, 1956.

Boas. M. *Robert Boyle and Seventeenth-Century Physics*, Cambridge, 1958.

Boffrand, Germain. *Livre d'Architecture*, Paris, 1745.

Borissavlievitch, M. *Les Théories de l'Architecture*, Paris, 1951.

Borissavlievitch, M. *The Golden Number*, London, 1970.

Borra, G. *Trattato della Cognizione Pratica delle Resistenze*, Turin, 1748.

Borromini, Francesco. *Opera*, Rome, 1720.

Bosse, Abraham. *Manière Universelle de M. Desargues pour Pratiquer la Perspective*, Paris, 1648.

Bosse, Abraham. *La Pratique du Trait à Preuves, de M. Desargues Lyonnois pour le Coupe de Pierres en l'Architecture*, Paris, 1643.

Bosse, Abraham. *Moyen Universelle de Pratiquer la Perspective sur les Tableaux ou Surfaces Irregulières*, Paris, 1653.

Bosse, Abraham. *Traité des Pratiques Géométrales et Perspectives*, Paris, 1665.

Bosse, Abraham. *Traité de Manières de Designer les Ordres d'Architecture Antique*, Paris, 1665.

Bosse, Abraham. *Le Peintre Converty aux Précises et Universelles Règles de Son Art*, Paris, 1667.

Bossut, C. *Traité Élémentaire de Géométrie*, Paris, 1777.

Bossut, C. *Nouvelles Expériences sur la Resistance des Fluides*, Paris, 1777.

Bossut, C. *Cours de Mathématiques*, 2 vols., Paris, 1782.

Bottari, G. *Dialoghi sopra le Tre Arti del Disegno*, Parma, 1846.

Boullée, Etienne-Louis. *Essai sur l'Art*, ed. J. M. Perouse de Montclos, Paris, 1968.

Boyceau, J. *Traité du Jardinage*, Paris, 1638.

Boyle, Robert. *The Philosophical Works*, 3 vols., London, 1738.

Braham, Allan. *The Architecture of the French Enlightenment*, London, 1980.

Briggs, Martin. *The Architect in History*, Oxford, 1927.

Briseux, Charles-Etienne. *Traité du Beau Essentiel*, 2 vols., Paris, 1752.

Briseux, Charles-Etienne. *Architecture Moderne*, 2 vols., Paris, 1728.

Brognis, J. A. *Traité Élémentaire de la Construction*, Paris, 1823.

Brunschvicg, Leon. *Les Étapes de la Philosophie Mathématique*, Paris, 1972.

Buffon, G. L. L. *Essai d'Arithmétique Morale*, Paris, 1777.

Buffon, G. L. L. *Oeuvres Philosophiques*, Paris, 1954.

Bullet, Pierre. *L'Architecture Pratique*, Paris, 1691.

Burtt, Edwin. *The Metaphysical Foundations of Modern Physical Science*, London, 1972.

Busca, G. *L'Architettura Militare*, Milan, 1619.

Bÿggé, T. *Travels in the French Republic*, London, 1801.

Campbell Lee, D. *Desaguillers of No. 4*, London, 1932.

Camus, C. E. L. *Cours de Mathématique*, 2 vols., Paris, 1749–1752.

Carboneri, Nino. *Andrea Pozzo Architetto*, 1961.

Carletti, Nicola. *Istituzioni d'Architettura Civile*, 2 vols., Naples, 1772.

Carnot, Lazare. *Principes Fondamentaux de l'Équilibre et du Mouvement*, Paris, 1803.

Casati, P. *Fabrica et Uso del Compasso di Proportione*, Bologna, 1664.

Cassina, Ugo. *Sur l'Histoire des Concepts Fondamentaux de la Géométrie Projective*, Paris, 1957.

Cassina, Ugo. *Dalla Geometria Egiziana alla Matematica Moderna*, 1961.

Cassirer, Ernst. *Substance and Function*, Chicago, 1923.

Cassirer, Ernst. *The Philosophy of the Enlightenment*, Princeton, 1951.

Cassirer, Ernst. *The Philosophy of Symbolic Thought*, vol. 2, New Haven, 1955.

Castel, L. B. *L'Optique des Couleurs*, Paris, 1740.

Cataneo, Girolamo. *Dell'Arte Militare Libri Cinque*, Brescia, 1584.

Cataneo, Girolamo. *Le Capitaine*, Lyons, 1574.

Cataneo, Girolamo. *Dell'Arte del Misurare Libri Due*, Brescia, 1584.

Cataneo, Pietro. *I Quattro Primi Libri di Architettura*, Venice, 1554.

Caus, Salomon de. *Les Raisons des Forces Mouvantes*, Frankfurt, 1615.

Caus, Salomon de. *La Perspective avec la Raison des Ombres et Miroirs*, London, 1612.

Caus, Salomon de. *Hortus Palatinus*, Heidelberg, 1620.

Cavallari-Murat, Augusto. *Giovanni Poleni nel Bicentenario della Morte*, Padua, 1963.

Chambers, William. *A Treatise on Civil Architecture*, London, 1759.

Chambers, William. *A Dissertation on Oriental Gardening*, London, 1772.

Chasles, M. *Aperçu Historique sur l'Origine et Développement des Méthodes en Géométrie*, Brussels, 1837.

Chevallier, Pierre. *Les Ducs sous l'Acacia*, Paris, 1964.

Christ, Yvan. *C. N. Ledoux, Projects et Divagations*, Paris, 1971.

Cochin, Charles-Nicolas. *Voyage d'Italie*, Lausanne, 1773.

Collins, Peter. *Changing Ideals in Modern Architecture 1750–1950*, London, 1965.

Comito, Terry. *The Idea of the Garden in the Renaissance*, Hassocks, 1979.

Comolli, Angelo. *Bibliografia Storico-Critica dell'Architettura*, 2 vols., Rome, 1788.

Comte, Auguste. *Discours sur l'Esprit Positif*, Paris, 1844.

Comte, Auguste. *Cours de Philosophie Positive*, 6 vols., Paris, 1864.

Coppleston, Frederick. *A History of Philosophy*, vol. 4, Garden City, NY, 1963.

Cordemoy, Abbé J. L. de. *Nouveau Traité de Toute l'Architecture*, Paris, 1714.

Coulomb, Charles-Auguste. "Memoirs." *Collection de Mémoires Relatifs à la Physique, Publiés par la Societé Française de Physique*, vol. 1, Paris, 1884.

Courtonne, J. *Traité de la Perspective Pratique*, Paris, 1725.

Cristiani, G. F. *Delle Misure d'Ogni Genere*, Brescia, 1760.

Cristiani, G. F. *Dell'Utilita e della Dilettazione de'Modelli ad Uso dell'Architettura Militare*, Brescia, 1765.

Cristiani, G. F. *Della Media Armonica Proporzionale*, Brescia, 1767.

Cuvier, G. L. "De la Part à Faire aux Sciences et aux Lettres dans l'Instruction Publique." *Revue Internationale de l'Enseignement*, vol. 10, 1885.

Delambre, J. B., ed. *Rapport Historique sur les Progrès des Sciences Mathématiques*, Paris, 1810.

De L'Orme, Philibert. *Le Premier Tome de L'Architecture*, Paris, 1567.

Derand, François. *L'Architecture des Voûtes*, Paris, 1643.

Désaguilliers, John Theophilus. *A System of Experimental Philosophy*, London, 1719.

Désaguilliers, John Theophilus. *Physico-Mechanical Lectures*, London, 1717.

Désaguilliers, John Theophilus. *The Newtonian System of the World, the Best Model of Government*, London, 1728.

Desargues, Girard. *Oeuvres*, Paris, 1864.

Descartes, René. *Oeuvres*, 11 vols., ed. Adam and Tannery, reprint Paris, 1974.

Desgodetz, Antoine. *Les Édifices Antiques de Rome*, Paris, 1683.

Dézallier d'Argenville, A. J. *The Theory and Practice of Gardening*, London, 1712.

Diderot, Denis. *Oeuvres Philosophiques*, Paris, 1961.

Diderot, Denis. *Oeuvres Esthétiques*, Paris, 1968.

Diderot, Denis, and Alembert, Jean D'. *Encyclopédie ou Dictionnaire Raisonnée des Sciences, des Arts, et des Metiers*, 17 vols., Paris, 1751–1765.

Didion. *Notice sur la Vie du Général Poncelet*, Paris, 1869.

Dietterlin, W. *Architektura*, Nuremberg, 1593–1598.

Dijksterhuis, J. *The Mechanization of the World-Picture*, Amsterdam, 1961.

Dögen, M. *L'Architecture Militaire Moderne*, Amsterdam, 1648.

Drexler, A. *The Architecture of the École des Beaux-Arts*, New York, 1977.

Dubos, Abbé Jean-Baptiste, *Réflexions Critiques sur la Poésie et sur la Peinture*, Paris, 1715.

Dubut, L. A. *Architecture Civile*, Paris, An IX.

Dubreuil, J. *La Perspective Pratique*, Paris, 1651.

Dufrenne, Mikel. *The Notion of the A Priori*, Evanston, 1966.

Dufrenne, Mikel. *Le Poétique*, Paris, 1973.

Dupain de Montesson. *Les Connoissances Géométriques à l'Usage des Officiers*, Paris, 1774.

Dupain de Montesson. *La Science des Ombres*, Paris, 1750.

Durand, Jacques-Nicolas-Louis. *Précis des Leçons d'Architecture*, 2 vols., Paris, 1819.

Durand, Jacques-Nicolas-Louis. *Recueil et Parallèle des Edifices de Tout Genre, Anciens et Modernes*, Paris, 1801.

Dürer, Albrecht. *Hierinn sind begriffen vier Bücher von menschlicher Proportion*, Nuremberg, 1528.

Dürer, Albrecht. *Under weysung du Messung mit dem Zirckel und Richtscheyt, in Linien ebenen gantzen Corporen*, Nuremberg, 1525.

Edgerton, Samuel. *The Renaissance Rediscovery of Linear Perspective*, New York, 1974.

Ellul, Jacques. *The Technological Society*, New York, 1964.

Errard, J. *La Fortification Demonstrée et Reduite en Art*, Paris, 1619.

Euler, Leonard. *Lettres à une Princese d'Allemagne*, Saint Petersburg, 1770.

Encyclopedia of World Art, 15 vols., London, 1963.

Fallois, J. de. *L'École de la Fortification*, Dresden, 1768.

Feldman, Burton, and Robert Richardson. *The Rise of Modern Mythology 1680–1860*, Bloomington, Indiana, 1975.

Felibien, André. *Des Principes de L'Architecture*, Paris, 1699.

Fermat, P. de. *Oeuvres*, 5 vols., Paris, 1891–1922.

Fischer von Erlach, J. B. *Entwurff Einer Historischen Architectur*, Vienna, 1721.

Fischer von Erlach, J. B. *A Plan of Civil and Historical Architecture*, London, 1737.

Fontana, Carlo. *Il Tempio Vaticano e Sua Origine*, Rome, 1694.

Fontenelle, Bernard le Bovier de. *Entretiens sur la Pluralité des Mondes; Disgression sur les Anciens et les Modernes*, Oxford, 1955.

Fontenelle, Bernard le Bovier de. "Éléments de la Géométrie de l'Infini." *Suite des Mémoires de l'Académie Royale des Sciences*, Paris, 1727.

Fontenelle, Bernard le Bovier de. *Éloge des Academiciens de l'Académie Royale des Sciences*, Paris, 1731.

Fontenelle, Bernard le Bovier de. *Oeuvres*, 5 vols., Paris, 1825.

Fourcy, A. *Histoire de l'École Polytechnique*, Paris, 1828.

Frankl, Paul, and Erwin Panofsky. "The Secret of the Medieval Masons." *Art Bulletin*, XXVII (1945).

Fraser, D., et al., eds. *Essays in the History of Architecture presented to Rudolf Wittkower*, London, 1967.

Freart de Chambray, R. *Parallèle de l'Architecture Antique et de la Moderne*, Paris, 1650.

Frémin, Michel de. *Mémoires Critiques d'Architecture*, Paris, 1702.

Frézier, Amédée-François. *La Théorie et la Pratique de la Coupe des Pierres et des Bois*, 3 vols., Strasburg and Paris, 1737–1738.

Friedrich, Carl. *The Age of the Baroque*, New York, 1962.

Fuss, P. H. *Correspondance Mathématique et Physique*, 2 vols., Paris, 1843.

Gadamer, Hans-Georg. *Truth and Method*, London, 1975.

Gadamer, Hans-Georg. *Philosophical Hermeneutics*, Berkeley, 1976.

Galilei, Galileo. *Discorsi et Dimostrazioni Matematiche Intorno à Due Nuove Scienze*, Leyden, 1638.

Galilei, Galileo. *Dialogues Concerning Two New Sciences*, New York, 1954.

Gallet, Michel. "Un Ensemble Décoratif de Ledoux: Les Lambris du Café Militaire." *Bulletin Carnavalet*, (1972) 26 .

Gallet, Michel. *Paris Domestic Architecture of the Eighteenth Century*, London, 1972.

Gallet, Michel. *Ledoux et Paris*, Paris, 1979.

Galli-Bibiena, Giuseppe. *Architetture e Prospettive*, Vienna, 1740.

Galli-Bibiena, Ferdinando. *Architettura Civile*, Parma, 1711.

Gassendi, Pierre. *Exercitationes Paradoxicae adversus Aristoteleos*, Amsterdam, 1649.

Gauthey, Emiland-Marie. *Mémoire sur l'Application des Principes de la Mécanique à la Construction*, Paris, 1771.

Gauthey, Emiland-Marie. *Dissertation sur les Degradations Survenues aux Piliers du Dôme du Panthéon François*, Paris, An VI.

Gauthey, Emiland-Marie. *Traité de la Construction des Ponts*, 3 vols., Paris, 1809.

Gauthey, Emiland-Marie. *Papers on Bridges*, London, 1843.

Gautier, H. *Traité des Ponts*, Paris, 1727–1728.

Gay, Peter. *The Enlightenment. An Interpretation*, 2 vols., London, 1973.

Gillmor, S. C. *Coulomb and the Evolution of Physics*, Princeton, NJ, 1971.

Giorgio, Francesco. *De Harmonia Mundi Totius*, Venice, 1525.

Girard P. S. *Traité Analytique de la Resistance des Solides*, Paris, 1798.

Godwin, Joscelyn. *Athanasius Kircher*, London, 1979.

Goldman, N. *La Nouvelle Fortification*, Leyden, 1645.

Guarini, Guarino. *La Pietà Trionfante*, Messina, 1660.

Guarini, Guarino. *Placita Philosophica*, Paris, 1665.

Guarini, Guarino. *Euclides Adauctus et Methodicus*, Turin, 1671.

Guarini, Guarino. *Modo di Misurare le Fabbriche*, Turin, 1674.

Guarini, Guarino. *Coelestis Mathematicae*, Milan, 1683.

Guarini, Guarino. *Architettura Civile*, Turin, 1737 and Milan, 1968.

Guarini, Guarino. *Tratatto di Fortificazione*, Turin, 1676.

Guernieri, J. F. *Disegno del Monte Situato Presso di Cassell*, Rome, 1706.

Guerrino, T. *Opera di Geometria, Stereometria, Geodesia*, Milan, 1773.

Guerry, L. *Jean-Pelerin Viator*, Paris, 1962.

Guillaumot, C. A. *Observations sur le Tort que Font à l'Architecture les Déclamations Hasardées et Exagerées*, Paris, 1800.

Guillaumot, C. A. *Essai sur les Moyens de Déterminer Ce qui Constitue la Beauté Essentielle en Architecture*, Paris, 1802.

Guillon, E. *Lecreulx, un Ingenieur Orleanais 1728–1812*, Paris, 1905.

Gusdorf, George. *Les Sciences Humaines et la Pensée Occidentale*, 8 vols., Paris, 1966.

Gusdorf, George. *Mythe et Metaphysique*, Paris, 1953.

Habermas, Jürgen. *Toward a Rational Society*, London, 1971.

Hahn, Roger. *Laplace as a Newtonian Scientist*, 1967.

Hahn, Roger. *The Anatomy of a Scientific Institution: the Paris Academy of Sciences 1666–1803*, Berkeley, 1971.

Hale J. R. *Renaissance Fortification; Art or Engineering?* Norwich, 1977.

Halfpenny, William. *The Art of Sound Building*, London, 1725.

Halfpenny, William. *A New and Compleat System of Architecture*, London, 1749.

Halfpenny, William. *The Modern Builder's Assistant*, London, 1757.

Hallays, A. *Les Perrault*, Paris, 1920.

Hampson, Norman. *The Enlightenment*, Harmondsworth, 1961.

Harvey, John. *The Mediaeval Architect*, London, 1972.

Hautecoeur, Louis. *Histoire de l'Architecture Classique en France*, vols. 3–5, Paris, 1950–1953.

Hautecoeur, Louis. *Les Jardins des Dieux et des Hommes*, Paris, 1959.

Hayek, F. A. *The Counter-Revolution of Science*, London, 1955.

Hazard, Paul. *The European Mind 1680–1715*, Harmondsworth, 1973.

Hazard, Paul. *European Thought in the Eighteenth Century*, Harmondsworth, 1954.

Herrmann, Wolfgang. *The Theory of Claude Perrault*, London, 1973.

Herrmann, Wolfgang. *Laugier and Eighteenth-Century French Theory*, London, 1962.

Herrmann, Wolfgang. "The Author of the 'Architecture Moderne' of 1728." *Journal of the Society of Architectural Historians*, 18 (1959).

Honour, Hugh. *Neo-Classicism*, Harmondsworth, 1968.

Husserl, Edmund. *The Crisis of European Sciences and Transcendental Phenomenology*, Evanston, 1960.

Husserl, Edmund. *Phenomenology and the Crisis of Philosophy*, New York, 1965.

Husserl, Edmund. *L'Origine de la Géométrie*, Paris, 1974.

Ivins, William. *Art and Geometry*, Cambridge, 1946.

Ivins, William. *On the Rationalization of Sight*, New York, 1938.

Jammer, Max. *Concepts of Space*, Cambridge, 1970.

Jeurat, E. S. *Traité de Perspective*, Paris, 1750.

Jousse, Mathurin. *Le Secret d'Architecture*, La Flèche, 1642.

Jousse, Mathurin. *L'Art de la Charpenterie*, Paris, 1751.

Kant, Immanuel. *Werke*, Berlin, 1912–1922.

Kaufmann, Emil. *Architecture in the Age of Reason*, New York, 1955.

Kaufmann, Emil. *Von Ledoux vis Le Corbusier*, Vienna, 1933.

Kaufmann, Emil. "Three Revolutionary Architects: Boullée, Ledoux and Lequeu." *Transactions of the American Philosophical Society*, 42, part 3 (1952).

Kirby, J. *The Perspective of Architecture*, 2 vols., London, 1761.

Kockelmans, Joseph. *Phenomenology*, New York, 1967.

Koyré, Alexandre. *Metaphysics and Measurement*, London, 1968.

Koyré, Alexandre. *From the Closed World to the Infinite Universe*, London, 1970.

Koyré, Alexandre. *Newtonian Studies*, Chicago, 1968.

Lagrange, J. L. *Mécanique Analytique*, 2 vols., Paris, 1811.

La Hire, P. de. *Traité de Mécanique*, Paris, 1695.

La Hire, P. de. *Divers Ouvrages de Mathématique et Physique*, Paris, 1693.

Lamberti, V. *Statica degli Edifici*, Naples, 1781.

Langenskiöld, Eric. *Pierre Bullet the Royal Architect*, Stockholm, 1959.

Langley, Batty. *Practical Geometry Applied to the Useful Arts of Building*, London, 1726.

Langley, Batty. *Gothic Architecture Improved*, London, 1747.

Langley, Batty. *A Sure Guide to Builders*, London, 1729.

Langley, Batty. *The Builder's Compleat Assistant*, 2 vols., London, 1738.

Langley, Batty. *Ancient Masonry Both in Theory and in Practice*, London, 1728.

Langley, Batty. *New Principles of Gardening*, London, 1728.

Laplace, P. S. de. *Essai Philosophique sur les Probabilités*, Paris, 1814.

Laplace, P. S. de. *Exposition du Système du Monde*, Paris, 1813.

Laplace, P. S. de. *A Treatise upon Analytical Mechanics*, Nottingham, 1814.

Laplace, P. S. de. *Oeuvres Completes*, Paris, 1878.

Laprade, A. *François d'Orbay*, Paris, 1960.

Laugier, Abbé Marc-Antoine. *Essai sur l'Architecture*, Paris, 1755.

Laugier, Abbé Marc-Antoine. *Observations sur l'Architecture*, The Hague, 1770.

Le Blond, G. *L'Arithmétique et la Géométrie de l'Officier*, 3 vols., Paris, 1748.

Le Blond, G. *Éléments de Fortification*, Paris, 1775.

Lebrun, L. *Théorie de l'Architecture Grecque et Romaine*, Paris, 1807.

Le Camus de Mezières, N. *Le Génie de l'Architecture*, Paris, 1780.

Le Camus de Mezières, N. *Traité de la Force de Bois*, Paris, 1782.

Le Camus de Mezières, N. *La Guide de Ceux qui Veulent Bâtir*, Paris, 1781.

Le Clerc, S. *Géométrie Pratique*, Paris, 1669.

Le Clerc, S. *Nouveau Système du Monde*, Paris, 1719.

Le Clerc, S. *Système de la Vision Fondé sur des Nouveaux Principes*, Paris, 1719.

Le Clerc, S. *Traité d'Architecture*, Paris, 1714.

Ledoux, Claude-Nicolas. *L'Architecture Considérée sous le Rapport de l'Art, des Moeurs et de la Législation*, 2 vols., Paris, 1806 and 1846.

Leibniz, Gottfried Wilhelm. *Philosophical Papers and Letters*, ed. and transl. L. E. Loemker, 2 vols., Chicago, 1956.

Lemagny, J. C. *Visionary Architects*, Houston, 1968.

Lemonnier, Henri. *Procès-Verbaux de l'Académie Royale d'Architecture*, 10 vols., Paris, 1911–1929.

Lenoble, Robert. *Mersenne ou la Naissance du Mécanisme*, Vrin, 1943.

Lesage, P. C. *Recueil de Divers Mémoires Extraits de la Bibliothèque Impériale des Ponts et Chaussées*, Paris, 1810.

Libeskind, Daniel. *Between Zero and Infinity*, New York, 1981.

Lorini, B. *Delle Fortificazioni*, Venice, 1597.

Lorrain, H. *La Pyrotechnie*, Paris, 1630.

Mahon, D. *Studies in Seicento Art and Theory*, London, 1947.

Malebranche, Nicolas. *Oeuvres Complètes*, 11 vols., Paris, 1712.

Manuel, Frank. *A Portrait of Isaac Newton*, Cambridge, 1968.

Marolois, S. *Fortification ou Architecture Militaire*, Leyden, 1628.

Marolios, S. *Fortification ou Architecture Militaire*, Leyden, 1628.

Marolois, S. *The Art of Fortification*, London, 1638.

Mathieu, M. *Pierre Patte. Sa Vie et Son Oeuvre*, Paris, 1934.

Mayniel, K. *Traité Expérimental, Analytique et Pratique de la Poussée des Terres*, Paris, 1808.

Memmo, Andrea. *Elementi di Architettura Lodoliana*, Zara, 1833.

Merleau-Ponty, Maurice. *Phenomenology of Perception*, London, 1970.

Merleau-Ponty, Maurice. *The Primacy of Perception*, Evanston, 1971.

Mersenne, Marin. *Harmonie Universelle*, Paris, 1636–1637.

Middleton, Robin. "The Abbé de Cordemoy and the Graeco-Gothic Ideal." *Journal of the Warburg and Courtauld Institutes*, 25 (1962) and 26 (1963).

Middleton, Robin. *The Beaux-Arts*, Cambridge, MA, 1982.

Middleton, Robin, and D. Watkin. *Architettura Moderna*, Milan, 1977.

Milizia, Francesco. *Principi di Architettura Civile*, Bologna, 1827.

Milizia, Francesco. *Memorie degli Architetti Antichi e Moderni*, Parma, 1781.

Milliet Dechales, C. F. *Cursus seu Mundus Mathematicus*, 3 vols., Lyon, 1674.

Milliet Dechales, C. F. *L'Art de Fortifier*, Paris, 1677.

Milliet Dechales, C. F. *Huict Livres des Éléments d'Euclide*, Paris, 1672.

Milliet Dechales, C. F. *The Elements of Euclid*, London, 1685.

M. N. *L'Ingénieur François*, Paris, 1775.

Mollet, C. *Theatre des Plans et Jardinages*, Paris, 1652.

Mollet, C. *Le Jardin de Plaisirs*, Paris, 1657.

Monge, Gaspard. *Géométrie Descriptive*, Paris, 1795.

Monte, Guidubaldo del. *Perspectivae Libri Sex*, Pesaro, 1600.

Monval, Jean. *Soufflot: Sa Vie, Son Oeuvre, Son Esthétique*, Paris, 1918.

Morris, Robert. *Lectures on Architecture*, London, 1734.

Morris, Robert. *An Essay in Defence of Ancient Architecture*, London, 1728.

Morris, Robert. *An Essay upon Harmony*, London, 1739.

Nagel, Ernest, and James Newman. *Gödel's Proof*, London, 1959.

Navier, Louis-Marie-Henri. *Résumé des Leçons*, Paris, 1826.

Newton, Isaac. *Principes Mathématiques de la Philosophie Naturelle*, 2 vols., Paris, 1759.

Newton, Isaac. *The Mathematical Principles of Natural Philosophy*, 3 vols., London, 1803.

Newton, Isaac. *Opticks*, London, 1721.

Niceron, J. F. *La Perspective Curieuse ou Magie Artificiele*, Paris, 1638.

Niceron, J. F. *Thaumaturgus Opticus*, Paris, 1646.

Nicolson, Marjorie. *Newton Demands the Muse*, Princeton, NJ, 1966.

Nicolson, Marjorie. *Science and Imagination*, Ithaca, 1956.

Norberg-Schulz, Christian. *Architettura Barocca*, Milan, 1971.

Norberg-Schulz, Christian. *Architettura Tardobarocca*, Milan, 1971.

Oechslin, Werner. "Pyramide et Sphère", *Gazette de Beaux Arts*, 77 (1971).

Oechslin, Werner. *Bildungsgut und Antikenrezeption des frühen Settecento in Rom*, Zurich, 1972.

Ortega y Gasset, José. *Idea de Principio en Leibniz*, 2 vols., Madrid, 1967.

Ortega y Gasset, José. *En Torno a Galileo*, Madrid, 1958.

Ortega y Gasset, José. *Some Lessons on Metaphysics*, 1974.

Osio, Carlo Cesare. *Architettura Civile*, Milan and Lyon, 1684.

Ozanam, J. *Perspective Théorique et Pratique*, Paris, 1720.

Ozanam, J. *Traité de Fortification*, Paris, 1694.

Ozanam, J. *L'Usage du Compas de Proportion*, Paris, 1688.

Ozanam, J. *L'Usage d'Instrument Universel pour Résoudre Tous les Problèmes de Géométrie*, Paris, 1688.

Ozanam, J. *Récréations Mathématiques*, Paris, 1696.

Ozanam, J. *Cours de Mathématiques*, Amsterdam, 1699.

Ozanam, J. *Géométrie Pratique*, Paris, 1684.

Pacioli, Luca. *La Divina Proporción*, translation of the 1509 edition by Ricardo Testa, Buenos Aires, 1959.

Pagan, B. F. *Les Fortifications*, Paris, 1645.

Pagan, B. F. *La Théorie des Planetes*, Paris, 1657.

Pagan, B. F. *L'Astrologie Naturelle*, Paris, 1659.

Pagan, B. F. *The Count of Pagan's Method of Fortification*, London, 1672.

Palissy, Bernard. *Discours Admirables de la Nature*, La Rochelle, 1580.

Palissy, Bernard. *Recepte Véritable*, La Rochelle, 1563.

Palissy, Bernard. *Oeuvres*, Paris, 1880.

Panofsky, Erwin. *Galileo as a Critic of the Arts*, 1954.

Panofsky, Erwin. *Idea: A Concept in Art Theory*, Columbia, SC, 1968.

Panofsky, Erwin. *Meaning in the Visual Arts*, New York, 1968.

Panofsky, Erwin. *La Perspective comme Forme Symbolique*, Paris, 1975.

Parent, M., and J. Vernoust. *Vauban*, Paris, 1971.

Paris, France. *Histoire et Mémoires de l'Académie Royal des Sciences*, Paris, 1702, 1704, 1712, 1719, 1726, 1729, 1730, 1769, 1774, 1776, and 1780.

Paris, France. *Histoire de l'Académie Royale des Sciences, (1666–1699)*, Paris, 1793.

Paris, France. *Journal de l'École Polytechnique*, vols. 1–7, Paris, 1795–1810.

Paris, France. *Journal de Paris*, No. 245, An V.

Paris, France. *Mércure de France*, Paris, August 1770.

Pascal, Blaise. *Pensées*, English translation, Harmondsworth, 1975.

Pascal, Blaise. *Oeuvres Complètes*, Paris, 1963.

Patte, Pierre. *Discours sur l'Architecture*, Paris, 1754.

Patte, Pierre. *Monumens Erigés en France à la Gloire de Louis XV*, Paris, 1765.

Patte, Pierre. *Mémoires sur les Objets les Plus Importans de l'Architecture*, Paris, 1769.

Patte, Pierre. *Mémoire sur la Construction de la Coupole de Sainte-Geneviève*, Paris, 1770.

Patte, Pierre. *Essai sur l'Architecture Théâtrale*, Paris, 1782.

Pedoe, Dan. *Geometry and the Liberal Arts*, London, 1976.

Pérouse de Montclos, Jean-Marie. "Charles-François Viel et Jean-Louis Viel de Saint-Maux." *Bulletin de la Societé de l'Histoire de l'Art Français* (1966).

Pérouse de Montclos, Jean-Marie. *Etienne-Louis Boullée*, Paris, 1969.

Perrault, Charles. *Parallèle des Anciens et Modernes*, 4 vols., Paris, 1692–1696.

Perrault, Charles. *Les Hommes Illustres qui Ont Paru en France*, 2 vols., Paris, 1696.

Perrault, Claude. *Essais de Physique*, 3 vols., Paris, 1680.

Perrault, Claude. *Oeuvres Diverses de Physique et de Mécanique*, 2 vols., Leyden, 1721.

Perrault, Claude. *Mémoires pour Servir à l'Histoire Naturelle des Animaux*, Paris, 1671.

Perrault, Claude. *Les Dix Livres d'Architecture de Vitruve*, Paris, 1684.

Perrault, Claude. *Ordonnance des Cinq Espèces de Colonnes*, Paris, 1683.

Perrault, Claude. *An Abridgement of the Architecture of Vitruvius*, London, 1692.

Perrault, Claude. *Voyage à Bordeaux*, Paris, 1909.

Perronet, Jean-Rodolphe. *Description des Projets et de la Construction des Ponts*, Paris, 1782.

Petot, J. *Histoire de l'Administration des Ponts et Chaussées*, Paris, 1958.

Petzet, Michel. "Un Projet des Perrault pour l'Eglise de Sainte-Geneviève à Paris." *Bulletin Monumental*, 115 (1957).

Petzet, Michel. *Soufflots Sainte-Geneviève*, Berlin, 1961.

Pevsner, Nikolaus. *Academies of Art*, New York, 1973.

Peyre, Marie-Joseph. *Oeuvres d'Architecture*, Paris, 1765.

Pfeffinger, J. F. *Manière de Fortifier à la Vauban*, Amsterdam, 1690.

Pinet. *Histoire de l'École Polytechnique*, Paris, 1887.

Pini, Ermenegildo. *Dell'Architettura, Dialogi*, Milan, 1770.

Piranesi, Giovanni Battista. *Della Magnificenza ed Architettura dei Romani*, Rome, 1760.

Piranesi, Giovanni Battista. *Prisions with the "Carceri" Etchings*, London, 1949.

Piranesi, Giovanni Battista. *The Polemical Works*, Farnborough, 1972.

Poleni, Giovanni. *Memorie Istoriche della Gran Cupola del Tempio Vaticano*, Padua, 1748.

Poncelet, Jean-Victor. "Examen Critique et Historique Concernant l'Équilibre des Voûtes." *Comptes Rendus de l'Académie des Sciences*, 35, Paris (1832).

Poncelet, Jean-Victor. *Traité des Propriétés Projectives des Figures*, Paris, 1822.

Portiez, J. *Rapport sur les Concours de Sculpture, Peinture et Architecture*, Paris, 1795.

Portoghesi, Paolo. *Bernardo Vittone*, Rome, 1966.

Portoghesi, Paolo. *Roma Barocca*, Rome, 1975.

Potain, N. M. *Traité des Ordres d'Architecture*, Paris, 1767.

Poudra, N. M. *Histoire de la Perspective Ancienne et Moderne*, Paris, 1864.

Pozzo, Andrea. *Rules and Examples of Perspective for Painters and Architects*, London, 1709.

Prado, Jeronimo, and Juan Bautista Villalpando. *In Ezechielem Explanationes*, Rome, 1596–1602.

Prevost de Vernoist, *De la Fortification depuis Vauban*, 2 vols., Paris, 1861.

Quatremère de Quincy, A. C. *Histoire de la Vie et des Ouvrages des Plus Célèbres Architectes*, Paris, 1830.

Quatremère de Quincy, A. C. *Dictionnaire Historique d'Architecture*, Paris, 1832.

Ramsay, A. M. *The Philosophical Principles of Natural and Revealed Religion, Unfolded in a Geometrical Order*, 2 vols., Glasgow, 1748–1749.

Ramus, P. *Collectaneae*, Paris, 1577.

Raval, M., and J. C. Moreux. *Claude-Nicolas Ledoux 1756–1806*, Paris, 1945.

Renan, E. "L'Instruction Supérieure en France." *Questions Contemporaines*, Paris, 1868.

Ricatti, Francesco. "Dissertazione Intorno l'Architettura Civile." *Nuova Raccolta di Opuscoli Scientifici e Filologici*, vol. 8, Venice, 1761.

Riche de Prony. *Notice Historique sur Jean-Rodolphe Perronet*, Paris, 1829.

Riche de Prony. "Mécanique Philosophique." *Journal de l'École Polytechnique*, vol. 3, Paris (An VIII).

Riche de Prony. "Discours d'Introduction aux Cours d'Analyse Pure et d'Analyse Appliquée à la Mécanique." *Journal de l'École Polytechnique*, vol. 2, Paris (An VII).

Ricoeur, Paul. *The Rule of Metaphor*, London, 1977.

Ricolfi, H. *Vauban et le Génie Militaire*, Paris, 1935.

Rigault, H. *Histoire de la Querelle des Anciens et Modernes*, Paris, 1856.

Rome, Italy. *Retorica e Barocco, Atti del III Congresso Internazionale di Studi Umanistici*, Rome, 1955.

Rondelet, Jean. *Mémoire Historique sur le Dôme du Panthéon Français*, Paris, 1797.

Rondelet, Jean. *Traité Théorique et Pratique de l'Art de Bâtir*, 3 vols., Paris, 1830.

Rosenblum, Robert. *Transformations in Late Eighteenth Century Art*, Princeton, 1969.

Rosenau, Helen. *Boullée and Visionary Architecture*, London, 1976.

Rosenau, Helen. *The Ideal City. Its Architectural Evolution*, New York, 1972.

Rossi, Paolo. *Philosophy, Technology and the Arts in the Early Modern Era*, New York, 1970.

Rossi, Paolo. *Clavis Universalis*, Milan-Naples, 1960.

Rossi, Paolo. *Francis Bacon. From Magic to Science*, Chicago, 1968.

Roszak, Theodore. *Where the Wasteland Ends*, London, 1973.

Rykwert, Joseph. *On Adam's House in Paradise*, New York, 1972.

Rykwert, Joseph. *The Idea of a Town*, London, 1976.

Rykwert, Joseph. "Inheritance or Tradition." *Leonis Baptiste Alberti, Architectural Design Profiles* 21, London.

Rykwert, Joseph. *The First Moderns*, Cambridge, 1980.

Saccheri, G. *Euclides ab Omni Naevo*, English translation, London, 1920.

Sardi, P. *Couronne Imperiale de l'Architecture Militaire*, Frankfurt, 1623.

Scaletti, C. C. *Scuola Mecanico-Speculativo-Pratica*, Bologna, 1711.

Schabol, R. *La Pratique du Jardinage*, Paris, 1770.

Schabol, R. *La Théorie du Jardinage*, Paris, 1771.

Schlosser, J. M. *La Letteratura Artistica*, Florence, 1956.

Schofield, P. H. *The Theory of Proportion in Architecture*, Cambridge, 1958.

Scholem, Gershom. *On the Kabbalah and Its Symbolism*, London, 1965.

Schutz, Alfred. *Collected Papers I. The Problem of Social Reality*, The Hague, 1973.

Scott, Jonathan. *Piranesi*, London, 1975.

Sedlmayr, Hans. *Art in Crisis*, London, 1957.

Sennett, Richard. *The Fall of Public Man*, Cambridge, 1977.

Shattuck, Roger. *The Banquet Years*, New York, 1968.

Shumaker, Wayne. *The Occult Sciences in the Renaissance*, Berkeley, 1972.

Simson, Otto von. *The Gothic Cathedral*, London, 1956.

Sirigatti, L. *La Pratica di Prospettiva*, Venice, 1596.

Soriano, Marc. *Les Contes de Perrault*, Paris, 1968.

Spicker, Stuart, ed. *The Philosophy of the Body*, New York, 1970.

Spiegelberg, Herbert. *The Phenomenological Movement*, 2 vols., The Hague, 1971.

Spon, Jacob. *Voyage d'Italie*, Lyon, 1678.

Sprat, Thomas. *The History of the Royal Society*, London, 1722.

Stevin, Simon. *Oeuvres Mathématiques*, Leyden, 1634.

Stokes, J., and W. Hurst. *An Outline of the Career of J. T. Désaguilliers*, London, 1928.

Straub, H. *A History of Civil Engineering*, 1952.

Stuart, James, and Nicholas Revett. *The Antiquities of Athens*, London, 1762–1816.

Sturm, L. C. *Le Véritable Vauban*, The Hague, 1713.

Summerson, John. *Architecture in Britain 1530–1830*, Harmondsworth, 1970.

Tacquett, A. T. *Military Architecture*, London, 1672.

Tafuri, Manfredo. *Teorie e Storia dell'Architettura*, Bari, 1968.

Tatarkiewicz, Wladyslaw. *History of Aesthetics*, 3 vols., Paris-The Hague, 1974.

Taton, René. *Enseignement et Diffusion des Sciences en France au 18ème. Siècle*, Paris, 1964.

Taton, René. *L'Oeuvre Mathématique de G. Desargues*, Paris, 1951.

Taton, René. *L'Histoire de la Géométrie Descriptive*, Paris, 1954.

Taton, René. *L'Oeuvre Scientifique de Monge*, Paris, 1951.

Taylor, B. *Linear Perspective*, London, 1715.

Tesauro, E. *Il Cannocchiale Aristotelico*, Turin, 1670.

Thieme, Ulrich, and Felix Becker. *Allgemeines Lexikon der Bildenden Künstler*, Leipzig, 1910–1950.

Thorndike, Lynn. *A History of Magick and Experimental Science*, New York, 1923–1952.

Timoshenko, S. P. *History of the Strength of Materials*, 1953.

Trevor-Roper, H. R. *The European Witch-Craze of the 16th and 17th Centuries*, Harmondsworth, 1969.

Tribout. *Un Grand Savant, Poncelet (1788–1867)*, Paris, 1936.

Troili, G. *Paradosi per Pratticare la Prospettiva*, Bologna, 1638.

Turin, Italy, Accademia delle Scienze. *Guarino Guarini e l'Internazionalità del Barocco*, 2 vols., 1970.

Turin, Italy, Accademia delle Scienze. *Bernardo Vittone e la Disputa fra Classicismo e Barocco nel Settecento*, 2 vols., 1972.

Tymieniecka, A. T. *Leibniz' Cosmological Synthesis*, Assen, 1964.

Varignon, M. *Nouvelle Mécanique ou Statique*, Paris, 1725.

Vauban, Sebastien Le Prestre de. *Oeuvres*, 3 vols., Paris, 1771.

Vauban, Sebastien Le Prestre de. *Oeuvres Militaires*, 3 vols., Paris, An III.

Vaudoyer, A. L. T. *Funerailles de M. Rondelet*, Paris, 1829.

Vico, Giambattista. *Opere*, Bari, 1911–1940.

Vico, Giambattista. *The New Science*, Ithaca, 1970.

Vidler, Anthony. "The Architecture of the Lodges." *Oppositions* 5 (1976).

Viel, Charles-François. *Principes de l'Ordonnance et de la Construction des Bâtimens*, vols. 1 and 4, Paris, 1797 and 1812.

Viel, Charles-François. *De l'Impuissance des Mathématiques*, Paris, 1805.

Viel, Charles-François. *Dissertations sur les Projets de Coupoles*, Paris, 1809.

Viel, Charles-François. *De la Solidité des Bâtimens*, Paris, 1806.

Viel, Charles-François. *Inconvéniens de la Communication des Plans*, Paris, 1813.

Viel, Charles-François. *Des Anciennes Études d'Architecture*, Paris, 1807.

Viel, Charles-François. *Décadence de l'Architecture à la Fin du 18ème Siècle*, Paris, 1800.

Viel de Saint-Maux, J. L. *Lettres sur l'Architecture*, Paris, 1787.

Vignon, E. *Études Historiques sur l'Administration des Voies Publiques en France au 17ème et 18ème Siècles*, 3 vols., Paris, 1862.

Visionary Architects, see Lemagny, G. C.

Vitruvius Pollio (Marcus). *Architecture ou Art de Bien Bastir*, translated into French by Jean Martin, Paris, 1547.

Vitruvius Pollio (Marcus). *De Architectura*, translated into Italian, with commentary and illustrations by Cesare di Lorenzo Cesariano, Como, 1521.

Vitruvius Pollio (Marcus). See Perrault, C. *Les Dix Livres d'Architecture*.

Vittone, Bernardo. *Istruzioni Elementari per Indirizzo dei Giovanni*, Lugano, 1760.

Vittone, Bernardo. *Istruzioni Diverse*, Lugano, 1766.

Vogt, Adolf Max. *Boullées Newton-Denkmal*, Basel, 1969.

Voltaire, F. M. A. *Lettres Philosophiques*, Paris, 1964.

Voltaire, F. M. A. *Oeuvres Complètes*, 52 vols., Paris, 1877–1885.

Vycinas, Vincent. *Earth and Gods*, The Hague, 1964.

Walker, D. P. *Spiritual and Demonic Magic from Ficino to Campanella*, London, 1958.

Walpole, Horace. *Essay on Modern Gardening*, London, 1785.

Ware, Isaac. *Complete Body of Architecture*, London, 1756.

Wilkins, J. *An Essay toward a Real Character and a Philosophical Language*, London, 1668.

Wittkower, Rudolf. *Architectural Principles in the Age of Humanism*, London, 1952.

Wittkower, Rudolf. *Art and Architecture in Italy 1600–1750*, Harmondsworth, 1958.

Wittkower, Rudolf. *Palladio and English Palladianism*, London, 1974.

Wittkower, Rudolf. *Studies in the Italian Baroque*, London, 1975.

Wolf, A. *A History of Science, Technology and Philosophy*, London, 1968.

Wolff, Christian. *Elementa Matheseos Universae*, 2 vols., Magdeburg, 1713.

Wolff, Christian. *Cours de Mathématique*, 3 vols., Paris, 1747.

Wolff, Christian. *Gesammelte Werke*, Hildesheim, 1971.

Wren, Stephen. *Parentalia*, London, 1750.

Yates, Frances. *The Theatre of the World*, London, 1969.

Yates, Frances. *Giordano Bruno and the Hermetic Tradition*, London, 1971.

Yates, Frances. *The Rosicrucian Enlightenment*, London, 1972.

Zanotti, E. *Tratatto Teorico-Pratico di Prospettiva*, Bologna, 1766.

译后记

翻译这本书缘起于在麦吉尔大学（McGill University）跟随戈麦兹教授的访学。戈麦兹教授强大的学术考古能力以及对近现代时期开始显现的建筑学危机的关注与解释令人钦佩，显示出其对建筑学学科核心观念的反复深思。访学结束，与教授商定，将他的第一本著作《建筑学与现代科学危机》引进中国，翻译出中文版。教授认为这本书是理解他其余著作的基础，也是他最为重要的一本书，他很高兴中国读者将能读到这本书。

《建筑学与现代科学危机》这本书于1984年获得了爱丽丝·戴维斯·希区柯克奖（Alice Davis Hitchcock Award）。对于国内读者来说，无论是否为建筑学专业人士，阅读这本理论著作，于个体的知识体系建设，都将有所裨益。鉴于能直接阅读原著的读者数量毕竟有限，或没有那么多时间细细揣摩，因此，虽然个人能力有限，但，仍如履薄冰般，坚持把这件事完成，希望能为大家带来一本经得起时间考验并能触发思考的好书。

翻译过程琐碎繁杂漫长，在此不赘述。在此感谢不同阶段参与了翻译工作的诸位：郑天宇（参与了前半部分翻译第一稿）、王颖佳（参与了后半部分翻译校对第一稿）、纪昕然（参与了后半部分翻译校对第二稿）、吴俊贤（参与了全书校对最后阶段的工作）；感谢冯世达（Stanislaus Fung）老师；感谢浙江工业大学社科后期项目资助；感谢清华大学出版社工作人员的尽心负责工作。正是大家的共同努力，才使本书最终得以高质量出版。事实上，读懂本书并非易事，需要大量背景知识，也因此使得翻译工作变成仿佛一个无止境的过程，至此，暂告一段落。希望能不负教授的宝贵信任，尽量准确地传递了原书中的信息。

整本书：虞刚负责翻译前言、第Ⅰ篇和第Ⅱ篇；王昕负责翻译致谢、第Ⅲ篇、第Ⅳ篇和注释，并负责全书统筹。需要注明的是，虽然经过多次校对，尤其是注释部分，由于涉及多种语言，并且有不少古籍，囿于知识、能力及时间，仍难免有错漏之处，希望得到广大读者指正。

王昕、虞刚
于2021年春